Konrad Reif (Hrsg.)

Bremsen und Bremsregelsysteme

Konrad Reif (Hrsg.)

Bremsen und Bremsregelsysteme

Mit 143 Abbildungen

Bosch Fachinformation Automobil

VIEWEG+
TEUBNER

Bibliografische Information der Deutschen Nationalbibliothek
Die Deutsche Nationalbibliothek verzeichnet diese Publikation in der Deutschen Nationalbibliografie; detaillierte bibliografische Daten sind im Internet über <http://dnb.d-nb.de> abrufbar.

Der Inhalt dieses Buches erschien bisher unter dem Titel:
Sicherheits- und Komfortsysteme
herausgegeben von der Robert Bosch GmbH, Plochingen

1. Auflage 2010

Lektorat: Christian Kannenberg | Elisabeth Lange

Vieweg+Teubner Verlag ist eine Marke von Springer Fachmedien.
Springer Fachmedien ist Teil der Fachverlagsgruppe Springer Science+Business Media.
www.viewegteubner.de

Umschlaggestaltung: KünkelLopka Medienentwicklung, Heidelberg
Technische Redaktion: Gabriele McLemore
Satz: FROMM MediaDesign, Selters/Ts.
Druck und buchbinderische Verarbeitung: MercedesDruck, Berlin
Gedruckt auf säurefreiem und chlorfrei gebleichtem Papier.
Printed in Germany

ISBN 978-3-8348-1311-4

Vorwort

Die Technik im Kraftfahrzeug hat sich in den letzten Jahrzehnten stetig weiterentwickelt. Der Einzelne, der beruflich mit dem Thema beschäftigt ist, muss immer mehr tun, um mit diesen Neuerungen Schritt zu halten. Mittlerweile spielen viele neue Themen der Wissenschaft und Technik in Kraftfahrzeugen eine große Rolle. Dies sind nicht nur neue Themen aus der klassischen Fahrzeug- und Motorentechnik, sondern auch aus der Elektronik und aus der Informationstechnik. Diese Themen sind zwar für sich in unterschiedlichen Publikationen gedruckt oder im Internet dokumentiert, also prinzipiell für jeden verfügbar; jedoch ist für jemanden, der sich neu in ein Thema einarbeiten will, die Fülle der Literatur häufig weder überblickbar noch in der dafür verfügbaren Zeit lesbar. Aufgrund der verschiedenen beruflichen Tätigkeiten in der Automobil- und Zulieferindustrie sind zudem unterschiedlich tiefe Ausführungen gefragt.

Gerade heute ist es so wichtig wie früher: Wer die Entwicklung mit gestalten will, muss sich mit den grundlegenden wichtigen Themen gut auskennen. Hierbei sind nicht nur die Hochschulen mit den Studienangeboten und die Arbeitgeber mit Weiterbildungsmaßnahmen in der Pflicht. Der rasche Technologiewechsel zwingt zum lebenslangen Lernen, auch in Form des Selbststudiums.

Hier setzt die Schriftenreihe „Bosch Fachinformation Automobil" an. Sie bietet eine umfassende und einheitliche Darstellung wichtiger Themen aus der Kraftfahrzeugtechnik in kompakter, verständlicher und praxisrelevanter Form. Dies ist dadurch möglich, dass die Inhalte von Fachleuten verfasst wurden, die in den Entwicklungsabteilungen von Bosch an genau den dargestellten Themen arbeiten. Die Schriftenreihe ist so gestaltet, dass sich auch ein Leser zurechtfindet, für den das Thema neu ist. Die Kapitel sind in einer Zeit lesbar, die auch ein sehr beschäftigter Arbeitnehmer dafür aufbringen kann.

Die Basis der Reihe sind die fünf bewährten, gebundenen Fachbücher. Sie ermöglichen einen umfassenden Einblick in das jeweilige Themengebiet. Anwendungsbezogene Darstellungen, anschauliche und aufwendig gestaltete Bilder ermöglichen den leichten Einstieg. Für den Bedarf an inhaltlich enger zugeschnittenen Themenbereichen bietet die siebenbändige broschierte Reihe das richtige Angebot. Mit deutlich reduziertem Umfang, aber gleicher detaillierter Darstellung, ist das Hintergrundwissen zu konkreten Aufgabenstellungen professionell erklärt. Die schnelle Bereitstellung zielgerichteter Information zu thematisch abgegrenzten Wissensgebieten sind das Kennzeichen der 92 Einzelkapitel, die als pdf-Download zur sofortigen Nutzung bereitstehen. Eine individuelle Auswahl ermöglicht die Zusammenstellung nach eigenem Bedarf.

Im Laufe der Neukonzeption dieser Schriftenreihe ist es nicht möglich, alle Produkte gleichzeitig inhaltlich neu zu bearbeiten. Dies geschieht demnach Zug um Zug.

Der vorliegende Band „Bremsen und Bremsregelsysteme" behandelt Fahrsicherheit im Kraftfahrzeug, Grundlagen der Fahrphysik, Bremssysteme in Personenkraftwagen, Komponenten in Pkw-Bremsanlagen einschließlich Radbremsen, Fahrstabilisierungssysteme, automatische Bremsfunktionen, Hydroaggregate und die elektrohydraulische Bremse. Er ist ein Teil des Buches „Sicherheits- und Komfortsysteme" in der bisherigen Form. Eine inhaltliche Neubearbeitung wird folgen. Neu erstellt wurde das Stichwortverzeichnis, um die Inhalte dieses Buchs rasch zu erschließen.

Friedrichshafen, im Juni 2010 — Konrad Reif

Inhaltsverzeichnis

Autorenverzeichnis

Dipl.-Ing. Friedrich Kost (Grundlagen der Fahrphysik);
Dipl.-Ing. Wulf Post (Komponenten für Pkw-Bremsanlagen);
Dipl.-Ing. Heinz-Jürgen Koch-Dücker,
Dipl.-Ing. (FH) Ulrich Papert (Antiblockiersystem ABS);
Dr.-Ing. Frank Niewels,
Dipl.-Ing. Jürgen Schuh (Antriebsschlupfregelung ASR);
Dipl.-Ing. Thomas Ehret (Elektronisches Stabilitäts-Programm ESP);
Dipl.-Ing. (FH) Jochen Wagner (Automatische Bremsfunktionen);
Dr.-Ing. Frank Heinen,
Peter Eberspächer (Hydroaggregat);
Dipl.-Ing. Bernhard Kant (Elektrohydraulische Bremse SBC);
Prof. Dr. rer. nat. Hermann Winner,
Dr.-Ing. Klaus Winter,
Dipl.-Ing. (FH) Bernhard Lucas,
Dipl.-Ing. (FH) Hermann Mayer,
Dr.-Ing. Albrecht Irion,
Dipl.-Phys. Hans-Peter Schneider,
Dr.-Ing. Jens Lüder (Adaptive Fahrgeschwindigkeitsregelung ACC);
Dipl.-Ing. Dieter Fornoff,
Dieter Graumann,
Dipl.-Ing. Thomas Laux,
Dipl.-Ing. Thomas Müller,
Dipl.-Ing. Steffen Schumacher (Elektronische Getriebesteuerung);
Dipl.-Ing. (FH) Wolfgang Rieger, ZF Lenksysteme Schwäbisch Gmünd (Aktivlenkung);
Dipl.-Ing. Bernhard Mattes (Insassenschutzsysteme);
Prof. Dr.-Ing. Peter Knoll (Fahrerassistenzsysteme);
Prof. Dr.-Ing. Peter Knoll (Einparksysteme);
Dipl.-Ing. Rainer Kurzmann,
Dr.-Ing. Günter Hartz (Antriebs- und Verstellsysteme);
Dipl.-Ing. Gebhard Schweizer, Behr GmbH & Co, Stuttgart (Heizung und Klimatisierung);
Dipl.-Ing. (FH) Jürgen Bowe,
Andreas Walther,
Dr.-Ing. B. Kordowski,
Dr.-Ing. Jan Lichtermann (Fahrzeugsicherungssysteme);
Dr.-Ing. Bernhard Herzog (Instrumentierung);
Dr.-Ing. Gerhard Pitz,
Dipl.-Ing. Gerald Spreitz,
S. Rehlich,
M. Neumann,
Dipl.-Ing. Marcus Risse,
Dipl.-Ing. Wolfgang Baierl,
Bernd Knerr,
Dipl.-Ing. Ernst-Peter Neukirchner,
Dipl.-Kaufm. Ralf Kriesinger,
Dr.-Ing. Jürgen Wazeck,
Ralf Höchter,
Dr. rer. nat. D. Elke (Themenbereich Audio, Navigation und Telematik);
Dipl.-Wirtsch.-Ing. Stephan Sohnle,
Dipl.-Ing. Rainer Rehage,
Rainer Heinzmann (Werkstatt-Technik);
Dr.-Ing. Erich Zabler (Sensoren)

Soweit nicht anders angegeben, handelt es sich um Mitarbeiter der Robert Bosch GmbH.

Fahrsicherheit im Kraftfahrzeug

Neben den Komponenten des Antriebsstrangs (Motor, Getriebe), die für den Vortrieb des Kraftfahrzeugs sorgen, übernehmen auch die Fahrzeugsysteme, die den Vortrieb begrenzen und das Fahrzeug abbremsen, eine wichtige Rolle. Erst sie machen das sichere Bewegen des Fahrzeugs im Straßenverkehr möglich. Aber auch Systeme, die die Insassen bei Unfällen schützen, werden immer wichtiger.

Sicherheitssysteme

Auf die Fahrsicherheit im Straßenverkehr haben viele Größen einen Einfluss:
- der Zustand des Kraftfahrzeugs (z. B. Ausrüstungsgrad, Reifenzustand, Verschleißerscheinungen),
- die Wetter-, Straßen- und Verkehrsverhältnisse (z. B. Seitenwind, Straßenbelag oder Verkehrsdichte) sowie
- die Qualifikation des Fahrers, also seine Fähigkeiten und Befindlichkeiten.

Leistete früher – natürlich neben der Fahrzeugbeleuchtung – im Wesentlichen nur die Bremsanlage mit dem Bremspedal, den Bremsleitungen und den Radbremsen einen Beitrag zur Fahrsicherheit, so kamen immer mehr Systeme hinzu, die in die Bremsanlage eingreifen. Diese Sicherheitssysteme werden wegen ihres aktiven Eingriffs auch als *Aktive Sicherheitssysteme* bezeichnet.

Fahrsicherheitssysteme, wie sie in Fahrzeugen nach dem neuesten Stand der Technik integriert sind, verbessern in hervorragender Weise die Fahrsicherheit des Fahrzeugs.

Die Bremse ist eine wichtige Komponente im Kraftfahrzeug. Sie ist für das sichere Bewegen des Kraftfahrzeugs im Straßenverkehr unverzichtbar. Bei den niedrigen Geschwindigkeiten und der geringen Verkehrsdichte in der Anfangszeit der Automobilgeschichte waren die Ansprüche an die Bremsanlage im Vergleich zu heute wesentlich geringer. Im Lauf der Zeit wurde die Bremsanlage immer weiterentwickelt. Letztendlich sind die hohen Geschwindigkeiten, die heute mit den Autos gefahren werden können, nur deshalb möglich, weil zuverlässige Bremsanlagen das Fahrzeug auch in Gefahrensituationen sicher abbremsen und zum Stillstand bringen können. Die Bremsanlage ist damit ein wichtiger Bestandteil der Sicherheitssysteme im Kraftfahrzeug.

Wie in allen Bereichen des Kraftfahrzeugs hat auch bei den Sicherheitssystemen die Elektronik Einzug gehalten. Die mittlerweile an die Sicherheitssysteme gestellten Anforderungen können nur noch mit elektronischer Hilfe erfüllt werden.

1 Sicherheit im Straßenverkehr (Begriffe und Einflussgrößen)

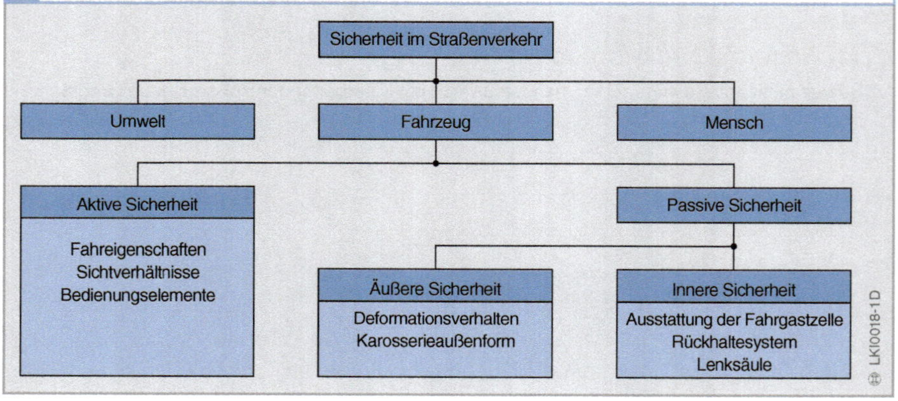

Tabelle 1

1 Sicherheitssysteme im Kraftfahrzeug

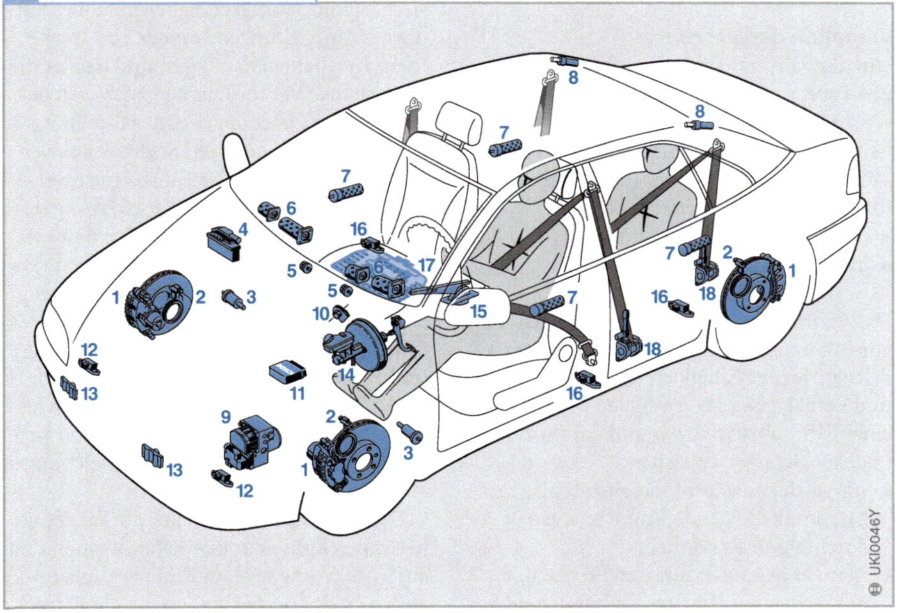

Bild 1

1 Radbremse mit Bremsscheibe
2 Raddrehzahlsensor
3 Gasgenerator Fußairbag
4 ESP-Steuergerät (mit ABS- und ASR-Funktion)
5 Gasgenerator Knieairbag
6 Gasgeneratoren für Fahrer- und Beifahrerairbag (2-stufig)
7 Gasgenerator Seitenairbag
8 Gasgenerator Kopfairbag
9 ESP-Hydroaggregat
10 Lenkwinkelsensor
11 Airbag-Steuergerät
12 Upfront-Sensor
13 Precrash-Sensor
14 Bremskraftverstärker mit Hauptzylinder und Bremspedal
15 Feststellbremse Bedienhebel
16 Beschleunigungssensor
17 Sensormatte für Sitzbelegungserkennung
18 Sicherheitsgurt mit Gurtstraffer

Aktive Sicherheitssysteme

Diese Systeme helfen, Unfälle zu vermeiden und tragen damit vorbeugend zur Sicherheit im Straßenverkehr bei. Beispiele für die aktiven Fahrsicherheitssysteme sind

- das ABS (**A**nti**b**lockier**s**ystem),
- die ASR (**A**ntriebs**s**chlupf**r**egelung) und
- das ESP (**E**lektronische **S**tabilitäts-**P**rogramm).

Diese Sicherheitssysteme stabilisieren das Fahrzeug in kritischen Situationen und erhalten dabei deren Lenkbarkeit.

Systeme wie die adaptive Fahrgeschwindigkeitsregelung (ACC, **A**daptive **C**ruise **C**ontrol) leisten neben dem Beitrag zur Fahrsicherheit im Wesentlichen einen Beitrag zum Fahrkomfort, indem der Abstand zum vorderen Fahrzeug durch automatisches Gaswegnehmen oder auch durch aktive Bremseingriffe eingehalten wird.

Passive Sicherheitssysteme

Diese Systeme dienen dem Schutz der Insassen vor schweren Verletzungen im Fall eines Unfalls. Sie senken die Verletzungsgefahr und mildern die Unfallfolgen.

Beispiele für passive Sicherheitsausrüstung sind der gesetzlich vorgeschriebene Sicherheitsgurt sowie der Airbag, der inzwischen an verschiedenen Stellen innerhalb der Fahrgastzelle als Front- oder Seitenairbag zu finden ist.

Bild 1 zeigt ein Fahrzeug mit den Sicherheitssystemen und ihren Komponenten, wie sie in Fahrzeugen nach dem jetzigen Stand der Technik zu finden sind.

Grundlagen des Fahrens

Verhalten des Fahrers

Um das Fahrverhalten eines Fahrzeugs an den Fahrer und sein Fahrvermögen anpassen zu können, ist es notwendig, das Verhalten des Fahrers zu analysieren. Grundsätzlich wird das Handeln des Fahrers folgendermaßen unterteilt:

- das Führungsverhalten und
- das Stabilisierungsverhalten.

Das Führungsverhalten ist gekennzeichnet vom „Vorausschauen können" des Fahrers, d. h. von seiner Fähigkeit, die Bedingungen und Verhältnisse des jeweiligen Moments einer Fahrt abzuschätzen und daraus z. B. folgende Schlüsse zu ziehen:

- wie stark er das Lenkrad einzuschlagen hat, um die folgende Kurve spurgenau durchfahren zu können,
- wann er beginnen muss zu bremsen, um rechtzeitig anhalten zu können oder
- wann er den Beschleunigungsvorgang einleiten muss, um gefahrlos überholen zu können.

Lenkradeinschlag, Bremsen und Gasgeben sind wichtige Führungselemente, die umso exakter eingesetzt werden können, je größer die Erfahrung des Fahrers ist.

Während der Fahrer das Fahrzeug stabilisiert (Stabilisierungsverhalten), stellt er fest, dass es Abweichungen von der Sollstrecke (dem Fahrbahnverlauf) gibt und dass er die abgeschätzte Voreinstellung bzw. Vorsteuerung (Lenkradstellung, Gaspedalstellung) korrigieren muss, um das Schleudern oder das Abkommen von der Fahrbahn zu verhindern. Je besser also die Abschätzung des Fahrers im Führungsverhalten ist, desto weniger muss er nachträglich stabilisieren (korrigieren), desto stabiler bleibt das Fahrzeug. Solche Korrekturen werden immer geringer, je besser Voreinstellung (Lenkradeinschlag) und Fahrbahnverlauf übereinstimmen, da sich das Fahrzeug bei geringfügigen Korrekturen „linear" verhält (Fahrervorgaben werden proportional ohne große Abweichungen auf die Straße übertragen).

Der erfahrene Fahrer kann die Fahrzeugbewegung anhand seiner Fahrvorgaben und aufgrund vorhersehbarer Einwirkungen von außen (z. B. Kurven, herannahende Baustellen o. Ä.) wirklichkeitsnah abschätzen. Beim unerfahrenen Fahrer dauert dieser Anpassungsvorgang länger und ist mit größeren Unsicherheitsfaktoren belastet. Daraus folgt für den unerfahrenen Fahrer, dass der Schwerpunkt seines Fahraufwands im Stabilisierungsverhalten liegt.

1 Gesamtsystem „Fahrer – Fahrzeug – Umwelt"

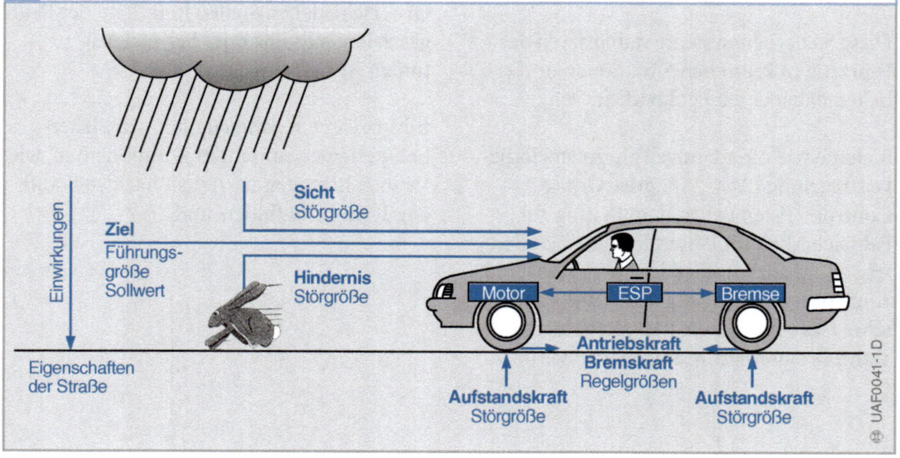

Tritt für Fahrer und Fahrzeug ein unvorhergesehenes Ereignis ein (z. B. unerwartet scharfe Kurve bei gleichzeitig behinderter Sicht o. Ä.), so kann der Fahrer falsch reagieren und in der Folge das Fahrzeug ins Schleudern geraten. Das Fahrzeug verhält sich dann nichtlinear, d. h. für den Fahrer nicht mehr vorhersehbar, und bewegt sich im physikalischen Grenzbereich. In dieser Situation sind sowohl der erfahrene als auch der unerfahrene Fahrer mit der Fahrzeugbeherrschung überfordert.

Unfallursachen und Unfallverhütung

Im Straßenverkehr ist der überwiegende Teil aller Unfallursachen bei „Unfällen mit Personenschaden" auf personenbezogenes Fehlverhalten zurückzuführen. Unfallstatistiken zeigen, dass dabei eine nicht angepasste Geschwindigkeit die Hauptunfallursache ist. Weitere Ursachen sind

- falsche Straßenbenutzung,
- Abstandsfehler,
- Vorfahrts-/Vorrangfehler oder
- falsches Abbiegen und
- Fahren unter Alkoholeinfluss.

Technische Mängel (Beleuchtung, Bereifung, Bremsen usw.) bzw. fahrzeugbezogene Ursachen wurden in nur geringem Maße registriert. Andere, vom Fahrer nicht beeinflussbare, unfallbezogene Ursachen (z. B. Wetter) waren dagegen schon häufiger festzustellen.

Anhand dieser Fakten wird deutlich, dass die Sicherheitstechnik eines Fahrzeugs (in besonderem Maße die dafür notwendige Elektronik) immer weiter verbessert werden muss, um

- den Fahrer in Extremsituationen bestmöglich zu unterstützen,
- Unfälle zu vermeiden oder
- Unfallfolgen zu mildern.

In fahrkritischen Situationen gilt es deshalb, das Fahrzeugverhalten in Grenzbereichen und extremen Fahrsituationen für den Fahrer „vorhersehbar" zu machen. Die Erfassung verschiedener Parameter (Drehzahl der Räder, Querbeschleunigung, Giergeschwindigkeit usw.) und deren elektronische Weiterverarbeitung in einem oder mehreren Steuergeräten hilft, die Vorgänge in extrem kurzer Zeit durch geeignete Maßnahmen „beherrschbarer" zu machen.

Folgende Situationen oder Gefahren sind Beispiele für mögliche Erfahrungen mit Grenzbereichen:

- sich verändernde Straßen-/Witterungsverhältnisse,
- Konflikte mit anderen Verkehrsteilnehmern,
- Konflikte mit Tieren bzw. Hindernissen auf der Fahrbahn oder
- ein plötzlicher Schaden (geplatzter Reifen) am Fahrzeug.

Kritische Situationen im Straßenverkehr

Kritische Situationen im Straßenverkehr zeichnen sich dadurch aus, dass sich die Verkehrssituation sehr schnell ändert, etwa durch ein plötzlich auftauchendes Hindernis oder plötzlich wechselnden Fahrbahnzustand. Hinzu kommt oft auch ein Fehlverhalten der Autofahrer, die mangels Erfahrung in kritischen Situationen bei zu hoher Geschwindigkeit oder wegen Unaufmerksamkeit falsch reagieren.

In der Regel erkennt der Fahrer nicht, inwieweit er mit Ausweich- oder Bremsmanövern in kritischen Fahrsituationen einen physikalischen Grenzbereich berührt, da er fast nie in derart kritische Fahrsituationen gerät. Er erkennt nicht, inwieweit er das zur Verfügung stehende Kraftschlusspotenzial zwischen Reifen und Fahrbahn bereits „aufgebraucht" hat oder ob das Fahrzeug gerade an der Grenze zur Manövrierunfähigkeit bzw. zum Schleudern steht. Demzufolge ist er in solchen Momenten unvorbereitet und reagiert deshalb falsch oder zu heftig. Unfälle oder Situationen, die andere Verkehrsteilnehmer gefährden, sind die Folge.

Unfälle können aber auch über die bereits genannten Unfallursachen hinaus, z. B. durch eine nicht angepasste Technik oder mangelhafte Infrastruktur (schlechte Verkehrswegekonzepte, veraltete Verkehrsleitführung), verursacht werden.

Verbesserungen des Fahrverhaltens eines Fahrzeugs und der Fahrerunterstützung in kritischen Situationen können nur dann als solche gewertet werden, wenn sie nachhaltig sowohl Unfallzahlen als auch -folgen senken. Um eine solche kritische Situation zu entschärfen bzw. zu bewältigen, sind schwierige Fahrmanöver notwendig, z. B.

- schnelles Lenken und Gegenlenken,
- Fahrspurwechsel in Verbindung mit einer Vollbremsung,
- Spurhalten bei beschleunigter Kurvenfahrt oder wechselndem Fahrbahnbelag.

Die Folge davon ist fast immer ein fahrdynamisch kritisches Verhalten des Fahrzeugs, d. h., es verhält sich wegen zu geringer Haftung der Reifen nicht mehr so, wie es den Erwartungen des Fahrers entspricht und weicht vom gewünschten Kurs ab.

Der Fahrer ist aufgrund mangelnder Erfahrung in solchen Grenzsituationen häufig nicht mehr in der Lage, das Fahrzeug zu einer kontrollierten Bewegung zurückzuführen. Oft gerät er dadurch sogar in Panik und reagiert falsch oder zu stark. Hat er beispielsweise bei einem Ausweichmanöver das Lenkrad zu heftig eingeschlagen, lenkt er noch heftiger in die Gegenrichtung, um die Bewegung wieder auszugleichen. Mehrfaches Lenken und Gegenlenken mit immer stärkerem Lenkradeinschlag führen dann dazu, dass sich das Fahrzeug nicht mehr beherrschen lässt und zu schleudern beginnt.

Fahrverhalten

Das Verhalten eines Fahrzeugs im Straßenverkehr wird durch verschiedene Einflüsse bestimmt, die sich grob in drei Bereiche einteilen lassen:

- Fahrzeugeigenschaften,
- Verhalten, Leistungsvermögen und Reaktionsfähigkeit des Fahrers und
- umgebende Bedingungen.

Die Bauweise und Auslegung eines Fahrzeugs beeinflussen dessen Bewegungen und dessen Fahrverhalten.

Das Fahrverhalten ist die Fahrzeugreaktion auf Fahrerhandlungen (z. B. Lenken, Gasgeben, Bremsen) und auf Störungen von außen (z. B. Fahrbahnzustand, Wind). Gutes Fahrverhalten zeigt sich in der Fähigkeit, den Kurs exakt zu halten und damit die Aufgabe eines Fahrers voll zu erfüllen. Dabei hat der Fahrer die Aufgaben,

- seine Fahrt den Verkehrs- und Straßenverhältnissen anzupassen,
- die geltenden Gesetze im Straßenverkehr zu befolgen,
- der Fahrstrecke, gegeben durch den Straßenverlauf, bestmöglich zu folgen und
- vorausschauend und verantwortungsbewusst sein Fahrzeug zu führen.

So gleicht der Fahrer die Fahrzeuglage und die Fahrzeugbewegungen immer wieder einem subjektiv empfundenen Idealzustand an. Er reagiert vorausschauend, handelt gemäß seiner Erfahrung und passt sich so dem aktuellen Straßenverkehrsgeschehen an.

2 Gesamtsystem „Fahrer – Fahrzeug – Umwelt" als Regelkreis

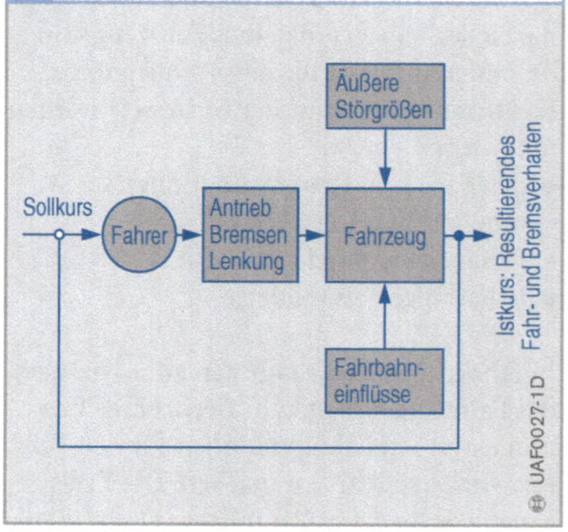

Beurteilung des Fahrverhaltens

Zur Beurteilung des Fahrverhaltens ist die subjektive Beurteilung durch versierte Fahrer noch immer der wichtigste Beitrag. Subjektive Wahrnehmungen lassen nur relative Bewertungen zu, geben also keinen Aufschluss über objektive „Wahrheiten". Subjektive Erfahrungen mit einem Fahrzeug können folglich nur vergleichend mit Erfahrungen an anderen Fahrzeugen eingesetzt werden.

Das Fahrzeugverhalten beurteilen Testfahrer in Fahrversuchen mit ausgewählten Fahrmanövern, die in ihrer Konzeption direkt am „normalen" Verkehrsgeschehen orientiert sind. In einem geschlossenen Regelkreis (englisch: *closed loop*) wird das Gesamtsystem (einschließlich Fahrer) beurteilt. Dabei wird der bezüglich seines Verhaltens nicht präzise zu definierende Fahrer durch eine objektiv vorgegebene Einleitung von Störgrößen ersetzt und die daraus resultierende Fahrzeugreaktion analysiert und beurteilt. Folgende, durch die ISO genormte oder sich im Normierungsprozess befindende Fahrmanöver (durchgeführt auf trockener Fahrbahn) dienen als anerkannte Verfahren der Fahrzeugbeurteilung bezüglich der Fahrzeugstabilität:

- Stationäre Kreisfahrt,
- Übergangsverhalten,
- Bremsen in der Kurve,
- Empfindlichkeit bei Seitenwind,
- Geradeauslaufverhalten und
- Lastwechsel bei Kreisfahrt.

Hierbei sind die Führungsgröße wie z. B. der Fahrbahnverlauf oder Fahreraufgaben von grundlegender Bedeutung. Der jeweilige Fahrer versucht seine Eindrücke und Erfahrungen während der Fahrmanöver, die er anhand seiner Fahreraufgaben durchführt, zu sammeln, um sie anschließend z. T. mit Eindrücken und Erfahrungen anderer Fahrer zu vergleichen. Die oft gefährlichen Fahrmanöver (z. B. von VDA standardisierter Ausweichtest, auch „Elch-Test" genannt), die von mehreren Fahrern durchgeführt werden, geben über die Eigenschaften und die Dynamik des zu untersuchenden Fahrzeugs Aufschluss:

- Stabilität,
- Lenk- und Bremsbarkeit sowie
- das Verhalten in Grenzsituationen sollen beschrieben und mit diesen Versuchen verbessert werden.

Die Vorteile dieses Verfahrens sind:

- das Gesamtsystem („Fahrer – Fahrzeug – Umwelt") kann geprüft werden und
- viele Situationen des täglichen Verkehrsalltages können realistisch simuliert werden.

Die Nachteile dieses Verfahrens sind:

- die große Streuung der Ergebnisse, da die Fahrereigenschaften, Wind- und Fahrbahnverhältnisse sowie die Anfangsbedingungen eines jeden Manövers unterschiedlich sind.
- Subjektive Wahrnehmungen und Erfahrungen können individuell interpretiert werden.
- Das Leistungsvermögen eines Fahrers kann über Erfolg oder Misserfolg einer Versuchsserie entscheiden.

Tabelle 1 (nächste Seite) enthält die wichtigsten Fahrmanöver zur Beurteilung des Fahrverhaltens im geschlossenen Regelkreis.

Eine objektive Festlegung der fahrdynamischen Eigenschaften im geschlossenen Regelkreis („Closed Loop"-Betrieb, d. h. mit dem Fahrer, Bild 2) ist bis heute in der Praxis noch nicht vollständig gelungen, da das Regelverhalten des Menschen subjektiv ausgeprägt ist.

Trotzdem gibt es neben objektiven Fahrtests verschiedene Testfahrten, die geübten Fahrern Aufschluss über die Fahrstabilität eines Fahrzeugs geben können (z. B. ein Slalomkurs).

Tabelle 1

1 Beurteilung des Fahrverhaltens

Fahrzeug-verhalten	Fahrmanöver (Fahrervorgaben und vorgegebene Fahrsituation)	Fahrer greift ständig ein	Lenkrad fest	Lenkrad frei	Lenkwinkel-vorgabe
Geradeaus-verhalten	Geradeauslauf-Spurhaltung	●	●	●	
	Lenkungsansprechen/Anlenken	●			
	Anreißen – Lenkung loslassen			●	
	Lastwechselreaktion	●	●	●	
	Aquaplaning	●	●	●	
	Geradeausbremsen	●	●	●	
	Seitenwindempfindlichkeit	●	●	●	
	Auftrieb bei hohen Geschwindigkeiten		●		
	Reifendefekt	●	●	●	
Übergangs-/ Übertragungs-verhalten	Lenkwinkelsprung				●
	Einfaches Lenken und Gegenlenken				●
	Mehrfaches Lenken und Gegenlenken				●
	Einfacher Lenkimpuls				●
	„Zufällige" Lenkwinkeleingabe	●			●
	Einfahrt in einen Kreis	●			
	Ausfahrt aus einem Kreis	●			
	Rückstellverhalten			●	
	Einfacher Fahrbahnwechsel	●			
	Doppelter Fahrbahnwechsel	●			
Kurven-verhalten	Stationäre Kreisfahrt		●		
	Instationäre Kreisfahrt	●	●		
	Lastwechselreaktion bei Kreisfahrt	●	●		
	„Reinfallen" der Lenkung			●	
	Bremsen in der Kurve	●	●		
	Aquaplaning in der Kurve	●	●		
Wechsel-kurven-verhalten	Wedeln, Slalom um Pylonen	●			
	„Handling-Pacours" (Teststrecke mit starken Kurven)	●			
	Pendeln – Anreißen/Beschleunigen			●	
Gesamt-verhalten	Kippsicherheit	●			●
	Reaktions- und Ausweichtests	●			

Fahrmanöver

Stationäre Kreisfahrt

Bei der stationären Kreisfahrt wird die maximal erzielbare Querbeschleunigung ermittelt. Außerdem lässt sich erkennen, wie sich die einzelnen fahrdynamischen Größen in Abhängigkeit von der Querbeschleunigung bis zum Erreichen des Maximalwertes ändern. Daraus lässt sich das Eigenlenkverhalten des Fahrzeugs beurteilen (Begriffe: Unter-, Über- und Neutralsteuern).

3 Ausweichtest („Elch-Test")

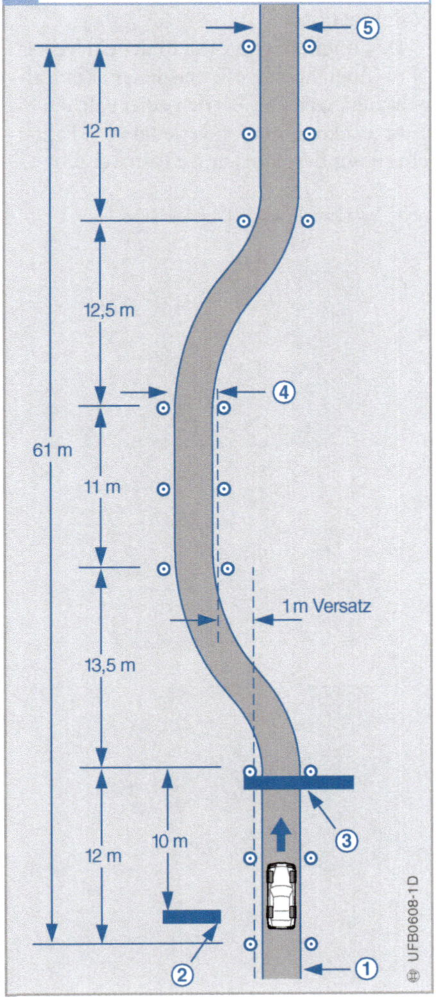

Übergangsverhalten

Neben dem stationären Eigenlenkverhalten (bei stationärer Kreisfahrt) ist auch das Übergangsverhalten eines Fahrzeugs von Bedeutung. Dazu zählen z. B. schnelle Ausweichmanöver nach anfänglicher Geradeausfahrt.

Der „Elch-Test" simuliert eine extreme Fahrsituation, wie sie beim abrupten Umfahren eines Hindernisses entsteht. Auf einer 50 m langen Teststrecke muss ein Fahrzeug bei einer bestimmten Geschwindigkeit ein Hindernis sicher umfahren, das vier Meter in die Fahrbahn hineinragt und eine Länge von 10 m hat (Bild 3).

Bremsen in der Kurve – Lastwechselreaktionen

Eines der im täglichen Fahrbetrieb kritischsten und deshalb für die Fahrzeugkonzeption wichtigsten Fahrmanöver ist das Bremsen in der Kurve.

Ob der Fahrer eines Fahrzeugs in einer Kurve plötzlich das Gaspedal zurücknimmt oder einfach bremst, ist physikalisch betrachtet nicht von Bedeutung: beides erzielt einen ähnlichen Effekt. Wegen der resultierenden Achslastverlagerung von hinten nach vorne wird der Schräglaufwinkel an der Hinterachse größer und an der Vorderachse kleiner, da sich die erforderliche Seitenkraft durch den vorgegebenen Kurvenradius und die Fahrzeuggeschwindigkeit nicht ändert: das Fahrverhalten verschiebt sich in Richtung „übersteuern".

Bei heckgetriebenen Fahrzeugen hat der Reifenschlupf einen geringeren Einfluss auf die Änderung des Eigenlenkverhaltens als bei frontgetriebenen Fahrzeugen. Daraus resultiert in diesem Fall ein stabileres Fahrverhalten bei heckgetriebenen Fahrzeugen.

Die Reaktionen des Fahrzeugs bei diesen Manöver müssen einen bestmöglichen Kompromiss zwischen Lenkfähigkeit, Fahrstabilität und Abbremsung darstellen.

Bild 3
Testbeginn:
Phase 1:
Höchster Gang (Schaltgetriebe)
Schaltstufe D bei 2000 min^{-1} (Automatikgetriebe)

Phase 2:
Gaswegnahme

Phase 3:
Geschwindigkeitsmessung mit Lichtschranke

Phase 4: Lenkeinschlag nach rechts

Phase 5:
Testende

Messgrößen
Hauptbeurteilungsgrößen der Fahrdynamik sind:
- Lenkradwinkel,
- Querbeschleunigung,
- Längsbeschleunigung bzw. Längsverzögerung,
- Giergeschwindigkeit,
- Schwimm- und Wankwinkel.

Zusätzliche Informationen dienen der Klärung eines bestimmten Fahrverhaltens zum Überprüfen anderer Messwerte:
- Längs- und Quergeschwindigkeit,
- Lenkwinkel der Vorder-/Hinterräder,
- Schräglaufwinkel an allen Rädern,
- Lenkradmoment.

Reaktionszeit
Im Gesamtsystem „Fahrer – Fahrzeug – Umwelt" spielt die Fahrerbefindlichkeit und damit die Reaktionszeit des Fahrers neben den definierten Größen eine entscheidende Rolle. Sie umfasst die Zeitspanne zwischen dem Wahrnehmen eines Hindernisses, der Entscheidung und dem Umsetzen des Fußes bis zum Berühren des Bremspedals. Diese Zeit ist nicht konstant; sie beträgt je nach den persönlichen Bedingungen und äußeren Umständen mindestens 0,3 Sekunden.

Die Bestimmung des individuellen Reaktionsverhaltens erfordert Spezialuntersuchungen (z. B. eines medizinisch-psychologischen Institutes).

Bewegungsvorgänge
Fahrzeugbewegungen lassen sich in gleichförmige Bewegungen (mit gleich bleibender Geschwindigkeit) und ungleichförmige Bewegungen (beim Anfahren/Beschleunigen und Bremsen/Verzögern mit sich ändernder Geschwindigkeit) unterteilen.

Der Motor erzeugt die für das Fahrzeug zur Fortbewegung notwendige Bewegungsenergie. Um den Bewegungszustand eines Fahrzeugs nach Größe und Richtung zu ändern, müssen in jedem Falle Kräfte von außen oder über Motor und Triebstrang auf das Fahrzeug einwirken.

Fahrverhalten bei Nutzfahrzeugen
Zur objektiven Beurteilung des Fahrverhaltens bei Nutzfahrzeugen werden verschiedene Fahrmanöver wie stationäre Kreisfahrt, Lenkwinkelsprung (Fahrzeugreaktion nach „Anreißen" mit vorbestimmtem Lenkradwinkel) und Bremsen in der Kurve durchgeführt.

Zugkombinationen weisen in der Regel ein anderes querdynamisches Verhalten auf als Solofahrzeuge. Besondere Beachtung finden dabei die Beladungsverhältnisse von Zugwagen und Anhänger sowie Bauart und Geometrie der Verbindung innerhalb einer Kombination.

Den ungünstigsten Fall bildet ein leeres Nkw-Zugfahrzeug mit beladenem Zentralachsanhänger. Der Betrieb einer solchen Fahrzeugkombination verlangt vom Fahrer eine besonders vorsichtige Fahrweise.

4 Vorgänge: Reaktion, Bremsen und Anhalten

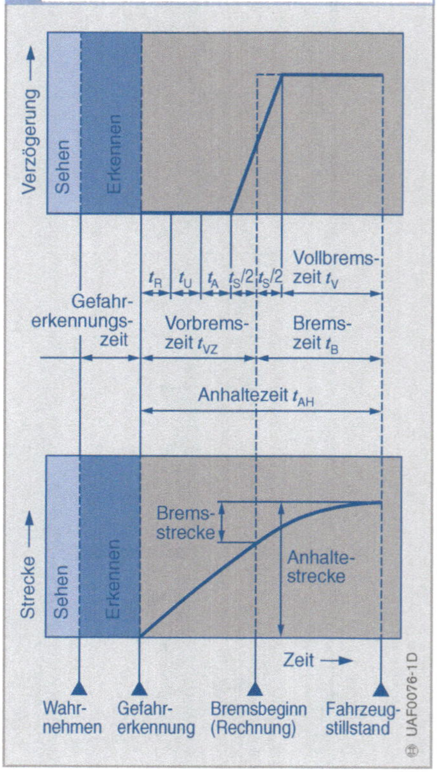

Bild 4
t_R Reaktionszeit
t_U Umsetzzeit
t_A Ansprechzeit
t_S Schwellzeit

Bei Sattelzügen besteht beim Bremsen in extremen Situationen die Gefahr des Einknickens („Jackknifing"). Dieser Vorgang wird durch Seitenkraftverlust der Hinterachse des Zugfahrzeugs bei „Überbremsen" auf schlüpfriger Fahrbahn oder durch zu hohes Giermoment unter „μ-split"-Bedingungen (z. B. unterschiedliche Reibungswerte in der Fahrbahnmitte und am Fahrbahnrand). Jackknifing läßt sich mithilfe von Antiblockiersystemen verhindern.

2 Persönliche Bedingungen der Reaktionszeit

→	psychophysische Reaktion			←	→ muskuläre Reaktion	→
Wahrnehmungsgegenstand (z. B. Verkehrszeichen)	wahrnehmen	erfassen	entscheiden	mobilisieren	bewegen	Handlungsgegenstand (z. B. Bremspedal)
	optisches Leistungsvermögen	Wahrnehmung und Auffassung	psychische Verarbeitung	Bewegungsapparat	persönliches Tempo	

Tabelle 2

3 Abhängigkeit der Reaktionszeit von persönlichen und äußeren Faktoren

kleine Reaktionszeit ←	→ große Reaktionszeit
Persönliche Faktoren des Fahrers	
eingeübte Reflexhandlung	Wahlhandlung
gute Verfassung, optimale Leistungsfähigkeit	schlechte Verfassung, z. B. Ermüdung
hohe Fahrbegabung	mindere Fahrbegabung
Jugendlichkeit	höheres Alter
Erwartungsspannung	Aufmerksamkeit, Ablenkung
körperliche und psychische Gesundheit	krankhafte körperliche oder psychische Störungen
	Schreckwirkung, Alkohol
Äußere Faktoren	
Verkehrssituation einfach, übersichtlich, vorausberechenbar, bekannt	Verkehrssituation kompliziert, unübersichtlich unberechenbar, nicht bekannt
wahrgenommenes Hindernis auffällig	wahrgenommenes Hindernis unauffällig
Hindernis im Blickfeld	Hindernis am Rande des Blickfelds
Schalt- und Bedienungselemente im Auto zweckmäßig angeordnet	Schalt- und Bedienungselemente im Auto unzweckmäßig angeordnet

Tabelle 3

Grundlagen der Fahrphysik

Bewegungsänderungen eines Körpers lassen sich nur durch Kräfte erreichen. Auf ein Fahrzeug wirken im Fahrbetrieb viele Kräfte ein. Eine wichtige Funktion übernehmen dabei die Reifen: jede Bewegungsänderung des Fahrzeugs führt über am Reifen wirkende Kräfte.

Reifen

Aufgabe

Ein Reifen ist das Verbindungselement zwischen Fahrzeug und Fahrbahn. An ihm entscheidet sich die Sicherheit eines Fahrzeugs. Der Reifen überträgt Antriebs-, Brems- und Seitenkräfte, wobei physikalische Gegebenheiten die Grenzen der dynamischen Belastung eines Fahrzeugs definieren. Entscheidende Beurteilungsmerkmale sind:

- Geradeauslauf,
- Kurvenstabilität,
- Haftung auf verschiedenen Fahrbahnoberflächen,
- Haftung bei unterschiedlicher Witterung,
- Lenkverhalten,
- Komfort (Federung, Dämpfung, Laufruhe),
- Haltbarkeit und
- Wirtschaftlichkeit.

Aufbau

Nach Technik und Entwicklungsstand werden mehrere Reifenbauarten unterschieden. Verschiedene Gebrauchs- und Notlaufeigenschaften, die ein herkömmlicher Fahrzeugreifen aufweisen sollte, bestimmen dessen Bauart.

Gesetzliche Vorschriften und Richtlinien geben vor, unter welchen Bedingungen welche Reifen verwendet werden müssen, bis zu welchen maximalen Geschwindigkeiten Reifen eingesetzt werden dürfen und welcher Klassifizierung Reifen unterworfen sind.

Radialreifen

Bei einem Reifen der Radialbauweise, der als Pkw-Reifen zum Standard geworden ist, verlaufen die Kordfäden der Karkasslage(n) auf kürzestem Weg „radial" von Wulst zu Wulst (Bild 1). Ein stabilisierender Gürtel umschließt die verhältnismäßig dünne, elastische Karkasse.

1 Aufbau eines Pkw-Radialreifens

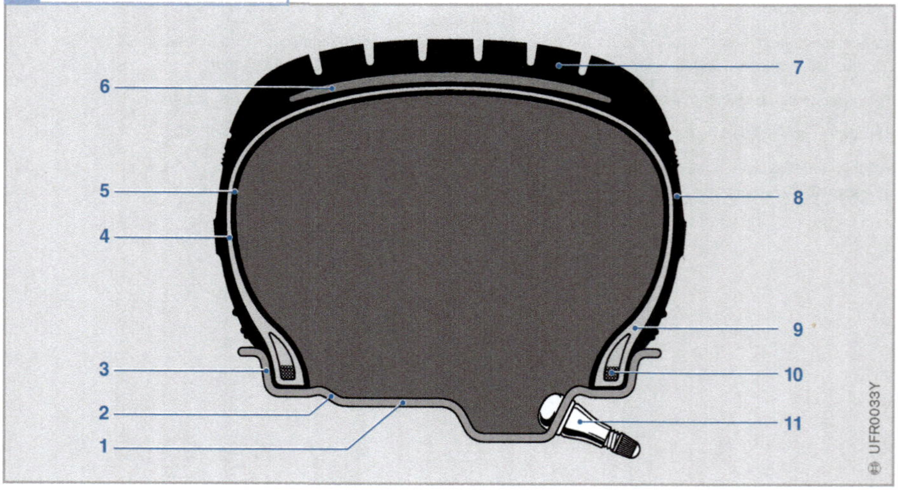

Bild 1
1 Felgenschulter
2 Hump
3 Felgenhorn
4 Karkasse
5 luftdichte Gummischicht
6 Gürtel
7 Lauffläche
8 Seitengummi
9 Wulst
10 Wulstkern
11 Ventil

Diagonalreifen

Die Diagonalbauweise erhielt ihren Namen von den „diagonal“ (bias) zur Lauffläche verlaufenden Kordfäden der Karkasslagen, die sich kreuzen (cross ply). Dieser Reifen ist nur noch für Motorräder, Fahrräder, Industrie- und Landwirtschaftsfahrzeuge von Bedeutung. Bei Nutzfahrzeugen wird er zunehmend vom Radialreifen verdrängt.

Vorschriften

Kraftfahrzeuge und Anhänger müssen entsprechend den europäischen Richtlinien bzw. in den USA entsprechend dem *FMVSS (Federal Motor Vehicle Safety Standard)* mit Luftreifen versehen sein, die am ganzen Umfang und auf der ganzen Breite der Lauffläche Profilrillen oder Einschnitte mit einer Tiefe von mindestens 1,6 mm aufweisen.

Personenkraftwagen und Kraftfahrzeuge mit einem zulässigen Gesamtgewicht von weniger als 2,8 Tonnen und einer bauartbestimmten Höchstgeschwindigkeit von mehr als 40 km/h und ihre Anhänger dürfen entweder nur mit Diagonal- oder nur mit Radialreifen ausgerüstet sein; im Fahrzeugzug gilt dies nur für das jeweilige Einzelfahrzeug. Dies gilt nicht für Anhänger hinter dem Kraftfahrzeug, die mit einer Geschwindigkeit von höchstens 25 km/h gefahren werden.

Anwendung

Die Voraussetzung für einen erfolgreichen Einsatz ist die richtige Reifenauswahl nach den Empfehlungen des Fahrzeug- oder Reifenherstellers. Wird ein Fahrzeug rundum mit Reifen gleicher Bauart bereift, so garantiert dies bestmögliche Fahrbedingungen. Bezüglich Pflege, Wartung, Lagerung und Montage sind bei Reifen besondere Hinweise der Reifenhersteller oder eines Fachmannes zu berücksichtigen, um eine maximale Haltbarkeit bei größtmöglicher Sicherheit zu gewährleisten.

2 Bremswegverlängerung auf nasser Fahrbahn in Abhängigkeit von der Profiltiefe bei 100 km/h

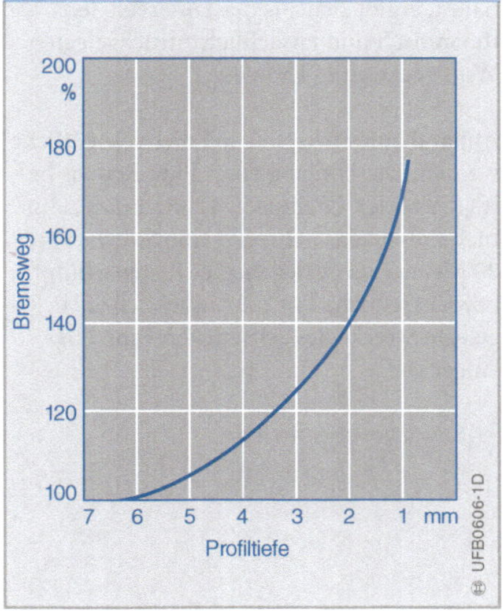

Beim Gebrauch der Reifen, also in „aufgezogenem Zustand“, ist zu beachten, dass

- die Reifen ausgewuchtet sind und damit einen optimalen Rundlauf garantieren,
- für alle Räder der gleiche Reifentyp und die zum Fahrzeug passenden Reifen verwendet werden,
- die zugelassene Höchstgeschwindigkeit der Reifen nicht überschritten wird und
- die Reifen genügend Profiltiefe aufweisen.

Wenn die Profiltiefe eines Reifens zu gering ist, dann steht auch entsprechend weniger Material für den Schutz des darunter liegenden Gürtels bzw. der Karkasse zur Verfügung. Vor allem bei Personenkraftwagen und schnellen Nutzfahrzeugen spielt die fehlende Profiltiefe auf nasser Fahrbahn wegen des verminderten Kraftschlusses bezüglich der Fahrsicherheit eine entscheidende Rolle. Der Bremsweg wächst mit abnehmender Profiltiefe überproportional (Bild 2). Besonders kritisch ist das Verhalten des Fahrzeugs bei Aquaplaning, wenn kein Kraftschluss mehr zwischen Fahrbahn und Reifen herrscht und das Fahrzeug auch nicht mehr lenkbar ist.

Reifenschlupf

Reifenschlupf, auch einfach „Schlupf" genannt, ergibt sich aus der Differenz der theoretisch und tatsächlich zurückgelegten Wegstrecke eines Fahrzeugs.

Anhand eines Beispiels soll dies verdeutlicht werden: Der Umfang eines Pkw-Reifens beträgt 2 Meter. Dreht sich das Rad nun zehnmal, müsste das Fahrzeug eine Strecke von 20 Metern zurücklegen. Der Reifenschlupf bewirkt jedoch, dass die tatsächlich zurückgelegte Strecke des gebremsten Fahrzeugs länger ist.

3 Abrollbewegung des Rads

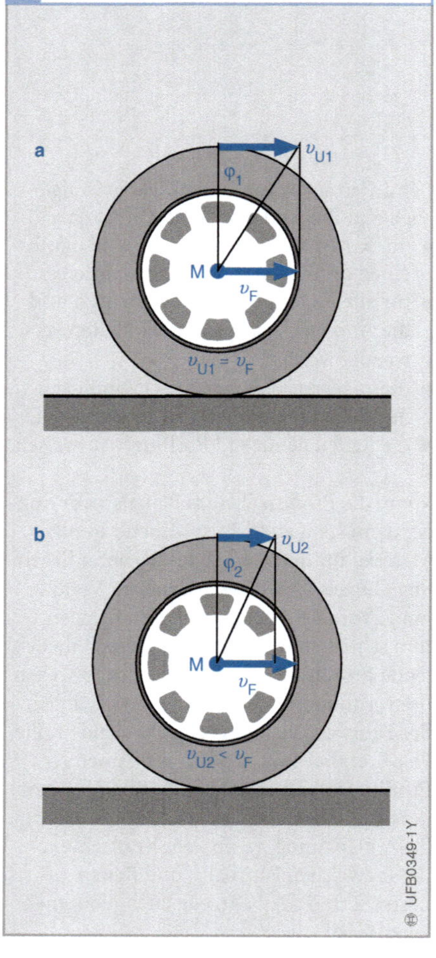

Bild 3
a Frei rollendes Rad
b gebremstes Rad
v_F Fahrzeuggeschwindigkeit am Radmittelpunkt M
v_U Radumfangsgeschwindigkeit

Beim gebremsten Rad wird der Drehwinkel φ pro Zeiteinheit kleiner (Schlupf)

Ursache für den Reifenschlupf

Beim Abrollen eines Rades unter Antriebs- oder Bremskräften spielen sich in der Reifenaufstandsfläche komplizierte physikalische Vorgänge ab, bei denen die Gummielemente in sich verspannt werden und partiellen Gleitbewegungen ausgesetzt sind, auch wenn das Rad noch nicht blockiert. Die Elastizität des Reifens bewirkt also, dass der Reifen deformiert wird und je nach Witterungs- und Fahrbahnbedingungen mehr oder weniger „Walkarbeit" verrichtet. Da der Reifen zu großen Teilen aus Gummi besteht, wird beim Auslauf aus der Kontaktzone (Reifenaufstandsfläche) nur ein Teil der „Deformationsenergie" zurückgewonnen. Der Reifen erwärmt sich dabei und es entstehen Energieverluste.

Darstellung des Schlupfs

Das Maß für den Gleitanteil der Abrollbewegung ist der Schlupf λ:

$$\lambda = (v_F - v_U)/v_F$$

Die Größe v_F ist die Fahrgeschwindigkeit, v_U ist die Umfangsgeschwindigkeit des Rads (Bild 3). Die Formel sagt aus, dass Bremsschlupf auftritt, sobald sich das Rad langsamer dreht als es der Fahrgeschwindigkeit entspricht. Nur unter dieser Bedingung können Bremskräfte bzw. Beschleunigungskräfte übertragen werden.

Da der Reifenschlupf infolge der Längsbewegung des Fahrzeugs entsteht, wird er auch als „Längsschlupf" bezeichnet. Für den beim Bremsen entstehenden Schlupf ist auch die Bezeichnung „Bremsschlupf" gebräuchlich.

Werden einem Reifen zusätzlich zum Schlupf noch andere Einflussgrößen überlagert (z. B. höhere Radlast oder extreme Radstellungen), werden die Kraftübertragungs- und Laufeigenschaften negativ beeinflusst.

Kräfte und Momente am Fahrzeug

Trägheitsprinzip

Jeder Körper ist bestrebt, entweder in seinem Ruhezustand zu verharren oder seinen Bewegungszustand beizubehalten. Um eine Änderung des jeweiligen Zustands herbeizuführen, muss eine Kraft aufgewendet bzw. übertragen werden. Wird z. B. bei Glatteis versucht, in einer Kurve zu bremsen, rutscht das Fahrzeug geradeaus weiter, ohne merklich langsamer zu werden und auf Lenkbewegungen zu reagieren. Auf Glatteis können nämlich nur sehr geringe Reifenkräfte übertragen werden.

Momente

Drehbewegungen von Körpern werden durch Momente beeinflusst. So wird z. B. die Drehbewegung der Räder durch das Bremsmoment verzögert und durch das Antriebsmoment beschleunigt.

Auch auf das gesamte Fahrzeug wirken Momente. Befindet sich das Fahrzeug zum Beispiel mit der einen Seite auf einer glatten Fahrbahn (z. B. Glatteis), mit der anderen Seite auf normal haftender Fahrbahn (z. B. Asphalt), so kommt es beim Bremsen zu einer Drehbewegung des Fahrzeugs um die Hochachse (μ-split-Bremsung). Diese Drehbewegung wird duch das Giermoment verursacht, das durch die unterschiedlich hohen Kräfte an den Fahrzeugseiten entsteht.

Einteilung der Kräfte

Auf ein Fahrzeug wirken neben dem Fahrzeuggewicht (verursacht durch die Schwerkraft) unabhängig von seinem Bewegungszustand Kräfte ganz verschiedener Art (Bild 1). Einerseits handelt es sich dabei um

- Kräfte in Längsrichtung (z. B. Antriebskraft, Luftwiderstand oder Rollreibung), andererseits um
- Kräfte in Querrichtung (z. B. Lenkkraft, Fliehkraft bei Kurvenfahrt oder Seitenwind). Die Reifenkräfte in Querrichtung werden auch als Seitenführungskräfte bezeichnet.

Die Kräfte in Längs- und in Querrichtung werden auf die Reifen und schließlich auf die Fahrbahn „von oben“ oder „von der Seite“ übertragen. Dies geschieht über

- das Fahrgestell (z. B. Windkraft),
- die Lenkung (Lenkkraft),
- den Motor und das Getriebe (Antriebskraft) oder über die
- Bremsanlage (Bremskraft).

In der anderen Richtung wirken die Kräfte „von unten“ von der Fahrbahn aus auf die

1 Kräfte am Fahrzeug

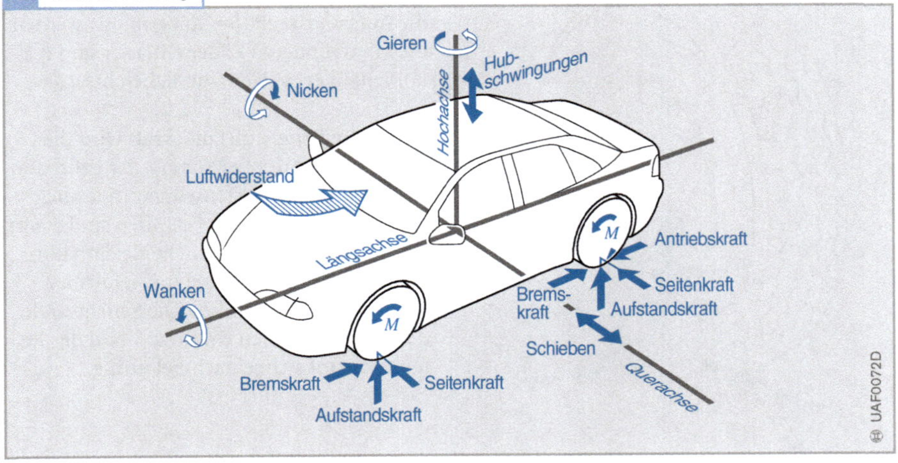

Reifen und damit auf das Fahrzeug. Denn: jede Kraft erzeugt eine Gegenkraft.

Grundsätzlich muss die antreibende Kraft des Motors (Motordrehmoment) – damit sich das Fahrzeug in Bewegung setzen kann – alle Fahrwiderstände (alle Längs- und Querkräfte) überwinden, die z. B. durch Fahrbahnlängs- und -querneigung verursacht werden.

Für die Beurteilung der Fahrdynamik oder auch der Fahrstabilität eines Fahrzeugs müssen die Kräfte bekannt sein, die zwischen den Reifen und der Straße wirken, also über diese Kontaktflächen (auch „Reifenaufstandsfläche" oder „Latsch" genannt) übertragen werden.

Mit zunehmender Fahrpraxis lernt ein Autofahrer, immer besser auf diese Kräfte zu reagieren: sie sind für ihn sowohl bei Beschleunigungen und Verzögerungen als auch bei Seitenwind oder Glätte spürbar. Bei sehr hohen Kräften, also sehr starken Bewegungszustandsänderungen, sind diese Kräfte auch gefährlich (Schleudern) oder zumindest durch quietschende Reifen vernehmbar (z. B. Kavalierstart) und erhöhen den Materialverschleiß.

2 Komponenten der Reifenkraft und Druckverteilung in der Aufstandsfläche eines Radialreifens

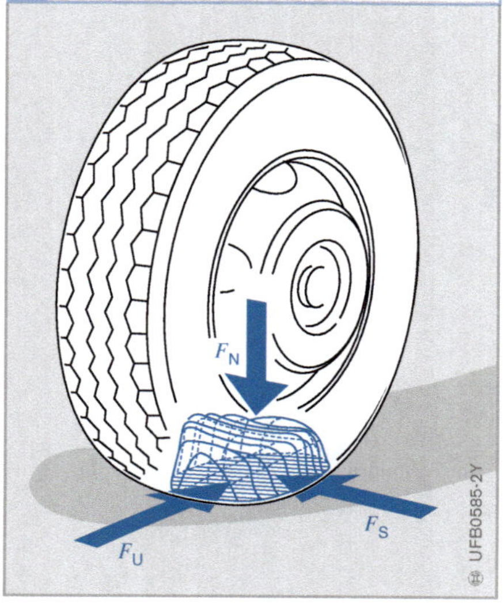

Bild 2
F_N Reifenaufstandskraft, auch als Normalkraft bezeichnet
F_U Umfangskraft (positiv: Antriebskraft; negativ: Bremskraft)
F_S Seitenkraft

Reifenkräfte

Nur über die Reifenkraft lässt sich gezielt eine gewollte Bewegung bzw. Bewegungsänderung erreichen. Die Reifenkraft setzt sich aus folgenden Komponenten zusammen (Bild 2):

Umfangskraft

Die Umfangskraft F_U entsteht durch den Antrieb bzw. das Bremsen. Sie wirkt in Längsrichtung auf die Fahrbahnebene (Längskraft) und ermöglicht es dem Fahrer, das Auto über das Gaspedal zu beschleunigen und über das Bremspedal abzubremsen.

Reifenaufstandskraft (Normalkraft)

Die Kraft zwischen Reifen und Straße (Fahrbahnoberfläche) senkrecht zur Fahrbahn wird als Reifenaufstandskraft oder auch Normalkraft F_N bezeichnet. Sie wirkt immer auf die Reifen, unabhängig vom Bewegungszustand des Fahrzeugs und damit auch bei Fahrzeugstillstand.

Die Aufstandskraft wird durch den Anteil des Fahrzeuggewichts plus Zuladung, der auf die einzelnen Räder entfällt, bestimmt. Sie ist auch von dem Steigungs- oder Gefällwinkel der Straße, auf der das Fahrzeug steht, abhängig. Den höchsten Wert für die Aufstandskraft ergibt sich auf ebener Fahrbahn.

Weitere Kräfte auf das Fahrzeug (z. B. größere Zuladung) erhöhen oder verringern die Aufstandskraft. Bei Kurvenfahrt werden die kurveninneren Räder entlastet und die kurvenäußeren Räder zusätzlich belastet.

Durch die Reifenaufstandskraft wird die Kontaktfläche des Reifens auf der Fahrbahn verformt. Da die Reifenseitenwände auch von dieser Verformung betroffen sind, kann sich die Aufstandskraft nicht gleichmäßig verteilen. Es entsteht eine trapezförmige Druckverteilung (Bild 2). Die Seitenwände des Reifens nehmen Kräfte auf, und der Reifen verformt sich je nach Belastung.

Seitenkraft

Seitenkräfte wirken auf das Rad, z. B. bei eingeschlagener Lenkung oder Seitenwind. Sie bewirken eine Richtungsänderung des Fahrzeugs.

Bremsmoment

Beim Bremsen drücken die Bremsbeläge gegen die Bremstrommel (bei Trommelbremsen) bzw. die Bremsscheiben (bei Scheibenbremsen). Dabei entstehen Reibungskräfte, die der Fahrer durch den Druck auf das Bremspedal beeinflusst.

Das Produkt aus Reibungskräften und dem Abstand der Angriffspunkte dieser Kräfte von der Drehachse ergibt das Bremsmoment M_B.

Dieses Moment wird beim Bremsvorgang am Radumfang wirksam (Bild 1).

Giermoment

Das Giermoment um die Fahrzeughochachse wird durch unterschiedliche Längskräfte an der linken und rechten Fahrzeugseite bzw. unterschiedliche Seitenkräfte an der Vorder- und Hinterachse erzeugt. Giermomente sind erforderlich, um das Fahrzeug bei Kurvenfahrt in Drehung zu versetzen. Unerwünschte Giermomente, wie sie beim Bremsen auf μ-split (s. o.) oder mit schief ziehenden Bremsen auftreten können, lassen sich durch konstruktive Maßnahmen reduzieren. Der Lenkrollhalbmesser (LRH) ist der Abstand zwischen dem Radaufstandspunkt und dem Durchstoßpunkt der Radlenkachse in der Fahrbahnebene (Bild 3). Er ist negativ, wenn der Durchstoßpunkt der Radlenkachse – bezogen auf den Radaufstandspunkt – auf der Fahrzeugaußenseite liegt. Bremskräfte erzeugen im Zusammenwirken mit positivem und negativem Lenkrollhalbmesser durch Hebelwirkung Momente an der Lenkung, die zu einem bestimmten Lenkwinkel am Rad führen. Bei negativem Lenkrollhalbmesser wirkt dieser Lenkwinkel dem unerwünschten Giermoment entgegen.

3 Lenkrollhalbmesser

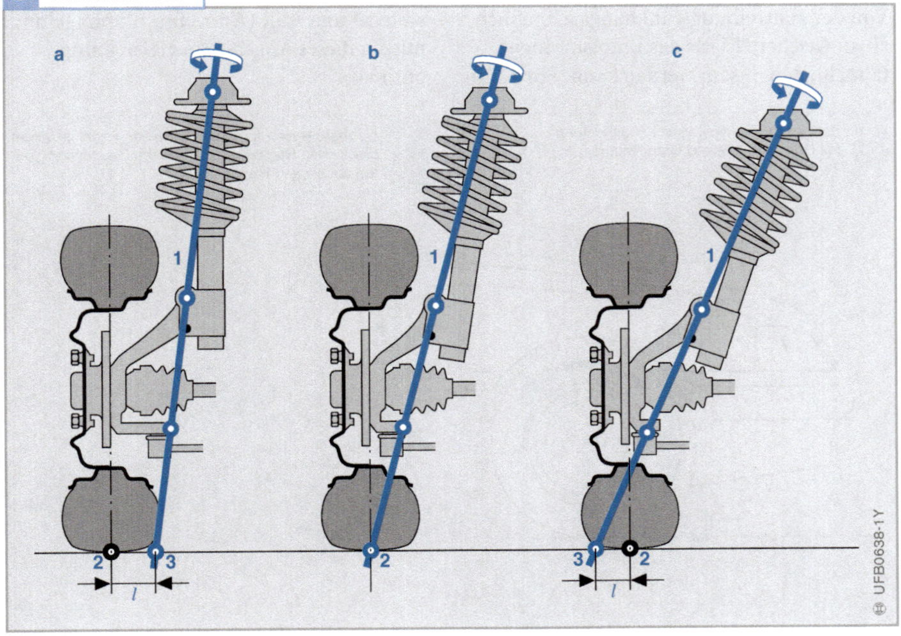

Bild 3

a Lenkrollhalbmesser positiv: $M_{Ges} = M_T + M_B$

b Lenkrollhalbmesser null: kein Giermoment

c Lenkrollhalbmesser negativ: $M_{Ges} = M_T - M_B$

1 Radlenkachse
2 Radaufstandspunkt
3 Durchstoßpunkt
l Lenkrollhalbmesser
M_{Ges} Gesamtmoment (Giermoment)
M_T Trägheitsmoment
M_B Bremsmoment

Reibungskraft

Haftreibungszahl

Mit einem Bremsmoment entsteht zwischen dem Reifen und der Fahrbahnoberfläche eine Bremskraft F_B, die im stationären Fall (keine Radbeschleunigung) proportional zum Bremsmoment ist. Der Betrag der auf die Fahrbahn übertragbaren Bremskraft (Reibungskraft F_R) ist proportional der Reifenaufstandskraft F_N:

$$F_R = \mu_{HF} \cdot F_N$$

Der Faktor μ_{HF} heißt Haftreibungszahl bzw. Reibungszahl oder Kraftschlussbeiwert. Er kennzeichnet die Eigenschaft der verschiedenen Materialpaarungen Reifen/Fahrbahn und alle Einflüsse, denen diese Paarungen ausgesetzt sind.

Die Haftreibungszahl ist damit ein Maß für die übertragbare Bremskraft. Sie hängt ab

- vom Zustand der Fahrbahn,
- vom Zustand der Reifen,
- von der Fahrgeschwindigkeit und
- den Witterungsbedingungen.

Von der Haftreibungszahl hängt schließlich ab, in welchem Maße das Bremsmoment tatsächlich wirksam werden kann. Für Kraftfahrzeugreifen erreicht die Haftreibungszahl ihre höchsten Werte auf trockener und sauberer Fahrbahn, die niedrigsten auf Eis. Zwischenmedien wie Wasser und Schmutz verringern die Haftreibungszahl. Die Werte in Tabelle 1 gelten für Straßendecken aus Beton und Teermakadam in gutem Zustand.

Insbesondere auf nassen Fahrbahnoberflächen hängt die Haftreibungszahl stark von der Fahrgeschwindigkeit ab. Beim Bremsvorgang kann es bei höheren Geschwindigkeiten und entsprechenden Fahrbahnverhältnissen dann zum Blockieren der Räder kommen, wenn durch eine zu niedrige Haftreibungszahl keine Haftung der Räder auf der Fahrbahnoberfläche gewährleistet ist. Blockiert schließlich ein Rad, kann es keine Seitenkräfte mehr übertragen, und das Fahrzeug ist nicht mehr lenkbar. Bild 5 veranschaulicht die Häufigkeitsverteilung der Haftreibungszahl an einem blockierten Rad bei verschiedenen Geschwindigkeiten auf nassen Fahrbahnen.

Die Reibungskraft zwischen Reifen und Fahrbahn bestimmt die Kraftübertragung. Die Sicherheitssysteme ABS (**A**nti**b**lockier**s**ystem) und ASR (**A**ntriebs**s**chlupf**r**egelung) nutzen dieses Angebot an Haftreibung optimal.

4 Radgeschwindigkeit v_x in Längsrichtung mit Bremskraft F_B und Bremsmoment M_B

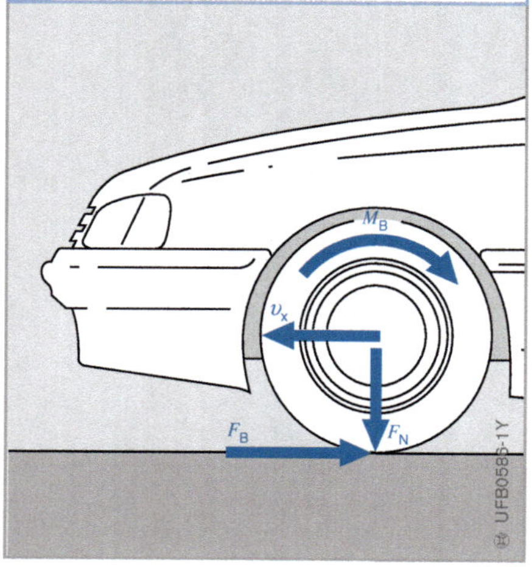

Bild 4
v_x Radgeschwindigkeit in Längsrichtung
F_N Reifenaufstandskraft (Normalkraft)
F_B Bremskraft
M_B Bremsmoment

5 Häufigkeitsverteilung der Haftreibungszahl an einem blockierten Rad bei verschiedenen Geschwindigkeiten auf nassen Fahrbahnen

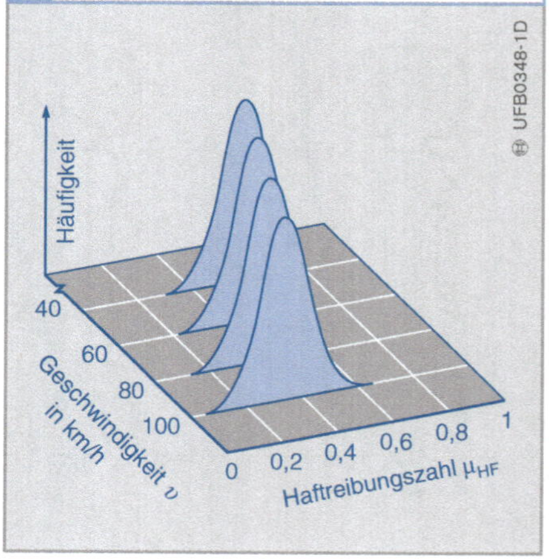

Bild 5
Quelle: Forschungsinstitut für Kraftfahrwesen und Fahrzeugmotoren in Stuttgart

Aquaplaning

Der Betrag der Reibung geht gegen null, wenn sich durch Regen ein „Wasserfilm" auf der Fahrbahn bildet und das Fahrzeug „aufschwimmt": es kommt zu „Aquaplaning", und der Fahrbahnkontakt wird dabei aufgehoben. Der Grund dafür ist, dass sich bei Aquaplaning ein Wasserkeil unter die gesamte Aufstandsfläche des Reifens schiebt und diesen vom Boden abhebt. Aquaplaning ist abhängig von:

- der Wasserhöhe auf der Fahrbahn,
- der Fahrzeuggeschwindigkeit,
- der Profilform, der Reifenbreite und der Abnützung des Reifens sowie
- der Last, mit der der Reifen auf die Fahrbahn gedrückt wird.

Breitreifen sind besonders gefährdet. Im Zustand des Aquaplaning lässt sich das Fahrzeug nicht mehr lenken und nicht mehr abbremsen. Weder Lenkbewegungen noch Bremskräfte können auf die Fahrbahn übertragen werden.

Gleitreibung

Bei Reibungsvorgängen unterscheidet man zwischen Haft- und Gleitreibung. Dabei ist bei starren Körpern die Haftreibung größer als die Gleitreibung. In Anlehnung dazu gibt es für einen abrollenden Gummireifen Zustände, bei denen die Haftreibungszahl höher ist als beim Blockiervorgang. Gleitvorgänge treten aber auch während des Abrollens von Gummireifen auf. Sie werden als „Schlupf" bezeichnet.

Einfluss des Bremsschlupfs auf die Haftreibungszahl

Beim Anfahren oder Beschleunigen hängt – wie auch beim Bremsen oder Verzögern – die Kraftübertragung vom Schlupf zwischen Reifen und Fahrbahn ab. Die Reibung eines Reifens verhält sich zu seinem Schlupf beim Bremsen und Antreiben prinzipiell gleich.

Bild 6 zeigt den Verlauf der Haftreibungszahl μ_{HF} beim Bremsen. Ausgehend vom Bremsschlupf null steigt sie steil an, erreicht ihr Maximum je nach Fahrbahn- und Reifenbeschaffenheit etwa zwischen 10 % und 40 % Bremsschlupf und fällt dann wieder ab. Der ansteigende Teil der Kurve ist der

6 Haftreibungszahl μ_{HF} und Seitenkraftbeiwert μ_S in Abhängigkeit vom Bremsschlupf

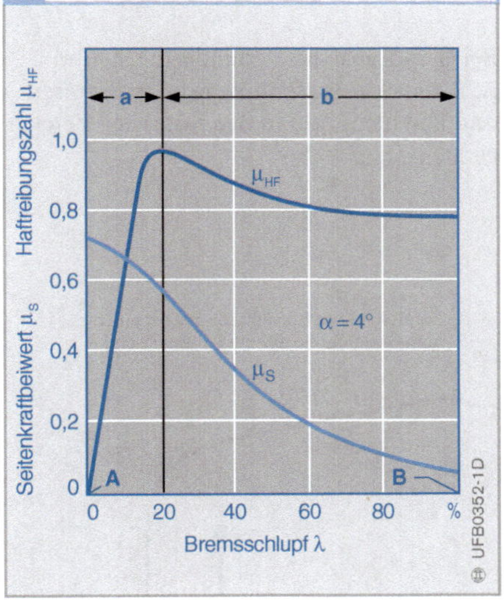

Bild 6
a Stabiler Bereich
b instabiler Bereich
α Schräglaufwinkel
A frei rollendes Rad
B Rad blockiert

1 Haftreibungszahlen μ_{HF} von Reifen auf unterschiedlichen Straßenzustand, bei unterschiedlichem Reifenzustand und verschiedenen Geschwindigkeiten

Fahrgeschwindigkeit km/h	Reifenzustand	Straße trocken μ_{HF}	Straße nass (Wasserhöhe 0,2 mm) μ_{HF}	Starker Regen (Wasserhöhe 1 mm) μ_{HF}	Wasserpfützen (Wasserhöhe 2 mm) μ_{HF}	Vereist (Glatteis) μ_{HF}
50	neu	0,85	0,65	0,55	0,5	0,1 und kleiner
	abgenützt	1	0,5	0,4	0,25	
90	neu	0,8	0,6	0,3	0,05	
	abgenützt	0,95	0,2	0,1	0,0	
130	neu	0,75	0,55	0,2	0	
	abgenützt	0,9	0,2	0,1	0	

Tabelle 1

„stabile Bereich" (Gebiet der Teilbremsungen), der abfallende Teil wird als „instabiler Bereich" bezeichnet.

Die meisten Brems- und Beschleunigungsvorgänge laufen bei kleinen Schlupfwerten im stabilen Bereich ab, sodass eine Erhöhung des Schlupfs auch eine Erhöhung des ausnutzbaren Kraftschlusses ergibt. Im instabilen Bereich führt eine weitere Erhöhung des Schlupfs im Allgemeinen zu einer Verkleinerung des Kraftschlusses. Beim Bremsen blockiert ein Rad in wenigen Zehntelsekunden, beim Beschleunigen führt das größer werdende überschüssige Antriebsmoment zu einer schnellen Drehzahlerhöhung eines oder aller Antriebsräder; die angetriebenen Räder drehen durch.

Bei Geradeausfahrt verhindern ABS und ASR, dass ein Kraftfahrzeug beim Bremsen und Beschleunigen in den instabilen Bereich gerät.

Quer- und Seitenkraft

Wirkt eine Seitenkraft auf ein frei rollendes Rad, dann bewegt sich der Radmittelpunkt seitwärts. Das Verhältnis zwischen der seitwärts gerichteten Geschwindigkeit und der Geschwindigkeit in Längsrichtung wird „Querschlupf" oder auch „Schräglauf" genannt. Der Winkel zwischen der resultierenden Geschwindigkeit v_α und der Geschwindigkeit in Längsrichtung v_x wird als „Schräglaufwinkel α" bezeichnet (Bild 7). Der Schwimmwinkel γ ist der Winkel zwischen der Fahrtrichtung, d. h. der Bewegungsrichtung des Fahrzeugs und der Fahrzeuglängsachse. Der Schwimmwinkel bei hoher Querbeschleunigung gilt als Maß für die Beherrschbarkeit von Fahrzeugen.

Im stationären Fall (also ohne Radbeschleunigung) ist eine über die Achse am Rad wirkende Seitenkraft F_S mit der über die Fahrbahnoberfläche am Rad wirkenden Seitenkraft im Gleichgewicht. Das Verhältnis zwischen der über die Achse wirkenden Seitenkraft und der Radaufstandskraft F_N wird „Seitenkraftbeiwert μ_S" genannt.

7 Darstellung des Schräglaufwinkels α und die Einwirkung der Seitenkraft F_S (Draufsicht)

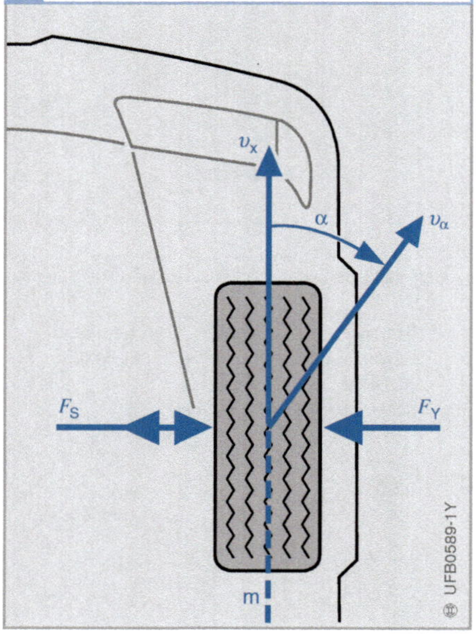

Bild 7
- v_α Geschwindigkeit in Schräglaufrichtung
- v_x Geschwindigkeit in Längsrichtung
- F_S, F_y Seitenkraft
- α Schräglaufwinkel

8 Reifenlatsch zur Felgenebene z. B. bei einer Rechtskurve mit der Seitenkraft F_S (Vorderansicht)

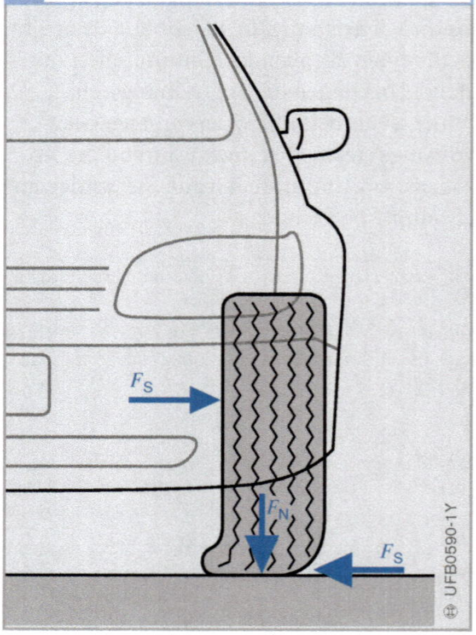

Bild 8
- F_N Reifenaufstandskraft (Normalkraft)
- F_S Seitenkraft

Zwischen dem Schräglaufwinkel α und dem Seitenkraftbeiwert μ_S besteht ein nichtlinearer Zusammenhang, der mit einer Schräglaufkurve beschrieben wird. Im Gegensatz zur Haftreibungszahl μ_{HF} beim Antreiben und Bremsen ist der Seitenkraftbeiwert μ_S stark von der Radaufstandskraft F_N abhängig. Diese Eigenschaft ist für Fahrzeughersteller bei der Fahrwerkauslegung von besonderem Interesse, um das Fahrverhalten mit Stabilisatoren positiv zu beeinflussen.

Bei großen Seitenkräften F_S verschiebt sich der Reifenlatsch (Aufstandsfläche) sehr stark zur Felgenebene (Bild 8). Der Aufbau der Seitenkraft wird dadurch verzögert. Dieser Umstand beeinflusst das Übergangsverhalten (Wechsel vom ursprünglichen Fahrzustand zu einem anderen) von Fahrzeugen bei Lenkbewegungen sehr.

Einfluss des Bremsschlupfs auf die Seitenkräfte

Bei Kurvenfahrten muss der am Schwerpunkt angreifenden, nach außen gerichteten Fliehkraft durch Seitenkräfte an allen Rädern das Gleichgewicht gehalten werden, damit das Fahrzeug der gekrümmten Bahnkurve folgen kann.

Seitenkräfte können aber nur erzeugt werden, wenn sich die Reifen seitlich elastisch verformen, sodass die Bewegungsrichtung des Radschwerpunkts mit der Geschwindigkeit v_α um den Schräglaufwinkel α von der Radmittelebene „m" abweicht (Bild 7).

Bild 6 zeigt den Seitenkraftbeiwert μ_S als Funktion des Bremsschlupfs bei 4° Schräglaufwinkel. Beim Bremsschlupf null weist der Seitenkraftbeiwert den Höchstwert auf. Mit zunehmendem Bremsschlupf sinkt dieser Wert zunächst langsam und dann zunehmend schneller ab und erreicht bei blockiertem Rad den tiefsten Punkt. Dieser Mindestwert ergibt sich aufgrund der Schräglaufwinkelstellung des blockierten Rads, das dann keinerlei Seitenführungskräfte mehr hat.

Reibung – Reifenschlupf – Reifenaufstandskraft

Die Reibung eines Reifens hängt hauptsächlich vom Längsschlupf ab. Die Reifenaufstandskraft spielt dabei eine untergeordnete Rolle, wobei bei konstantem Reifenschlupf in erster Näherung ein linearer Zusammenhang zwischen der Brems- und der Aufstandskraft besteht.

Die Reibung hängt aber auch vom Reifenschräglaufwinkel (Querschlupf) ab. So nimmt die Brems- und Antriebskraft bei gleichem Reifenschlupf und bei Vergrößerung des Schräglaufwinkels ab. Bei gleich bleibender Brems- und Antriebskraft und bei Vergrößerung des Schräglaufwinkels nimmt dagegen der Reifenschlupf zu.

Fahrzeuglängsdynamik

Wirken auf die Felge eines Rads sowohl eine Seitenkraft als auch ein Bremsmoment, so übt die Fahrbahn als Reaktion darauf sowohl eine Seitenkraft als auch eine Bremskraft auf den Reifen aus. Bis zu einer physikalischen Grenze werden dementsprechend alle angreifenden Kräfte am sich drehenden Rad von der Fahrbahn aufgenommen und durch betragsgleiche, aber entgegengesetzt wirkende Kräfte ausgeglichen.

Jenseits dieser physikalischen Grenze ist das Kräftegleichgewicht nicht mehr gegeben und das Fahrzeug wird instabil.

Gesamtfahrwiderstand

Der Gesamtfahrwiderstand F_G ist die Summe aus Roll-, Luft- und Steigungswiderstand (Bild 1). Um diesen Gesamtfahrwiderstand zu überwinden, ist eine entsprechende Antriebskraft an den Antriebsrädern aufzuwenden. Die an diesen Rädern zur Verfügung stehende Antriebskraft ist um so größer, je größer das Motordrehmoment, je größer die Gesamtübersetzung zwischen Motor und Antriebsrädern und je geringer die Übertragungsverluste sind (Wirkungsgrad η bei Motorlängseinbau ca. 0,88...0,92, bei Motorquereinbau ca. 0,91...0,95).

Die Antriebskraft wird zum Teil zur Überwindung des Gesamtfahrwiderstands benötigt. Sie wird durch größere Übersetzungen den mit der Steigung stark zunehmenden Fahrwiderständen stufenweise angepasst (Wechselgetriebe). Die „Überschusskraft“ zwischen Antriebskraft und Fahrwiderstand beschleunigt das Fahrzeug. Überwiegt der Gesamtfahrwiderstand, so verzögert das Fahrzeug.

Rollwiderstand bei Geradeausfahrt

Der Rollwiderstand entsteht durch Formänderungsarbeit an Rad und Fahrbahn. Er ist ein Produkt aus Gewichtskraft und Rollwiderstandsbeiwert, wobei der Rollwiderstandsbeiwert umso größer ist, je kleiner der Reifenradius und je größer die Formänderung des Reifens ist, z. B. bei zu geringem Reifenluftdruck. Er steigt aber auch mit zunehmender Belastung und zunehmender Geschwindigkeit. Außerdem variiert er je nach Straßenbelag und beträgt z. B. auf Asphalt nur ca. 25 % des Rollwiderstandsbeiwerts auf Erdwegen.

1 Gesamtfahrwiderstand F_G

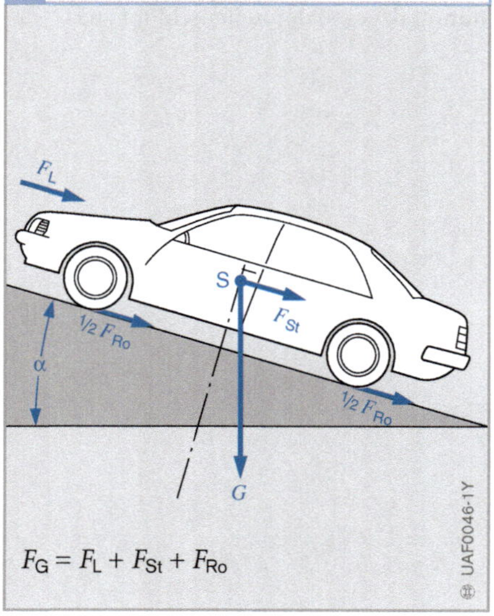

Bild 1
F_L Luftwiderstand
F_{Ro} Rollwiderstand
F_{St} Steigungswiderstand
F_G Gesamtfahrwiderstand
G Gewichtskraft
α Steigungs-/Gefällwinkel
S Schwerpunkt

Tabelle 1

1 Beispiele für den Luftwiderstandsbeiwert c_W bei Pkw

Fahrzeugbauform	c_W
offenes Kabriolett	0,5...0,7
Kastenaufbau	0,5...0,6
Pontonform [1])	0,4...0,55
Keilform	0,3...0,4
verkleidete Form	0,2...0,25
Tropfenform	0,15...0,2

[1]) Stufenheck

Tabelle 2

2 Beispiele für den Luftwiderstandsbeiwert c_W bei Nkw

Fahrzeugbauform	c_W
Standard-Zugfahrzeuge	
– „unverkleidet“	≥ 0,64
– „teilverkleidet“	0,54...0,63
– „vollverkleidet“	≤ 0,53

Rollwiderstand bei Kurvenfahrt

Bei Fahrt in der Kurve vergrößert sich der Rollwiderstand um den Kurvenwiderstand, dessen Widerstandbeiwert von Fahrgeschwindigkeit, Kurvenradius, Bewegungseigenschaften der Achse, Bereifung, Reifenluftdruck und Schräglaufverhalten abhängt.

Luftwiderstand

Der Luftwiderstand F_L wird aus der Luftdichte ϱ, dem Luftwiderstandsbeiwert c_W (abhängig von Fahrzeugbauform, Tabellen 1 und 2), der in Bewegungsrichtung projizierten Querschnittsfläche A und der Fahrgeschwindigkeit v (einschließlich der Gegenwindgeschwindigkeit) ermittelt.

$$F_\mathrm{L} = c_\mathrm{W} \cdot A \cdot v^2 \cdot \varrho/2$$

Steigungswiderstand

Der Steigungswiderstand F_St (mit positivem Vorzeichen) oder der Hangabtrieb (mit negativem Vorzeichen) ergeben sich aus Gewichtskraft G des Fahrzeugs und Steigungs- bzw. Gefällwinkel α.

$$F_\mathrm{St} = G \cdot \sin \alpha$$

Beschleunigung und Verzögerung

Eine gleichmäßig beschleunigte oder verzögerte Bewegung in Längsrichtung liegt vor, wenn die Beschleunigung (oder Verzögerung) konstant ist. Der während der Verzögerung zurückgelegte Weg ist im Gegensatz zu dem während der Beschleunigung zurückgelegten Weg von größerer Bedeutung, denn die Länge des Bremswegs wirkt sich unmittelbar auf die Verkehrssicherheit aus.

Die Länge des Bremswegs hängt von mehreren Einflussgrößen ab:

- Fahrgeschwindigkeit: Bei gleicher Verzögerung steigt der Bremsweg quadratisch mit der Geschwindigkeit.
- Fahrzeugbeladung: zusätzliches Gewicht führt zu einem längeren Bremsweg.
- Fahrbahnbeschaffenheit: Eine nasse Fahrbahn ergibt eine geringere Haftreibung zwischen Fahrbahn und Reifen und damit einen längeren Bremsweg.
- Reifenzustand: Zu geringe Profiltiefe führt insbesondere bei nasser Fahrbahn zu längeren Bremswegen.
- Zustand der Bremse: Verölte Bremsbeläge z. B. senken die Reibungskraft zwischen Belag und Bremsscheibe bzw. Bremstrommel. Die geringeren übertragbaren Bremskräfte führen zu einem längeren Bremsweg.
- Bremsfading: Durch Überhitzen der Bremsenkomponenten lässt die Bremswirkung ebenfalls nach.

Höchstwerte der Beschleunigung oder Verzögerung sind erreicht, wenn die Antriebs- oder Bremskräfte an den Fahrzeugrädern so hoch sind, dass die Räder auf der Fahrbahn gerade noch haften (maximaler Kraftschluss).

Die tatsächlich erreichbaren Werte liegen niedriger, weil nicht bei jeder Beschleunigung (Verzögerung) alle Räder gleichzeitig den maximal möglichen Kraftschluss nutzen. Elektronisch geregelte Antriebs-, Brems- und Fahrstabilitäts-Regelungssysteme (ASR, ABS und ESP) regeln im Bereich der maximal übertragbaren Kräfte.

Fahrzeugquerdynamik

Fahrverhalten bei Seitenwind

Starker Seitenwind bewirkt, dass ein Kraftfahrzeug – insbesondere bei höherer Fahrgeschwindigkeit und ungünstigen Fahrzeugabmessungen – aus seiner Bahn abgelenkt wird (Bild 1). Bei plötzlichem Seitenwind, z. B. beim Herausfahren aus einem Einschnitt in der Landschaft, sind bereits innerhalb der Reaktionsdauer bei ungünstig gebauten Fahrzeugen beträchtliche seitliche Versetzungen und Gierwinkeländerungen sowie Fehlreaktionen des Fahrers möglich.

Beim Schräganblasen eines Fahrzeugs mit der Windkraft F_W entsteht neben dem Luftwiderstand F_L in Längsrichtung auch eine Komponente der Luftkraft in Querrichtung. Man kann sich diese über die ganze Karosserie verteilte Kraft auf eine Einzelkraft, die Seitenwindkraft F_{SW} reduziert denken. Diese Seitenwindkraft greift im „Druckpunkt D" an. Die Lage des Druckpunkts hängt von der Form der Karosserie und vom Anströmwinkel α ab.

Der Druckpunkt liegt im Allgemeinen in der vorderen Wagenhälfte. Bei Fahrzeugen mit Pontonform (Stufenheck) ist er weitgehend stabil und liegt näher an der Wagenmitte als bei Karosserien mit Stromlinienform (abfallendes Heck), bei denen der Druckpunkt abhängig vom Anströmwinkel wandern kann.

Die Lage des Schwerpunkts S hängt dagegen vom Beladungszustand ab. Um zu einer allgemeinen Darstellung des Seitenwindeinflusses (auch unabhängig von der relativen Lage des Fahrwerks zur Karosserie) zu gelangen, wird deshalb ein Bezugspunkt 0 in Wagenmitte am vorderen Ende der Karosserie gewählt.

Bei Angabe der Seitenwindkraft für einen vom Druckpunkt verschiedenen Bezugspunkt kommt noch das Moment der Seitenwindkraft um den jeweiligen Druckpunkt – das Giermoment M_Z – hinzu. Die Seitenwindkraft wird über Seitenführungskräfte an den Rädern abgestützt. Die Seitenführungskraft eines Luftreifens hängt neben dem Schräglaufwinkel und der Radlast von der Reifenbauart und -größe, vom Innendruck und von den Reibungseigenschaften der Fahrbahn ab.

Ein Fahrzeug verfügt über eine gute Fahrtrichtungsstabilität bei Seitenwind, wenn der Druckpunkt nahe beim Fahrzeugschwerpunkt liegt. Eine minimale Bahnkrümmung ergibt sich beim übersteuernden Fahrzeug, wenn der Druckpunkt vor dem Schwerpunkt liegt. Beim untersteuernden Fahrzeug ist die günstigste Lage des Druckpunkts kurz hinter dem Schwerpunkt.

1 Fahrzeug bei Seitenwind

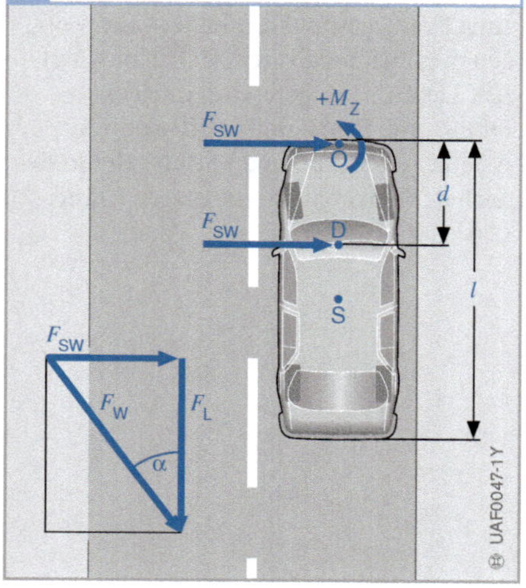

Bild 1
D Druckpunkt
O Bezugspunkt
S Schwerpunkt
F_W Windkraft
F_L Luftwiderstand
F_{SW} Seitenwindkraft
M_Z Giermoment
α Anströmwinkel
l Fahrzeuglänge
d Abstand des Druckpunkts D vom Bezugspunkt O

F_S und M_Z in O angreifend entspricht F_S in D angreifend (in der Aerodynamik ist es üblich, anstelle von Kräften und Momenten dimensionslose Beiwerte anzugeben)

Unter- und Übersteuern

Seitenführungskräfte können zwischen Fahrbahn und gummibereiftem Rad nur dann entstehen, wenn das Rad schräg zu seiner Ebene abrollt. Deshalb muss ein Schräglaufwinkel vorhanden sein. Als untersteuernd wird ein Fahrzeug bezeichnet, bei dem mit zunehmender Querbeschleunigung der Schräglaufwinkel an der Vorderachse stärker anwächst als der Schräglaufwinkel an der Hinterachse. Das umgekehrte Verhalten wird als übersteuernd bezeichnet (Bild 2).

Fahrzeuge sind aus Sicherheitsgründen leicht untersteuernd bis neutral ausgelegt. Durch Antriebsschlupf kann aber ein Frontriebler zum stärkeren Untersteuern bzw. ein Hecktriebler zum Übersteuern wechseln.

Fliehkraft in der Kurve

Die Fliehkraft F_{cf} setzt im Schwerpunkt S an (Bild 3). Ihre Wirkung hängt von vielen Einflussfaktoren ab wie z. B.

- dem Kurvenradius,
- der Fahrzeuggeschwindigkeit,
- der Höhe des Fahrzeugschwerpunkts,
- der Fahrzeugmasse,
- der Spurbreite des Fahrzeugs,
- der Reibpaarung Reifen/Fahrbahn (Witterung, Straßenbelag, Reifenzustand) und
- der Lastverteilung im Fahrzeug.

Gefahr in einer Kurve entsteht dann, wenn die Fliehkraft die Seitenkräfte an den Rädern zu übersteigen droht und das Fahrzeug nicht in der Sollspur gehalten werden kann. Positiv beeinflusst werden kann ein solches Kräfteverhältnis durch eine Kurvenüberhöhung.

Rutscht das Fahrzeug an der Vorderachse, so untersteuert es, rutscht es an der Hinterachse, dann übersteuert es. In beiden Fällen erkennt ESP (Elektronisches Stabilitäts-Programm) eine unerwünschte Drehbewegung um die Hochachse. ESP kann das Fahrzeug durch geeignetes aktives Bremsen einzelner Räder wieder stabilisieren.

2 Untersteuern und Übersteuern eines Fahrzeugs

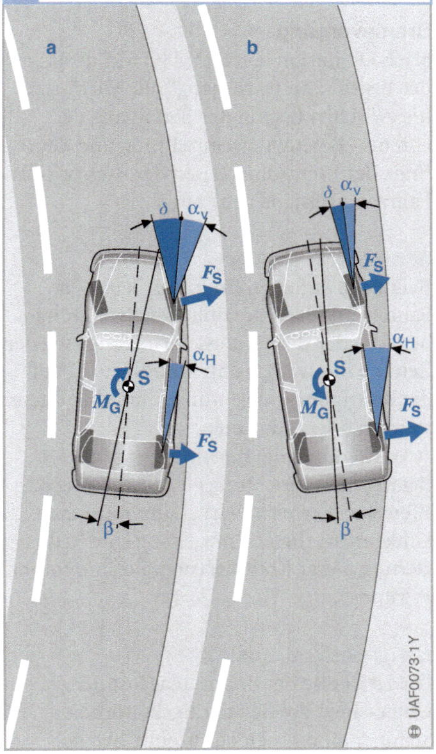

Bild 2
a Untersteuern
b Übersteuern
α_v Schräglaufwinkel vorn
α_h Schräglaufwinkel hinten
δ Lenkwinkel
β Schwimmwinkel
F_S Seitenkraft
M_G Giermoment

3 Fliehkraft in der Kurve

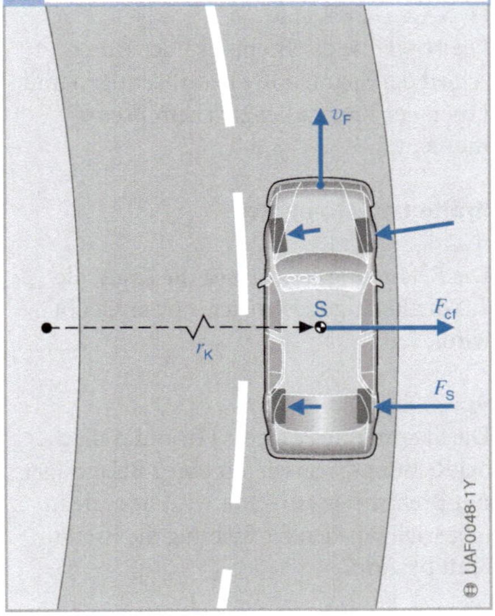

Bild 3
F_{cf} Fliehkraft
v_F Fahrzeuggeschwindigkeit
F_S Seitenkraft an den einzelnen Rädern
r_K Kurvenradius
S Schwerpunkt

Definitionen

Bremsvorgang

Nach Definition von DIN ISO 611 umfasst der Begriff „Bremsvorgang“ alle Vorgänge, die zwischen Beginn der Betätigung der (Brems-)Betätigungseinrichtung und dem Ende der Bremsung (Lösen der Bremse oder Fahrzeugstillstand) auftreten.

Abstufbare Bremsung

Bei der abstufbaren Bremsung kann der Fahrer innerhalb des üblichen Betätigungsbereichs der Betätigungseinrichtung zu jeder Zeit die Bremskraft durch Einwirkung auf die Betätigungseinrichtung hinreichend fein steigern oder reduzieren.

Wenn durch die Einwirkung auf die Betätigungseinrichtung eine Steigerung der Bremskraft erreicht wird, dann muss eine Umkehrung dieser Einwirkung eine Reduzierung dieser Kraft hervorrufen (monotone Wirkung).

Hysterese der Bremsanlage

Die Hysterese der Bremsanlage ist der Unterschied der Betätigungskräfte beim Spannen und Lösen der Bremse bei gleichem Bremsmoment.

Hysterese der Bremse

Die Hysterese der Bremse ist der Unterschied der Spannkräfte beim Betätigen und Lösen der Bremse bei gleichem Bremsmoment.

Kräfte und Momente

Betätigungskraft

Die Betätigungskraft F_C ist die Kraft, die auf die Betätigungseinrichtung ausgeübt wird.

Spannkraft

Die Spannkraft F_S ist die Gesamtkraft, die bei Reibungsbremsen auf einen Belagträger mit Bremsbelag ausgeübt wird und die infolge sich ergebender Reibung die Bremskraft bewirkt.

Gesamte Bremskraft

Die gesamte Bremskraft F_f ist die Summe der in den Aufstandsflächen aller Räder wirkenden Bremskräfte, die durch die Wirkung der Bremsanlage entstehen und der Bewegung oder der Bewegungstendenz des Fahrzeugs entgegengerichtet sind.

Bremsmoment

Das Bremsmoment ist das Produkt aus den durch die Spannkräfte in der Bremse hervorgerufenen Reibkräften und dem Abstand der Angriffspunkte dieser Kräfte von der Drehachse des Rades.

Bremskraftverteilung

Die Bremskraftverteilung ist die Angabe der Bremskraft jeder Achse in Prozent bezogen auf die gesamte Bremskraft F_f, z. B.: Vorderachse 60 %, Hinterachse 40 %.

Äußerer Bremsenkennwert C

Der äußere Bremsenkennwert C ist das Verhältnis von Ausgangsmoment zu Eingangsmoment oder Ausgangskraft zu Eingangskraft an einer Bremse.

Innerer Bremsenkennwert C*

Der innere Bremsenkennwert C* ist das Verhältnis der am wirksamen Radius einer Bremse angreifenden gesamten Tangentialkraft zur Spannkraft F_S.

Typische Werte: für Trommelbremsen können Werte bis zu $C^* = 10$ erreicht werden, bei Scheibenbremsen ist $C^* \approx 1$.

Zeiten

Der Bremsvorgang ist durch verschiedene Zeiten gekennzeichnet, sie sind unter Bezug auf die in Bild 1 dargestellten idealisierten Kurven definiert.

Bewegungsdauer der Betätigungseinrichtung

Die Bewegungsdauer der Betätigungseinrichtung ist die Zeit vom Beginn der Kraftwirkung auf die Betätigungseinrichtung (t_0) bis zur jeweiligen Endstellung (t_3) entsprechend der Betätigungskraft oder des Betätigungsweges. Dies gilt sinngemäß auch für das Lösen der Bremsen.

Ansprechdauer
Die Ansprechdauer t_a ist die Zeit, die vom Beginn der Kraftwirkung auf die Betätigungseinrichtung bis zum Einsetzen der Bremskraft (Aufbau des Bremsdrucks in der Bremsleitung) vergeht ($t_1 - t_0$).

Schwelldauer
Die Schwelldauer t_s ist die Zeit, die vom Einsetzen der Bremskraft bis zum Erreichen des maximalen Leitungsdrucks vergeht ($t_5 - t_1$).

Bremsdauer
Die Bremsdauer t_b ist die Zeit, die vom Beginn der Kraftwirkung auf die Betätigungseinrichtung bis zum Verschwinden der Bremskraft vergeht ($t_7 - t_0$). Wenn das Fahrzeug zum Stillstand kommt, dann stellt der Beginn des Stillstehens das Ende der Bremsdauer dar.

Bremswirkungsdauer
Die Bremswirkungdauer t_w ist die Zeit, die vom Einsetzen der Bremsverzögerung bis zum Verschwinden der Bremskraft vergeht ($t_7 - t_2$). Wenn das Fahrzeug zum Stillstand kommt, dann stellt der Beginn des Stillstehens das Ende der Bremswirkungsdauer dar.

Wege

Bremsweg
Der Bremsweg s_1 ist der Weg, den ein Fahrzeug während der Bremswirkungsdauer ($t_7 - t_2$) zurücklegt.

Anhalteweg
Der Anhalteweg s_0 ist der vom Fahrzeug während der Bremsdauer ($t_7 - t_0$) zurückgelegte Weg. Das ist der zurückgelegte Weg vom Zeitpunkt, an dem der Fahrer beginnt, die Betätigungseinrichtung in Funktion zu setzen, bis zu dem Zeitpunkt, an dem das Fahrzeug zum Stillstand kommt.

Bremsverzögerung

Augenblickliche Verzögerung
Die augenblickliche Verzögerung a ergibt sich durch den Quotienten aus Geschwindigkeitsverringerung pro Zeiteinheit.
$a = dv/dt$

Mittlere Verzögerung über dem Anhalteweg
Mit der Fahrzeuggeschwindigkeit v_0 zum Zeitpunkt t_0 ergibt sich die mittlere Verzögerung a_{ms} über den Anhalteweg s_0 zu
$a_{ms} = v_0{}^2/2s_0$

Mittlere Vollverzögerung
Der Wert für die mittlere Vollverzögerung a_{mft} entspricht dem Mittelwert der Verzögerung im Zeitraum der voll entwickelten Verzögerung ($t_7 - t_6$).

Abbremsung
Die Abbremsung Z ist das Verhältnis zwischen gesamter Bremskraft F_f und der auf der Achse oder den Achsen des Fahrzeugs ruhenden statischen Gesamtgewichtskraft G_S (Fahrzeuggewicht). Das entspricht dem Verhältnis von Bremsverzögerung a zu Erdbeschleunigung g ($g = 9{,}81$ m/s^2).

1 Abbremsvorgang eines Fahrzeugs bis zum Stillstand (idealisierte Darstellung)

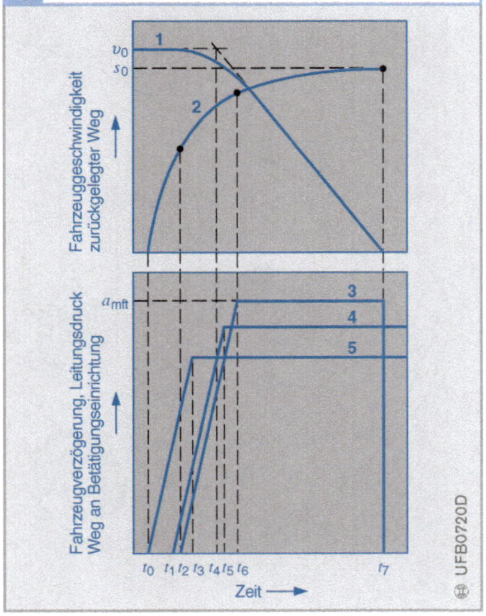

Bild 1
1 Fahrzeuggeschwindigkeit
2 beim Bremsen zurückgelegter Weg
3 Fahrzeugverzögerung
4 Leitungsdruck (Bremsdruck)
5 Weg an der Betätigungseinrichtung
t_0 Zeitpunkt, an dem der Fahrer beginnt, die Betätigungseinrichtung in Funktion zu setzen
t_1 Leitungsdruck (Bremsdruck) beginnt zu steigen
t_2 Fahrzeugverzögerung setzt ein
t_3 Betätigungseinrichtung hat vorgesehene Stellung erreicht
t_4 Schnittpunkt der beiden Verlängerungen der Geschwindigkeitskurve
t_5 Leitungsdruck hat seinen stabilisierten Wert erreicht
t_6 Fahrzeugverzögerung hat ihren stabilisierten Wert erreicht
t_7 Fahrzeug kommt zum Stillstand

Bremssysteme im Personenkraftwagen

Die Bremsanlagen sind für die Betriebsfähigkeit eines Kraftfahrzeugs und seine Sicherheit im Straßenverkehr unerlässlich. Sie sind deshalb strengen gesetzlichen Bestimmungen unterworfen. Die mechanische Bremsanlage wurde aufgrund der steigenden Anforderungen an die Fahrsicherheit immer weiter verbessert. Mit dem Einsatz von Mikroelektronik hat sich die Bremsanlage zu einem komplexen elektronischen Bremssystem entwickelt.

Übersicht

Die Bremsanlagen von Personenkraftwagen haben folgende grundsätzlichen Aufgaben:
- die Geschwindigkeit des Fahrzeugs zu verringern,
- das Fahrzeug zum Stillstand zu bringen,
- unerwünschtes Beschleunigen bei einer Talfahrt zu verhindern und
- das Fahrzeug im Stillstand zu halten.

Für die ersten drei Punkte ist die Betriebsbremsanlage („Fußbremse") zuständig. Der Fahrer aktiviert sie durch Betätigen des Bremspedals. Die Feststellbremsanlage („Handbremse") hält das Fahrzeug im Stillstand.

Konventionelle Bremssysteme

Bei den konventionellen Pkw-Bremssystemen wird der Bremsvorgang ausschließlich durch Druck auf das Bremspedal eingeleitet. Im Hauptzylinder der Bremsanlage wird diese Kraft in einen hydraulischen Druck umgeformt. Die Bremsflüssigkeit dient als Übertragungsmedium zwischen Hauptzylinder und Radbremsen (Bild 1).

Bei Hilfskraft-Bremsanlagen, wie sie in Personenkraftwagen und leichten Nutzfahrzeugen am häufigsten eingesetzt werden, wird der Betätigungsdruck durch den Bremskraftverstärker unterstützt.

1 Beispiel einer Pkw-Hilfskraft-Bremsanlage

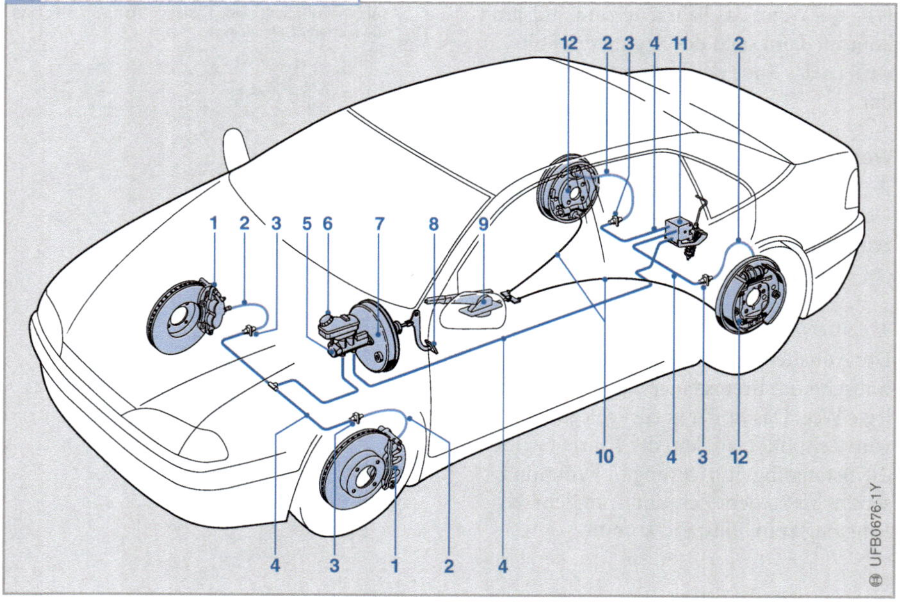

Bild 1
1 Radbremse Vorderräder (Scheibenbremse)
2 Bremsschlauch
3 Anschlussstück zwischen Bremsleitung und Bremsschlauch
4 Bremsleitung
5 Hauptzylinder
6 Ausgleichsbehälter (für Bremsflüssigkeit)
7 Bremskraftverstärker
8 Bremspedal
9 Feststellbremse-Bedienhebel
10 Bremsseil (Feststellbremse)
11 Bremskraftminderer
12 Radbremse Hinterräder (hier Trommelbremse)

Elektronische Bremssysteme

Antiblockiersystem ABS

Im Jahre 1978 wurde zum ersten Mal ein elektronisches Bremssystem in Serie eingeführt. Das Antiblockiersystem (ABS), verhindert bei einer Vollbremsung, dass die Räder blockieren und das Fahrzeug nicht mehr lenkbar ist.

Beim ABS besteht wie beim konventionellen Bremssystem eine mechanische Verbindung zwischen Bremspedal und den Radbremsen. Das Hydroaggregat kommt bei diesem elektronischen System als zusätzliche Komponente hinzu. Magnetventile im Hydroaggregat werden so angesteuert, dass bei zu großem Reifenschlupf der Bremsdruck in den Radzylindern selektiv begrenzt wird, um ein Blockieren der Räder zu verhindern.

Das ABS wurde immer weiter entwickelt und verbessert, sodass es mittlerweile bei fast allen in Westeuropa neu zugelassenen Fahrzeugen zur Serienausstattung gehört.

Elektrohydraulische Bremse SBC

SBC (**S**ensotronic **B**rake **C**ontrol) stellt eine neue Generation vom Bremssystemen dar. Hier besteht im Normalbetrieb keine mechanische Verbindung zwischen Bremspedal und Radzylinder mehr. Die Elektrohydraulische Bremse SBC erfasst den Pedalweg elektronisch mit redundanten Sensoren und wertet die Messsignale in einem Steuergerät aus. Man nennt dies „brake by wire". Das Hydroaggregat steuert über Magnetventile den Bremsdruck in den Radbremsen. Der Bremsvorgang geschieht weiterhin hydraulisch mit der Bremsflüssigkeit als Übertragungsmedium.

Elektromechanische Bremse EMB

Zukünftig wird es ein weiteres elektronisches Bremssystem geben: Die **E**lektro**m**echanische **B**remse (EMB) arbeitet nicht mehr hydraulisch sondern elektromechanisch. Elektromotoren drücken die Bremsbeläge gegen die Bremsscheiben und sorgen so für den Bremsvorgang. Die Verbindung zwischen Bremspedal und Radbremse geschieht stets auf rein elektronischem Wege.

Elektronische Fahrdynamiksysteme

Die Weiterentwicklung des ABS führte zur **A**ntriebs**s**chlupf**r**egelung (ASR). Dieses System, das 1987 zum ersten Mal in Serie eingeführt wurde, verhindert beim Beschleunigen das Durchdrehen der Räder und verbessert somit die Fahrdynamik. Bei diesem System handelt es sich nicht um ein Bremssystem im eigentlichen Sinn. Es kann aber in das Bremssystem eingreifen, wenn ein Rad zum Durchdrehen neigt.

Ebenso ein Fahrdynamiksystem ist das ESP (**E**lektronisches **S**tabilitäts-**P**rogramm), das innerhalb physikalisch vorgegebener Grenzen ein Schleudern des Fahrzeugs verhindert. Dieses System greift ebenfalls in die Bremsanlage ein, um das Fahrzeug zu stabilisieren.

Elektronische Zusatzfunktionen

Die elektronische Datenverarbeitung ermöglicht weitere Zusatzfunktionen, die in die bestehenden elektronischen Brems- und Fahrdynamiksysteme integriert werden können.

- Der **B**rems**a**ssistent (BA) erhöht den Bremsdruck, wenn der Fahrer bei einer Vollbremsung zu zaghaft bremst.
- Die **E**lektronische **B**remskraft**v**erteilung (EBV) steuert die Bremskraft der Hinterradbremsen, sodass sich die bestmögliche Bremskraftverteilung auf die Vorder- und Hinterachse einstellt.
- Die **H**ill **D**escent **C**ontrol (HDC) bremst das Fahrzeug auf stark abschüssigen Gefällstrecken automatisch ab.

Geschichte der Bremse

Ursprung und Entwicklung

Die erste Anwendung des Rads wird auf 5000 v. Chr. datiert. Meist dienten Rinder als Zugtiere, später dann auch Pferde und Esel. Die Erfindung des Rads zog die Erfindung der Bremsen nach sich. Denn ein Fuhrwerk auf Bergabfahrt musste abgebremst werden, um die Fahrzeuggeschwindigkeit in einem kontrollierbaren Rahmen zu halten und die Zugtiere nicht durch einen immer schneller werdenden Wagen wegzudrücken. Das geschah wohl mithilfe von Holzprügeln, die man gegen den Boden oder die Radscheiben hebelte. Ab etwa 700 v. Chr. erhielten die Räder dann Eisenreifen, um eine zu schnelle Abnützung des Radkranzes zu verhindern.

Ab 1690 bremsten die Kutscher ihr Fuhrwerk mit einem „Hemmschuh" ab. Sie schoben ihn während der Bergabfahrt an einem Henkel als Bremskeil unter ein Rad, das dadurch blockierte und auf dem Hemmschuh schliff.

In der Vorzeit der industriellen Warenproduktion führte Freiherr von Drais 1817 der staunenden Öffentlichkeit bei einer Fahrt vom süddeutschen Karlsruhe nach Kehl vor, dass es möglich ist, auf nur zwei Rädern zu fahren, ohne umzukippen. Da er wohl beim Bergabfahren Probleme beim Anhalten hatte, führte er bei seinem letzten Modell 1820 eine Schleifbremse am Hinterrad ein (Bild 1).

Um 1850 kam es schließlich zur Einführung der eisernen Achse und der Klotzbremse im Wagenbau. Bei dieser Bremse wurden Bremsklötze gegen die metallene Lauffläche der eisenbeschlagenen Holzräder gedrückt. Die Klotzbremse ließ sich mithilfe von Kurbel und Gestänge vom Fahrersitz aus betätigen (Bild 2).

Die geringe Geschwindigkeit und der schwergängige Antriebsstrang der ersten Automobile stellten keine hohen Anforderungen an die Wirksamkeit der Bremsen. In der Anfangszeit genügten dafür die von Hand oder Fuß über Hebel, Gelenke und Seilzug betätigten Klotz-, Band- und Keilbremsen an den starren Hinterachsen.

Zunächst wurden die Hinterräder gebremst, gelegentlich eine Zwischenwelle oder nur die Kardanwelle. Erst ca. 35 Jahre nach Erfindung des Automobils begann man, auch die Vorderräder mit Bremsen (Seilzug) zu versehen. Weitere Jahre vergingen, bis die ersten Automobile eine hydraulische Betätigung der Bremse erhielten – zu jenem Zeitpunkt gab es ausschließlich Trommelbremsen. Die zuvor verwendete Seilzugbetätigung wurde bei einzelnen Modellen wie dem VW Käfer noch bis nach dem Zweiten Weltkrieg genutzt. Weitere markante Marksteine waren die Anwendung der Scheibenbremsen und in der Gegenwart die Einführung und der stufenweise Ausbau verschiedener Fahrstabilisierungssysteme.

1 Laufrad des Freiherrn von Drais mit Schleifbremse, 1820

Bild 1
1 Schleifbremse am Laufrad

2 Klotzbremse mit Kurbel und Gestänge an einer Kutsche (Schema)

Klotz- und Außenbackenbremsen an den Radlaufflächen

Die ersten Kraftfahrzeuge fuhren auf stahl- oder gummibereiften Holzrädern oder gummibereiften Speichenrädern aus Stahl. Zum Bremsen drückten (wie bei den Pferdekutschen) Hebel mit Bremsklötzen oder Außenbackenbremsen mit Reibbelägen gegen die Laufflächen der Hinterräder. Ein erstes Beispiel dafür ist der von Gottlieb Daimler im Jahr 1885 als Versuchsfahrzeug erprobte „Reitwagen" (erstes Motorrad mit 0,5 PS Motorleistung und 12 km/h Höchstgeschwindigkeit). Vom vorn beim Lenkhebel angeordneten Bremsbetätigungshebel führte ein Seilzug zur *Außenbackenbremse* am Hinterrad (Bilder 3a, b).

Als erste Personenkraftwagen mit Verbrennungsmotor verfügten im Jahr 1886 die von der Pferdekutsche abgeleitete Daimler-Motorkutsche (1,1 PS, 16 km/h) und der neu als Automobil konzipierte Benz-Motorwagen über Klotzbremsen. Das traf auch auf Nachfolgefahrzeuge wie z. B. den 1896 konstruierten ersten Lastwagen der Welt zu. Die Klotzbremse war jeweils vor den Hinterrädern angebracht (Bilder 3c, d, e, f.).

3 Historische Motorfahrzeuge und ihre Radbremsen (Beispiele)

Bild 3

a, b Daimler-Reitwagen, 1885
1 Bremsbetätigungshebel
2 Seilzug zum Bremshebel
3 Bremshebel
4 Außenbackenbremse am Hinterrad

c Daimler-Motorkutsche, 1886
1 Klotzbremse, die zusätzlich im Stand „automatisch" beim Betreten der angeflanschten Trittstufe bremste

d Daimler-Feuerspritze, 1890
1 Klotzbremse

e Benz-Viktoria, 1893
1 Klotzbremse

f Benz-Velo, 1894
1 Klotzbremse

4 Daimler-Stahlradwagen mit Bandbremse, 1889

Bild 4
1 Bandbremse an der Hinterachse

5 Daimler-Phoenix, 1889, Antriebswelle mit Ansicht von vorn

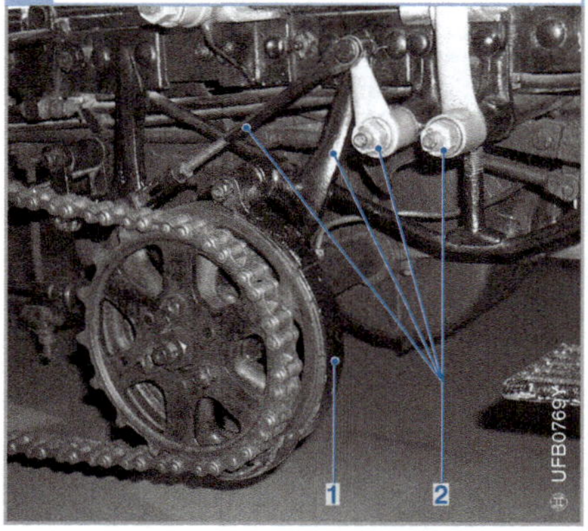

Bild 5
1 Außenbackenbremse, vorderer Teil
2 Bremshebel und Bremsgestänge

6 Daimler-Phoenix, 1889, Antriebswelle mit Ansicht von hinten

Bild 6
1 Bremsstange
2 Bremshebel
3 Außenbackenbremse, hinterer Teil

Band- und Außenbackenbremsen

Als sich beim Kraftfahrzeug schnell Vollgummireifen etablierten (beginnend 1886 mit Dreirad-Motorwagen von Benz und 1889 Stahlradwagen von Daimler) und sich kurz danach wegen des höheren Fahrkomforts luftgefüllte Gummireifen durchsetzten, war das Ende der Klotzbremse im Automobilbau schon wieder eingeläutet.

Nun kamen *Bandbremsen* (flexible Stahl-Bremsbänder, entweder direkt oder über mehrere, auf der Innenseite aufgenietete Bremsklötze bremsend) oder *Außenbackenbremsen* (steife Guss- bzw. Stahlbremsbacken mit Bremsbelägen) zur Anwendung. Diese pedalbetätigten Bremsen wirkten auf Außenbremstrommeln, die in der Regel vorn auf der Antriebszwischenwelle oder an der Antriebsachse im Bereich der Hinterräder angebracht waren.

Zum Beispiel entstand 1898 der Wartburg-Motorwagen der Fahrzeugfabrik Eisenach. Das Getriebe und die Antriebskegelräder des Modells 1 lagen frei. *Bandbremsen* wirkten sowohl am Achsantrieb als auch an den beiden Hinterrädern.

1899 verfügte der Daimler-Stahlradwagen über Vollgummireifen und *Stahl-Bandbremsen* an den Hinterrädern (Bild 4). Der Daimler-Personenwagen „Phoenix“ des gleichen Jahres 1899 hatte noch Vollgummireifen, kurz danach aber schon Luftreifen. Eine Fußbremse wirkte als *Außenbackenbremse* auf die vordere Antriebswelle (Bilder 5 und 6), die Handbremse auf die Hinterräder. Zusätzlich besaß dieser Wagen – wie auch z. B. der Benz-Rennwagen von 1899 (Bild 7) – eine „Bergstütze“, eine am Heck montierte kräftige Stange, die entsprechend ihrem Zweck bei bergwärts stehendem Fahrzeug mit einem kräftigen Fußtritt in die zumeist relativ weiche Fahrbahn getrieben wurde.

Der Originaltext der Gebrauchsanleitung des „Phaeton“ der Firma Benz & Co. Rheinische Gasmotoren-Fabrik A.G. Mannheim aus dem Jahr 1902 lautete auszugsweise wie folgt:

„Das Bremsen des Wagens erfolgt neben einer an der linken Seite des Wagens angebrachten Handbremse hauptsächlich durch Bethätigung des linken Fußhebels, welche als Bandbremse auf an den beiden Hinterrädern befestigten Bremsscheiben wirkt, während gleichzeitig wie schon oben erwähnt, der Riemen automatisch ausgerückt wird. Um ein sofortiges Halten des Wagens zu veranlassen, wird ausser dem genannten Fusstritthebel auch der rechte Fusstritthebel zu gleicher Zeit niedergedrückt, wodurch die mit dem letzteren verbundene Bandbremse auf die Bremsscheibe wirkt und damit das Vorgelege bremst."

Innenbacken-Trommelbremsen mit mechanischer Seilzugbetätigung

Die Fahrzeuge wurden im Lauf der Zeit immer schneller und schwerer. Sie benötigten daher eine wirksamere Bremsanlage. So folgte den Band- und Außenbackenbremsen schnell die *Innenbacken-Trommelbremse,* für die Louis Renault 1902 das Patent beantragte. Ein Spreizmechanismus drückte zwei sichelförmige Bremsbacken gegen die Innenfläche der mit dem Rad verbundenen Bremstrommel aus Gusseisen oder Stahl. Die Trommelbremse weist wegen der Selbstverstärkungswirkung geringe Betätigungskräfte im Verhältnis zur Bremskraft, lange Wartungsintervalle und lange Belagsstandzeiten auf.

Die Bremskraft wurde bis auf weiteres mit Seilzügen auf die beiden Trommelbremsen der Hinterräder übertragen.

Zum Beispiel verfügte schon der Mercedes-Simplex neben der Kardan-Bandbremse über zusätzliche, *mit Seilzug betätigte Trommelbremsen der Hinterräder* (Bild 8). Wegen gesteigerter Motorleistung (40 PS) erhielt er außerdem eine zweite Fußbremse (Bild 9), die auch als *Bandbremse* auf die Zwischenwelle des Kettenantriebs wirkte. Alle vier Bremsen wurden übrigens mit Spritzwasser gekühlt, das beim Bremsen aus einem Vorratsbehälter auf die Reibflächen tropfte.

7 Benz-Rennwagen, 1899, mit Außenbandbremse und abgehängter „Bergstütze"

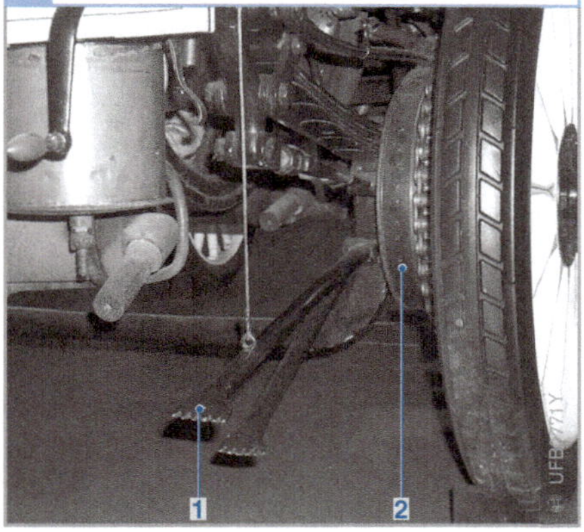

Bild 7
1 „Bergstütze"
2 Außenbandbremse mit auf der Innenseite aufgenieteten Bremsklötzen

8 Daimler-Simplex, 1902, mit Seilzug-betätigter Trommelbremse am Hinterrad

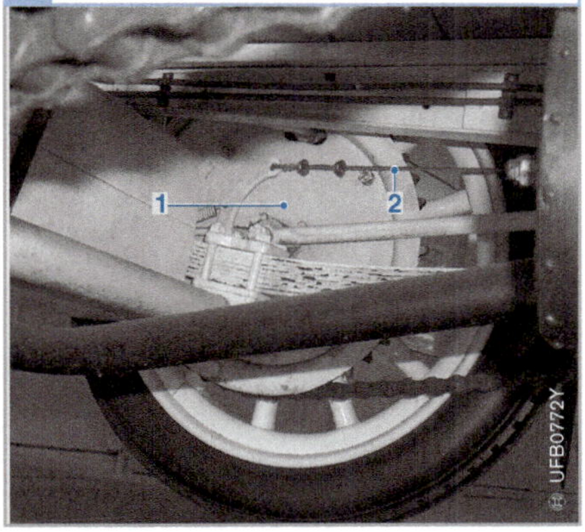

Bild 8
1 Trommelbremse
2 Seilzug

9 Daimler-Simplex, 1902, Pedal- und Hebelwerk am Fahrersitz

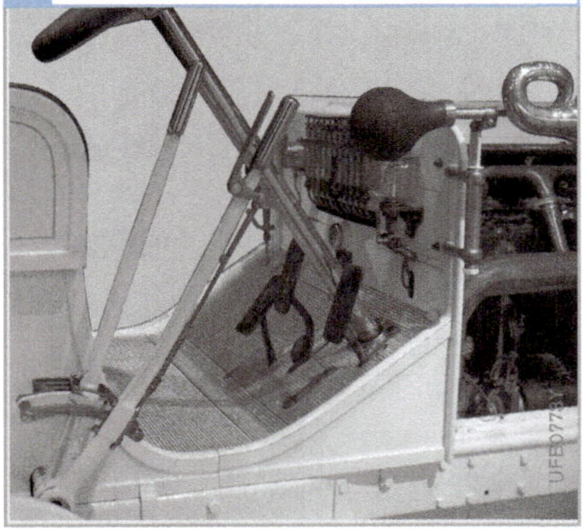

Etwa ab 1920 gab es Fahrzeuge, die *Trommelbremsen an allen vier Rädern* besaßen. Die Übertragung der Bremskraft erfolgte immer noch mit den Mitteln der Mechanik, also mit *Hebeln, Gelenken und Seilzügen.*

Diese mit Seilzug betätigten Trommelbremsen hatten noch lange Bestand. Ein Beispiel dafür war der VW-Standard der 1950er-Jahre (Bild 10):

Wesentliches Element dieser Bremsanlage war eine Bremsdruckschiene (Pos. 1). Die in ihrem Kopf eingehängten vier Bremsseile (2) verliefen durch Seilzughüllen rückwärts zu den Radbremsen (Trommelbremsen) der vier Räder (3). Der hintere Teil der Schiene stützte sich auf einen kurzen Hebel, der auf der Bremspedalwelle saß. Beim Druck auf das Bremspedal der Fußbremse (4) verschob sich die Bremsdruckschiene zusammen mit den vier Seilzügen nach vorn. Die Seilzüge übertrugen die Kraftwirkung auf die Radbremsen.

Der Hebel der Handbremse (5) saß im Wagen weiter hinten. Über eine abgekoppelte Stange wirkte die Handbremse aber schließlich auf den gleichen Mechanismus wie die Fußbremse und wie diese somit ebenfalls auf sämtliche vier Räder.

10 VW-Standard, Seilzugbremse

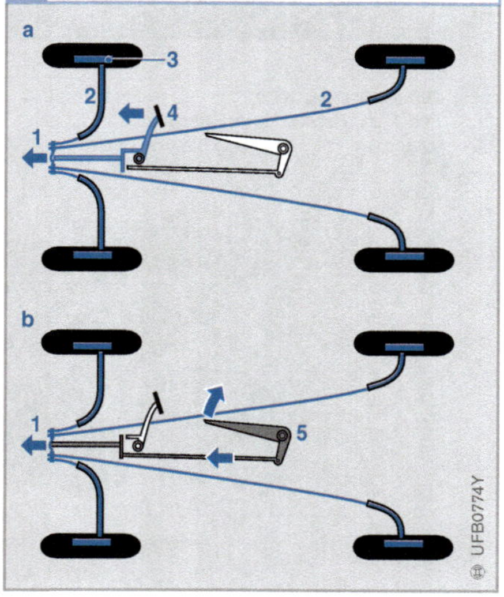

Bild 10
a Betätigung der Fußbremse
b Betätigung der Handbremse

1 Bremsdruckschiene
2 Bremsseile
3 Radbremsen
4 Bremspedal der Fußbremse
5 Hebel der Handbremse

Hydraulische Bremsbetätigung

Das Hauptproblem der Seilzugbremse war die aufwändige Wartung und die ungleichmäßige Bremswirkung, hervorgerufen durch ungleichmäßige Reibung bei der mechanischen Übertragung.

Abhilfe schuf die hydraulische Bremsbetätigung, als die Firma Lockheed ab 1919 eine Öldruckbremse herstellte. Eine spezielle Bremsflüssigkeit übertrug nun den Bremspedaldruck ohne Hebel, Gelenke und Seile über Metallleitungen und Schläuche gleichmäßig zu den Betätigungszylindern der Radbremsen.

Die hydraulische Bremsbetätigung machte es auch möglich, die Fußkraft des Fahrers zu verstärken, indem der Saugrohr-Unterdruck als Hilfskraft zur Bremskraftverstärkung verwendet wurde. Dieses Prinzip wurde 1919 für Hispano-Suiza patentiert.

Bei Nutzfahrzeugen und Schienenfahrzeugen setzte sich die pneumatische Bremsbetätigung mit Druckluft durch.

Im Jahr 1926 wurde der „Adler Standard" als erstes Auto auf dem europäischen Kontinent mit einem hydraulischen Bremssystem ausgerüstet. Die erste hydraulische Bremskraftverstärkung im Automobil-Rennsport kam 1954 in den „Silberpfeilen" von Mercedes-Benz zur Anwendung. Diese Einrichtung wurde schließlich für viele Serienfahrzeuge zum Standard.

Da ein möglicher Ausfall des Bremskreises die anfängliche Einkreisbremse lahm legen konnte, wurde im Lauf der Zeit die Zweikreisbremse vom Gesetzgeber vorgeschrieben. Nach Aussage des Golf-Entwicklers Prof. Ernst Fiala hatten die frühen „Käfer" (VW-Standard) übrigens deshalb noch eine Seilzugbremse, weil man damals Angst hatte, dass bei hydraulischen Bremsen ein Schlauch platzen könnte. Doch dann erhielten – schon allein aus Wettbewerbsgründen – die Modelle VW-Export und VW-Transporter doch ein hydraulisches Bremssystem.

Scheibenbremse

Zwar hatte 1902 der englische Automobilhersteller Lanchester die Scheibenbremse patentieren lassen, doch der Weg bis zur Einführung dieser Bremse war noch lang. Erst ca. fünfzig Jahre später – ab 1955 – wurde als erstes Serienfahrzeug der legendäre Citroën DS-19 mit Scheibenbremsen ausgerüstet. Die Scheibenbremse entstand aus der Lamellenbremse und wurde zunächst für den Flugzeugbau entwickelt.

Bei der Scheibenbremse drückt je ein Bremsbelag von innen und außen auf eine mit dem Rad verbundene Bremsscheibe (meist aus Gusseisen, seltener aus Stahl). Ihr Vorteil sind der einfache und montagefreundliche Aufbau. Sie wirkt auch dem Nachlassen der Bremswirkung wegen Überhitzung entgegen und vermeidet ein Schiefziehen an der Rädern einer Achse.

Das erste deutsche Auto mit Scheibenbremsen an den Vorderrädern war im Jahr 1959 der BMW 502. Scheibenbremsen an allen vier Rädern hatten dann erstmals 1961 der Mercedes 300 SE, der Lancia Flavia und der Fiat 2300. Nun besitzt praktisch jedes Auto eine Scheibenbremsanlage (zumindest an den Vorderrädern). 1974 fuhren die ersten Formel-1-Wagen mit Kohlefaser-Verbundbremsscheiben. Diese gelten als besonders leicht und hitzebeständig und haben sich deshalb sowohl im Motorsport als auch im Flugzeugbau durchgesetzt.

Bremsbeläge

Für Trommel- und Scheibenbremsen mussten geeignete Bremsbeläge entwickelt werden, wobei sich Asbestbeläge als besonders wirksam durchsetzten. Erst nach dem Bekanntwerden der gesundheitsschädigenden Wirkung von Asbestfasern wurde dieses Material durch Kunststofffasern ersetzt.

Fahrstabilisierungssysteme

Das Elektronikzeitalter für Bremssysteme von Serienfahrzeugen begann 1978 mit dem von Bosch entwickelten Antiblockiersystem (ABS) für Pkw. ABS erkennt beim Bremsen frühzeitig die Blockierneigung eines oder mehrerer Räder und verhindert deren Blockieren. Es stellt die Lenkbarkeit des Fahrzeugs sicher und mindert die Schleudergefahr erheblich. Um neben dem Blockieren der gebremsten Räder auch ein Durchdrehen der Antriebsräder zu verhindern, brachte Bosch 1986 die Antriebsschlupfregelung (ASR) auf den Markt. Bild 11 zeigt Fahrversuche zur Erprobung dieses Systems an extremen Steigungen auf dem Bosch-Testgelände in Boxberg (Süddeutschland).

Zur weiteren Verbesserung der Fahrsicherheit bot Bosch ab 1995 das Elektronische Stabilitäts-Programm (ESP) an, in das die Funktionen von ABS und ASR integriert sind. Es verhindert nicht nur das Blockieren und Durchdrehen der Fahrzeugräder, sondern auch das seitliche Ausbrechen des Fahrzeugs. Alternative Systeme wie Vierradlenkung und mitlenkende Hinterachskinematik, die in den 1980er- und 1990er-Jahren entwickelt und zum Teil auch in Serienfahrzeugen eingebaut wurden, kamen wegen zu hohem Gewicht, zu hoher Kosten oder zu geringer Wirkung nicht zum Zuge.

Mittlerweile hat auch die Elektrohydraulische Bremse Einzug im Fahrzeugbau gefunden. Sie bietet alle ESP-Funktionen und entkoppelt die mechanische Betätigung des Bremspedals über ein elektronisches Regelsystem. Zur Sicherheit steht eine hydraulische Rückfallebene automatisch zur Verfügung.

11 Steilanfahrt auf dem Bosch-Testgelände in Boxberg zur Erprobung der Fahrstabilisierungssysteme von Pkw und Nkw

Einteilung von Pkw-Bremsanlagen

Die Gesamtheit aller Bremsanlagen in einem Fahrzeug wird als Bremsausrüstung bezeichnet. Pkw-Bremsanlagen lassen sich gliedern nach

- Bauarten und
- Funktionsweisen.

Bauarten

Aufgrund gesetzlicher Vorschriften verteilen sich beim Personenkraftwagen die Aufgaben der Bremsausrüstung auf drei Bremsanlagen:

- Betriebs-Bremsanlage,
- Hilfs-Bremsanlage und
- Feststell-Bremsanlage.

Bei Nutzfahrzeugen gehören zur Bremsausrüstung zusätzlich eine Dauer-Bremsanlage (z. B. Retarder), die es dem Fahrer ermöglicht, auf einer langen Gefällstrecke die Geschwindigkeit gleichbleibend zu halten. Ferner gehört zur Bremsausrüstung eines Nutzfahrzeugs eine selbsttätige Bremsanlage, die bei einer gewollten oder zufälligen Trennung von Fahrzeugen eines Zugs eine automatische Bremsung des Anhängerfahrzeugs bewirkt.

Betriebs-Bremsanlage

Mit der Betriebs-Bremsanlage („Fußbremse“) kann einerseits die Geschwindigkeit des Fahrzeugs verringert bzw. auf abschüssiger Strecke konstant gehalten und andererseits das Fahrzeug zum Stillstand gebracht werden.

Der Fahrer dosiert die Bremswirkung stufenlos über den Druck auf das Bremspedal.
Die Betriebs-Bremsanlage wirkt auf alle vier Räder.

Hilfs-Bremsanlage

Die Hilfs-Bremsanlage muss beim Versagen der Betriebs-Bremsanlage deren Aufgaben zumindest mit geminderter Wirkung erfüllen. Die Bremswirkung muss stufenlos dosiert werden können.

Die Hilfs-Bremsanlage braucht keine unabhängige dritte Bremsanlage (neben Betriebs- und Feststell-Bremsanlage) mit einer besonderen Betätigungseinrichtung zu sein. Als Hilfs-Bremsanlage kann entweder der intakte Bremskreis einer zweikreisigen Betriebs-Bremsanlage oder eine abstufbare Feststell-Bremsanlage verwendet werden.

Feststell-Bremsanlage

Die Feststell-Bremsanlage („Handbremse“) übernimmt die dritte Aufgabe der Bremsausrüstung. Sie muss das Fahrzeug im Stand festhalten, auch auf geneigter Fahrbahn und bei Abwesenheit des Fahrers.

Aufgrund gesetzlicher Vorschriften muss die Feststell-Bremsanlage eine durchgehende mechanische Verbindung zwischen Betätigungseinrichtung und Radbremse haben, z. B. durch ein Gestänge oder einen Seilzug.

Die Feststell-Bremsanlage wird in der Regel durch einen Handbremshebel neben dem Fahrersitz betätigt, in manchen Fahrzeugen auch durch ein Fußpedal. Damit verfügen die Betriebs- und die Feststell-Bremsanlage von Kraftfahrzeugen über voneinander getrennte Betätigungs- und Übertragungseinrichtungen.

Die Feststell-Bremsanlage ist abstufbar ausgeführt und wirkt auf die Räder nur einer Achse.

Funktionsweisen

Je nachdem, ob eine Bremsanlage vollständig, teilweise oder überhaupt nicht durch Muskelkraft betrieben wird, unterscheidet man zwischen

- Muskelkraft-Bremsanlagen,
- Hilfskraft-Bremsanlagen und
- Fremdkraft-Bremsanlagen.

Muskelkraft-Bremsanlage

Bei dieser in Personenkraftwagen und Krafträdern verwendeten Anlage wird die am Fußpedal oder am Handbremshebel wirksame Muskelkraft entweder mechanisch (durch Gestänge oder Seilzug) oder hydraulisch zu den Radbremsen übertragen. Die Energie zur Erzeugung der Bremskraft geht allein von der physischen Kraft des Fahrers aus.

Hilfskraft-Bremsanlage

Die Hilfskraft-Bremsanlage ist die am häufigsten in Personenkraftwagen und leichten Nutzfahrzeugen eingesetzte Bremsanlage. Sie verstärkt die Muskelkraft des Fahrers im Bremskraftverstärker durch eine Hilfskraft (Unterdruck oder hydraulische Energie). Die verstärkte Muskelkraft wird hydraulisch zu den Radbremsen übertragen.

Fremdkraft-Bremsanlage

Die im Allgemeinen bei Nutzfahrzeugen eingesetzte Fremdkraft-Bremsanlage findet vereinzelt bei großen Personenkraftwagen mit integriertem ABS Verwendung. Bei dieser Bremsanlage wird die Betriebsbremse ausschließlich durch Fremdkraft betätigt.

Die Anlage arbeitet mit hydraulischer Energie (sie basiert auf Flüssigkeitsdruck) und mit hydraulischer Übertragung. Die Bremsflüssigkeit wird in Energiespeichern (Hydrospeichern) gespeichert, in denen Gas (meist Stickstoff) komprimiert ist. Gas und Flüssigkeit sind durch eine elastische Blase (Blasenspeicher) oder einen Kolben mit Gummidichtung (Kolbenspeicher) voneinander getrennt. Eine Hydropumpe erzeugt den Flüssigkeitsdruck, der im Energiespeicher stets mit dem Gasdruck im Gleichgewicht steht. Ein Druckregler schaltet die Hydropumpe auf Leerlauf, sobald der Höchstdruck erreicht ist.

Da die Bremsflüssigkeit praktisch als inkompressibel gelten kann, können kleine Mengen Bremsflüssigkeit große Bremsdrücke übertragen.

Bestandteile einer Pkw-Bremsanlage

Bild 1 zeigt den schematischen Aufbau einer Pkw-Bremsanlage. Sie besteht aus folgenden Baugruppen:

- Energieversorgungseinrichtung,
- Betätigungseinrichtung,
- Übertragungseinrichtung und
- Radbremsen.

Energieversorgungseinrichtung

Die Energieversorgungseinrichtung umfasst die Teile einer Bremsanlage, die die zum Bremsen notwendige Energie liefern, regeln und eventuell aufbereiten. Sie endet dort, wo die Übertragungseinrichtung beginnt, d. h. dort, wo die einzelnen Kreise der Bremsanlagen entweder zur Energieversorgung hin oder untereinander abgesichert sind.

Pkw-Bremsanlagen sind im Wesentlichen Hilfskraft-Bremsanlagen, bei denen die Muskelkraft des Fahrers – verstärkt durch die Hilfskraft des Unterdrucks im Bremskraftverstärker – als Bremsenergie wirkt.

Betätigungseinrichtung

Die Betätigungseinrichtung umfasst die Teile einer Bremsanlage, die die Wirkung dieser Bremsanlage einleiten und steuern. Das Steuersignal kann innerhalb der Betätigungseinrichtung übertragen werden, wobei die Verwendung von Hilfs- oder Fremdenergie möglich ist.

Die Betätigungseinrichtung beginnt an dem Teil der Bremsanlage, auf das die Betätigungskraft unmittelbar wirkt. Sie kann folgendermaßen betätigt werden:

- direkt mit dem Fuß oder der Hand,
- durch indirekten Eingriff des Fahrers.

Die Betätigungseinrichtung endet, wo die Bremsenergie verteilt, oder wo ein Teil der Energie zum Steuern von Bremsenergie entnommen wird. Wesentliche Komponenten der Betätigungseinrichtung sind der Unterdruck-Bremskraftverstärker und der Hauptzylinder.

Übertragungseinrichtung

Die Übertragungseinrichtung umfasst die Teile einer Bremsanlage, die die von der Betätigungseinrichtung gesteuerte Energie übertragen. Sie beginnt dort, wo Betätigungseinrichtung und Energieversorgungseinrichtung enden. Sie endet an den Teilen der Bremsanlage, in denen die Kräfte erzeugt werden, die der Bewegung oder der Bewegungstendenz des Fahrzeugs entgegenwirken. Ihre Bauart kann mechanisch oder hydromechanisch sein.

Komponenten der Übertragungseinrichtung sind das Übertragungsmedium, Schläuche, Leitungen und gegebenenfalls Bremskraftminderer zur Regelung der Bremskraft für die Hinterradbremsen.

Bremse

Die Bremse umfasst die Teile einer Bremsanlage, in denen die Kräfte erzeugt werden, die der Bewegung oder der Bewegungstendenz des Fahrzeugs entgegenwirken. Bei Pkw-Bremsanlagen werden dafür Reibungsbremsen (Scheiben- oder Trommelbremsen) verwendet.

1 Aufbau einer Pkw-Bremsanlage

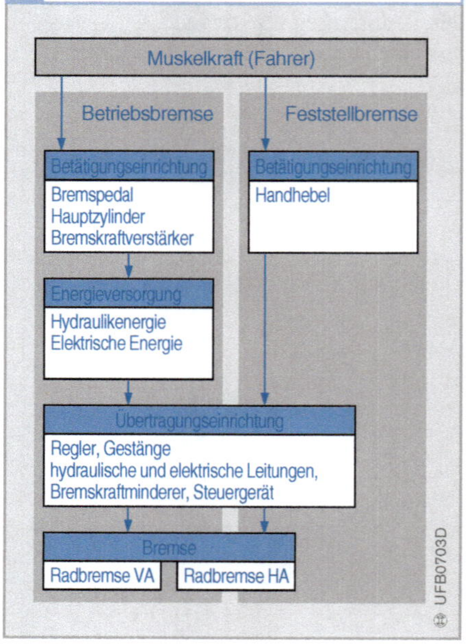

Bremskreisaufteilung

Die gesetzlichen Vorschriften fordern eine zweikreisige Übertragungseinrichtung zu den Radbremsen.

Nach DIN 74 000 gibt es fünf Möglichkeiten zur Aufteilung der beiden Bremskreise auf die vier Radbremsen (Bild 1). Hierbei werden die Bremskreise durch Buchstaben gekennzeichnet: II-, X-, HI-, LL- und HH-Aufteilung. Die Form der Buchstaben ähnelt grob der Anordnung der Bremsleitungen zwischen Hauptzylinder und Radbremsen.

Von diesen fünf Möglichkeiten zur Bremskreisaufteilung haben sich die Aufteilungen II und X durchgesetzt, die einen Minimalaufwand an Leitungen, Schläuchen, lösbaren Anschlüssen und statischen bzw. dynamischen Dichtungen haben. Deshalb ist bei jedem ihrer beiden Bremskreise das Ausfallrisiko durch Leckagen so gering wie bei einem einkreisigen Bremssystem. Bei Bremskreisausfall infolge thermischer Überbeanspruchung einer Radbremse sind insbesondere die Aufteilungen HI, LL und HH kritisch, da ein Ausfall beider Bremskreise an einem Rad zu einem Totalausfall der Bremse führen kann.

Um die gesetzlichen Vorschriften zur Hilfsbremswirkung zu erfüllen, werden frontlastige Fahrzeuge mit der X-Aufteilung ausgerüstet. Die II-Aufteilung eignet sich vorzugsweise für hecklastige Personenkraftwagen.

II-Aufteilung

Vorderachs-/Hinterachs-Aufteilung: Ein Bremskreis wirkt auf die Vorderachse und ein Bremskreis auf die Hinterachse.

X-Aufteilung

Diagonale Aufteilung: Jeder Bremskreis wirkt auf ein Vorderrad und auf das diagonal gegenüber liegende Hinterrad.

HI-Aufteilung

Vorderachs- und Hinterachs-/Vorderachs-Aufteilung: Der eine Bremskreis wirkt auf die Vorderachse und auf die Hinterachse, der andere nur auf die Vorderachse.

LL-Aufteilung

Vorderachs- und Hinterrad-/Vorderachs- und Hinterrad-Aufteilung. Jeder Bremskreis wirkt auf die Vorderachse und auf ein Hinterrad.

HH-Aufteilung

Vorder- und Hinterachs-/Vorder- und Hinterachs-Aufteilung. Jeder Bremskreis wirkt auf die Vorderachse und auf die Hinterachse.

1 Bremskreisaufteilung

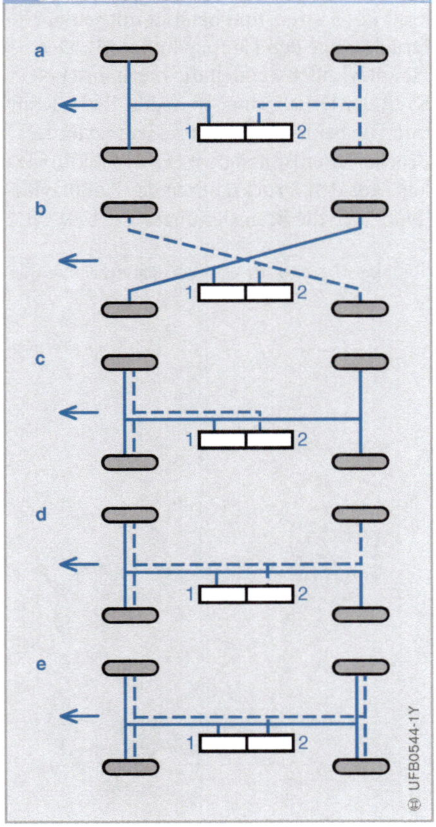

Bild 1
- a II-Aufteilung
- b X-Aufteilung
- c HI-Aufteilung
- d LL-Aufteilung
- e HH-Aufteilung
- 1 Bremskreis 1
- 2 Bremskreis 2
- ← Fahrtrichtung

Komponenten für Pkw-Bremsanlagen

Bremsen gehört wie z. B. Lenken und Schalten zu den häufigsten Tätigkeiten beim Autofahren. Die Komponenten der Bremsanlage müssen diesem Umstand Rechnung tragen, indem sie die für die Bremswirkung erforderliche Fußkraft optimal umsetzen und für die gewünschte Verzögerung möglichst konstant halten.

Übersicht

Bild 1 zeigt eine Standard-Bremsanlage mit Vorderachs-/Hinterachs-Bremskreisaufteilung ohne elektronische Fahrsicherheitssysteme.

Beim Bremsen betätigt der Fahrer mit seiner Fußkraft das Bremspedal (8) und bewegt dadurch die Kolbenstange des Bremskraftverstärkers (7). Dieser verstärkt die Muskelkraft des Fahrers und betätigt mit seiner Druckstange den Hauptzylinder (5). Der Hauptzylinder wandelt die mechanische Kraft der Druckstange in hydraulische Kraft um. Die beiden Kolben des Hauptzylinders drücken Bremsflüssigkeit (Hydraulikflüssigkeit) aus den Druckräumen des Hauptzylinders (5) in die Bremsleitungen (4) bzw. Bremsschläuche (2) und übertragen damit hydraulische Kraft zu den Scheibenbremsen (1) der Vorderräder und zu den Trommelbremsen (12) der Hinterräder. Bei Ausfall eines Bremskreises bleibt der andere Bremskreis voll wirksam, sodass die Wirkung einer Hilfs-Bremsanlage sichergestellt ist. Der mit dem Hauptzylinder (5) verbundene Ausgleichsbehälter (6) gleicht Volumenschwankungen in den Bremskreisen aus.

Der Bremskraftminderer (11) reduziert den Bremsdruck an den Hinterradbremsen, wenn beim Bremsvorgang mit zunehmender Bremsverzögerung ein wachsender Teil des Fahrzeuggewichts von der Hinterachse zur Vorderachse hin verlagert wird (dynamische Achslastverlagerung). Dies verhindert ein Überbremsen der Hinterachse. Hierbei handelt es sich im Gegensatz zur Bremskraftregelung (Antiblockiersysteme) um eine Bremskraftverteilung.

Die Feststellbremseinrichtung in den Radbremsen der Hinterachse (12) wird durch den Handbremshebel (9) und das Bremsseil (10) betätigt.

1 Bremsenkomponenten einer hydraulischen Zweikreis-Bremsanlage für Personenkraftwagen

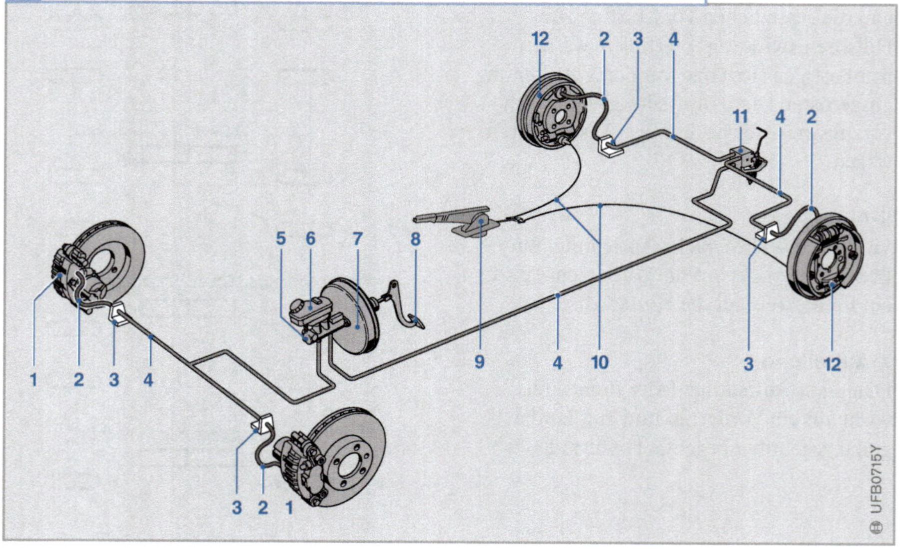

Bild 1
1 Radbremse Vorderräder (Scheibenbremse)
2 Bremsschlauch
3 Anschlussstück zwischen Bremsleitung und Bremsschlauch
4 Bremsleitung
5 Hauptzylinder
6 Ausgleichsbehälter (für Bremsflüssigkeit)
7 Bremskraftverstärker
8 Bremspedal
9 Handbremshebel (Feststellbremse)
10 Bremsseil (Feststellbremse)
11 Bremskraftminderer
12 Radbremse Hinterräder (Trommelbremse)

Bremspedal

Aufgabe

Das Bremspedal überträgt beim Bremsvorgang die Fußkraft des Fahrers auf die Bremsanlage. Hierbei ist ein feinfühliges Ansprechen auf die ausgeübte Fußkraft erforderlich.

Aufbau

Beim Bremspedal lassen sich zwei Bauarten unterscheiden:

- hängend und
- stehend (Bremspedalmodul).

Hängende Bauart

Die meisten Pkw haben Bremspedale in hängender Bauart (Bild 1). Das Pedal (7) ist mit der Pedalachse (6) am Pedalbock (5) drehbar gelagert. Eine an der Spritzwand (2) befestigte Rückholfeder (3) hält das Bremspedal im unbetätigten Zustand in Ruhestellung.

Bremspedalmodul

Beim Bremspedalmodul (Bild 2) sind Pedal (3), Bremskraftverstärker (2) und Hauptzylinder (1) als Einheit zusammengebaut. Die hier abgebildete Einheit wird aus konstruktiven Gründen unter dem Fahrzeugboden im Fahrersitzbereich eingebaut. Eine Wanne (4) mit Dichtung schützt vor Schmutz und Nässe.

Arbeitsweise

Beim Bremsvorgang drückt der Fahrer mit seiner Fußkraft auf das Pedal (Bild 1, Pos. 7), überwindet die Kraft der Rückholfeder (3) und betätigt über die Kolbenstange (4) den Bremskraftverstärker (1).

1 Bremspedal (hängende Bauart)

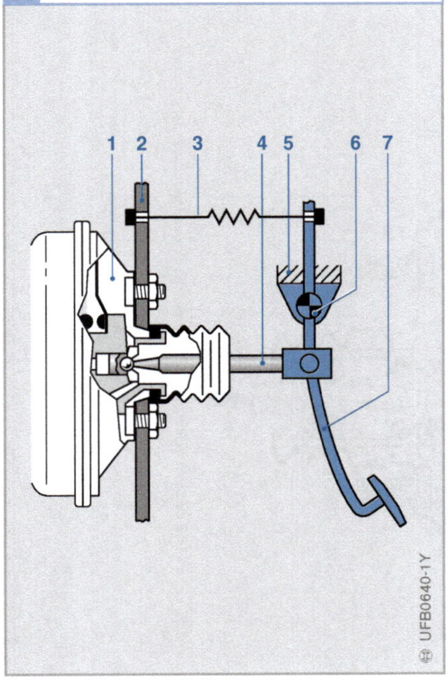

2 Bremspedalmodul

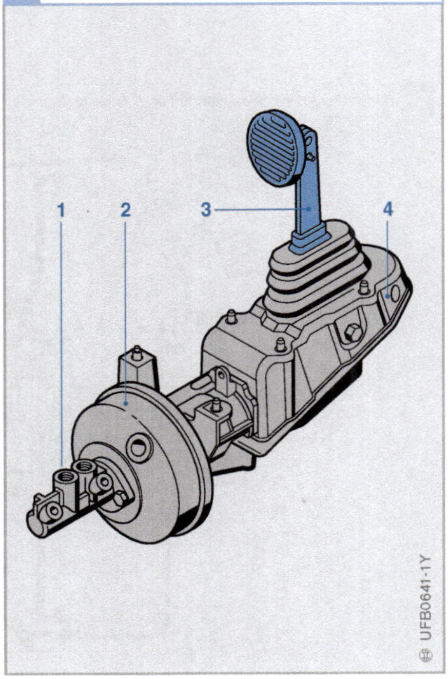

Bild 1
1 Bremskraftverstärker
2 Spritzwand
3 Rückholfeder
4 Kolbenstange
5 Pedalbock
6 Pedalachse
7 Pedal

Bild 2
1 Hauptzylinder
2 Bremskraftverstärker
3 Pedal
4 Wanne

Bremskraftverstärker

Der Bremskraftverstärker unterstützt die Fußkraft beim Betätigen der Bremse und verringert damit den erforderlichen Kraftaufwand. Er ist in Kombination mit dem Hauptzylinder Bestandteil der meisten Pkw-Bremsanlagen. Als grundsätzliche technische Anforderung an Bremskraftverstärker gilt, dass sie die benötigte Fußkraft verringern müssen und dabei das feinfühlige Abstufen der Bremskraft und das Gefühl für das Maß der Bremsung nicht beeinträchtigen dürfen. Die beiden gebräuchlichen Ausführungen von Bremskraftverstärkern, der Unterdruck- und der Hydraulik-Bremskraftverstärker, nutzen die bei einem Kraftfahrzeug bereits vorhandenen Energiequellen: Unterdruck im Saugrohr bzw. durch eine Hydraulikpumpe erzeugter hydraulischer Druck.

Unterdruck-Bremskraftverstärker in Zweikammer-Bauart

Pkw-Bremsanlagen sind überwiegend mit Unterdruck-Bremskraftverstärkern (auch Vakuum-Bremskraftverstärker genannt) ausgerüstet. Es gibt zwei Bauarten mit ähnlicher Arbeitsweise:

- Zweikammer-Bauart (Bild 1) und
- Vierkammer-/Tandem-Bauart (Bild 2) für höhere Unterstützungskräfte.

Aufgabe

Unterdruck-Bremskraftverstärker nutzen bei Ottomotoren den durch den Ansaugtakt im Saugrohr des Motors und bei Dieselmotoren den durch eine Unterdruckpumpe erzeugten Unterdruck (0,5 ... 0,9 bar), um die Fußkraft des Fahrers zu verstärken. Diese Unterstützungskraft erhöht sich beim Betätigen der Bremse proportional der Fußkraft bis zum „Aussteuerpunkt", der in der Nähe des Blockierdrucks für die Räder der Vorderachse liegt und je nach Fahrzeug zwischen 60 und 100 bar beträgt. Von hier ab erhöht sich die Unterstützungskraft nicht mehr.

1 Unterdruck-Bremskraftverstärker in Zweikammer-Bauart

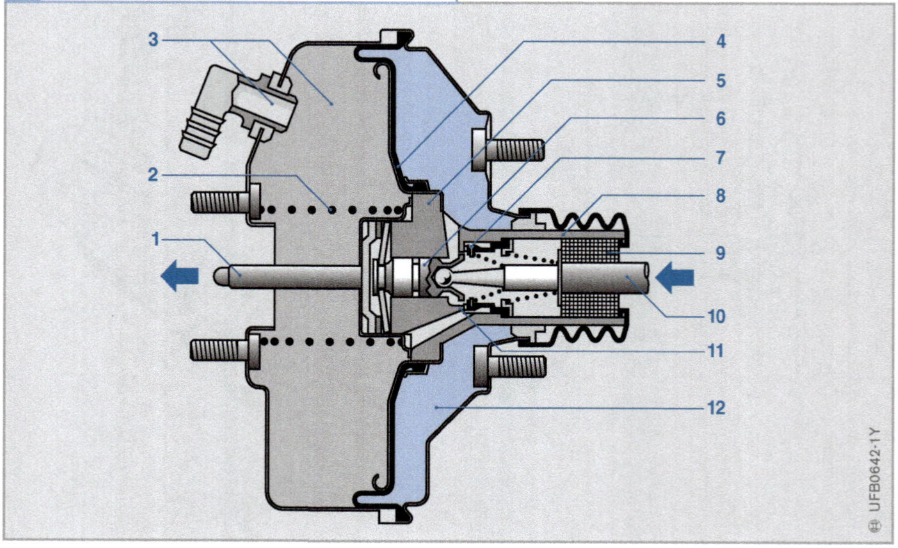

Bild 1
1 Druckstange (Ausgangskraft zum Tandem-Hauptzylinder)
2 Druckfeder
3 Unterdruckkammer mit Unterdruckanschluss
4 Membran mit Membranteller
5 Arbeitskolben
6 Fühlkolben
7 Doppelventil
8 Ventilgehäuse
9 Luftfilter
10 Kolbenstange (Fußkraft)
11 Ventilsitz
12 Arbeitskammer

Aufbau
Eine Membran (Bild 1, Pos. 4) trennt die Unterdruckkammer (3) mit Unterdruckanschluss von der Arbeitskammer (12). Die Kolbenstange (10) überträgt die eingesteuerte Fußkraft auf den Arbeitskolben (5), während die verstärkte Bremskraft über die Druckstange (1) auf den Hauptzylinder wirkt.

Arbeitsweise
Bei nicht betätigter Bremse sind Unterdruckkammer (3) und Arbeitskammer (12) über Kanäle im Ventilgehäuse (8) miteinander verbunden. Über den Unterdruckanschluss (3) herrscht Unterdruck in beiden Kammern.

Sobald ein Bremsvorgang beginnt, bewegt sich die Kolbenstange (10) zur Unterdruckkammer (3) hin und drückt die Manschette des Doppelventils (7) gegen den Ventilsitz (11). Damit sind Unterdruckkammer und Arbeitskammer voneinander getrennt. Da bei weiterer Bewegung der Kolbenstange der Fühlkolben (6) von der Manschette des Doppelventils abhebt, strömt atmosphärische Luft in die Arbeitskammer. Jetzt herrscht in der Arbeitskammer ein höherer Druck als in der Unterdruckkammer. Der Atmosphärendruck wirkt über die Membran (4) auf den Membranteller, an dem die Membran anliegt. Weil das Ventilgehäuse (8) vom Membranteller in Richtung Unterdruckkammer mitgeführt wird, führt dies zu einer Unterstützung der Fußkraft. Jetzt drücken Fußkraft und Unterstützungskraft den Membranteller (4) gegen die Kraft der Druckfeder (2). Dadurch bewegt sich die Druckstange (1) und überträgt die Ausgangskraft zum Hauptzylinder.

Nach Beendigung des Bremsvorgangs sind Unterdruckkammer und Arbeitskammer wieder miteinander verbunden und stehen unter Unterdruck.

Unterdruck-Bremskraftverstärker in Vierkammer-/Tandem-Bauart
Aufgabe
Der Unterdruck-Bremskraftverstärker in Vierkammer-/Tandem-Bauart verstärkt wie der Zweikammer-Bremskraftverstärker die Fußkraft durch Unterdruck. Durch die Vierkammer-Bauart wird eine größere Verstärkung als bei der Zweikammer-Bauart erreicht.

2 Unterdruck-Bremskraftverstärker in Vierkammer-/Tandem-Bauart

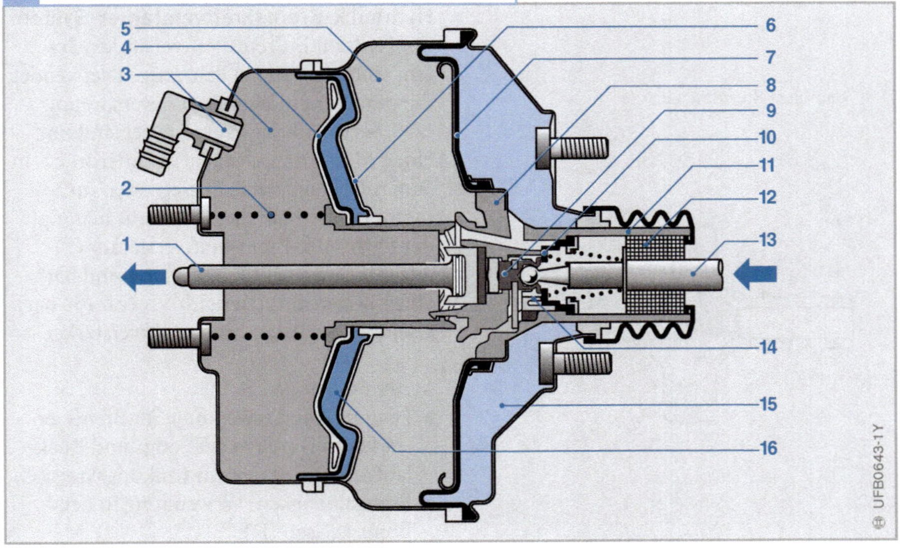

Bild 2
1 Druckstange (Ausgangskraft zum Tandem-Hauptzylinder)
2 Druckfeder
3 Unterdruckkammer II mit Unterdruckanschluss
4 Membran II mit Membranteller II
5 Unterdruckkammer I
6 Trennwand
7 Membran I mit Membranteller I
8 Arbeitskolben
9 Fühlkolben
10 Doppelventil
11 Ventilgehäuse
12 Luftfilter
13 Kolbenstange (Fußkraft)
14 Ventilsitz
15 Arbeitskammer I
16 Arbeitskammer II

Aufbau
Vier Kammern – Arbeitskammer I (vorige Seite, Bild 2, Pos. 15), Unterdruckkammer I (5), Arbeitskammer II (16), Unterdruckkammer II (3) – sind hintereinander angeordnet. Zwischen der Unterdruckkammer I und der Arbeitskammer II befindet sich eine Trennwand (6). Die Kolbenstange (13) überträgt die eingesteuerte Fußkraft auf den Arbeitskolben (8), während die verstärkte Bremskraft über die Druckstange (1) auf den Hauptzylinder wirkt.

Arbeitsweise
Die Arbeitsweise ähnelt der des Zweikammer-Unterdruck-Bremskraftverstärkers. Bei nicht betätigter Bremse herrscht in allen vier Kammern Unterdruck über den Unterdruckanschluss (3). Sobald ein Bremsvorgang beginnt, hebt der Fühlkolben (9) von der Manschette des Doppelventils (10) ab. Jetzt strömt atmosphärische Luft in die Arbeitskammern I (15) und II (16), sodass ein Druckgefälle zwischen den Arbeitskammern und den Unterdruckkammern entsteht. Dieses Druckgefälle wirkt als Unterstützungskraft und verstärkt die eingesteuerte Fußkraft des Fahrers.

3 Unterdruck-Rückschlagventil

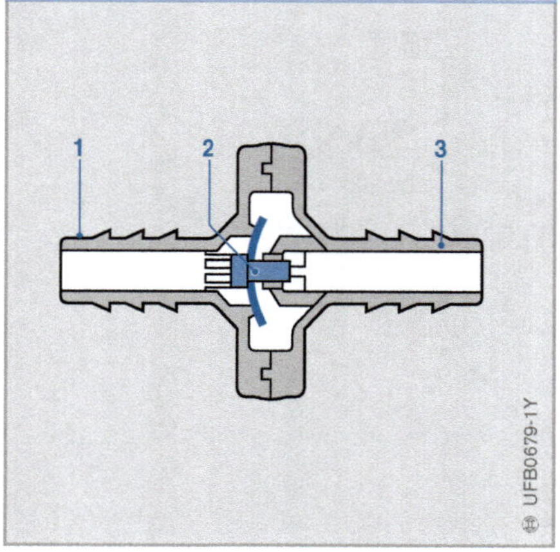

Bild 3
1 Anschluss zum Unterdruck-Bremskraftverstärker
2 Rückschlagventil
3 Anschluss zum Motor

Unterdruck-Rückschlagventil
Bei allen Bremsanlagen mit Unterdruck-Bremskraftverstärker ist ein Rückschlagventil (Bild 3) in die Unterdruckleitung zwischen Unterdruck-Erzeuger (Motorsaugrohr eines Ottomotors oder Unterdruckpumpe) und Bremskraftverstärker eingebaut. Solange Unterdruck erzeugt wird, bleibt das Rückschlagventil geöffnet. Es schließt bei abgestelltem Motor, sodass der Unterdruck im Bremskraftverstärker erhalten bleibt. Außerdem verhindert es bei Fahrzeugen mit Ottomotor, dass Kraftstoffdämpfe in den Bremskraftverstärker gelangen und Gummiteile beschädigen. Durch die Drosselwirkung des Ventils werden auch die vom Saugrohr ausgehenden Pulsationen gedämpft.

Einbauhinweis
Das Unterdruck-Rückschlagventil muss mit dem Pfeil in Richtung Unterdruck-Erzeuger (Motorsaugrohr oder Unterdruckpumpe) in die Unterdruckleitung eingebaut werden. Bei falschem Einbau kann es seine Funktion nicht erfüllen. Es wird in der Nähe des Motorsaugrohrs montiert, darf aber durch die Strahlungswärme des Motors nicht in seiner Funktion beeinträchtigt werden.

Hydraulik-Bremskraftverstärker-System
Ein Hydraulik-Bremskraftverstärker-System (Bild 4) wird bei Fahrzeugen verwendet, die mit hydraulischer Energieversorgung (z. B. Servolenkung) ausgestattet sind und einen Motor mit schwachem Unterdruck im Saugrohr haben (z. B. Diesel- oder Turbomotor). Innerhalb dieses Systems benötigt der Hydraulik-Bremskraftverstärker (7) wesentlich weniger Einbauraum und hat einen höheren Aussteuerdruck (ca. 160 bar) als der Unterdruck-Bremskraftverstärker.

Verwendungshinweis
- Hydrauliköl: Verwendung im Bremsverstärkerkreis (A), in der Saug- und Rücklaufleitung (B) und im Lenkungskreis (C);
- Bremsflüssigkeit: Verwendung in den Bremskreisen (D).

Aufgabe

Hydraulik-Bremskraftverstärker verstärken die beim Bremsen eingesteuerte Fußkraft des Fahrers durch hydraulische Kraft, die von einer Hydraulik-Pumpe erzeugt und in einem Hydrospeicher gespeichert wird.

Aufbau

Das Hydraulik-Bremskraftverstärker-System besteht aus folgenden Komponenten:

- Lenkungspumpe (1),
- Vorratsbehälter (2) mit Filter,
- druckgesteuerter Stromregler (3) mit Hydrospeicher (4) und
- Hauptzylinder (5) mit Ausgleichsbehälter (6).

Die Lenkungspumpe versorgt den Bremskraftverstärker (7) und die Servolenkung (8) mit hydraulischem Förderstrom.

Arbeitsweise des Stromreglers mit Hydrospeicher

Stromregler und Hydrospeicher sind im Systembild (Bild 4) durch die Legendenziffern 3 und 4 gekennzeichnet.

Die Lenkungspumpe fördert Hydraulikflüssigkeit zum Anschluss C1 des druckgesteuerten Stromreglers (Bild 5, nächste Seite, Pos. 1 ... 5). Der Stromregelkolben (4) leitet den größeren Teil des Förderstroms über Anschluss C2 zur Servolenkung; mit dem kleineren Teil wird der Hydrospeicher (6 ... 8) bis zu einem Druck von 36 ... 57 bar aufgeladen. Nach Erreichen des Abschaltdrucks verbindet das Schaltventil (5) den Federraum des Stromregelkolbens (4) mit dem Vorratsbehälter über Anschluss B. Jetzt steht der gesamte Förderstrom der Servolenkung zur Verfügung.

4 Hydraulik-Bremskraftverstärker-System

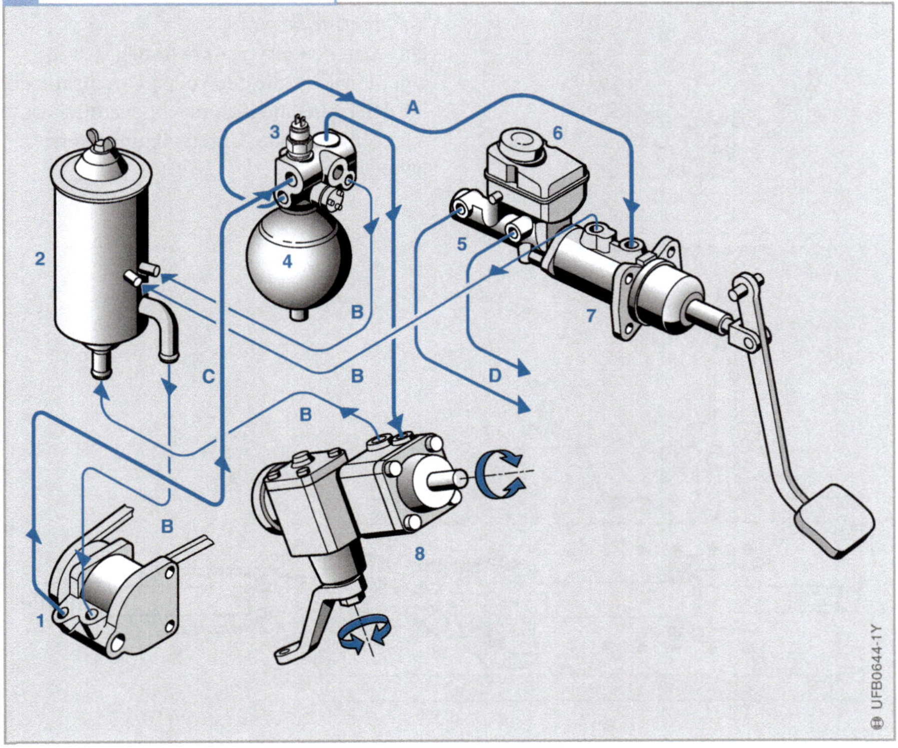

Bild 4
1 Lenkungspumpe
2 Vorratsbehälter mit Filter
3 druckgesteuerter Stromregler
4 Hydrospeicher
5 Hauptzylinder
6 Ausgleichsbehälter
7 Hydraulik-Bremskraftverstärker
8 Servolenkung

Leitungen
A Bremsverstärkerkreis
B Saug- und Rücklaufleitung
C Lenkungskreis
D Bremskreise

Arbeitsweise des Hydraulik-Bremskraftverstärkers

Im Systembild (Bild 4) ist der Hydraulik-Bremskraftverstärker durch die Legendenziffer 7 gekennzeichnet.

5 Druckgesteuerter Stromregler (1...5) mit Hydrospeicher (6...8)

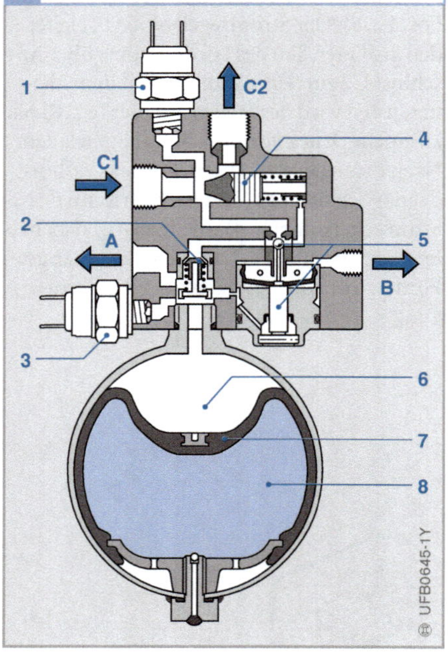

Bild 5
1 Umlaufdruck-Warnschalter
2 Rückschlagventil
3 Speicherdruck-Warnschalter
4 Stromregelkolben
5 Schaltventil
6 Hydraulik-Bereich
7 Membran
8 Pneumatik-Bereich

Anschlüsse
A zum Bremskraftverstärker
B zum Vorratsbehälter
C1 von der Lenkungspumpe
C2 zur Servolenkung

Fahrstellung
Über die Steuerkanten (Bild 6, Pos. 4...6) ist der Zufluss des Förderstroms vom druckgesteuerten Stromregler über Anschluss C2 gesperrt und der Abfluss druckloser Hydrauliköls zum Vorratsbehälter über Anschluss B geöffnet.

Teilbremsstellung
Die Fußkraft des Fahrers bewegt über den Betätigungskolben (9) den Steuerkolben (7) und verschiebt dessen Steuerkanten. Dadurch wird der Zufluss des Förderstroms vom druckgesteuerten Stromregler über Anschluss C2 geöffnet und der Abfluss zum Vorratsbehälter über Anschluss B gesperrt. Der Förderstrom wirkt als Unterstützungskraft der Fußkraft so lange auf den Übersetzerkolben (3) und den Betätigungskolben (9), bis ein Gleichgewicht mit der vom Hauptzylinder ausgehenden über die Druckstange (1) wirkenden Kraft herrscht.

Vollbremsstellung
Die Steuerkanten (5, 6) befinden sich in einer Position, die den vollen Durchgang des Förderstroms möglich macht. Dadurch ist die größtmögliche Unterstützungskraft wirksam.

6 Hydraulik-Bremskraftverstärker (in Fahrstellung)

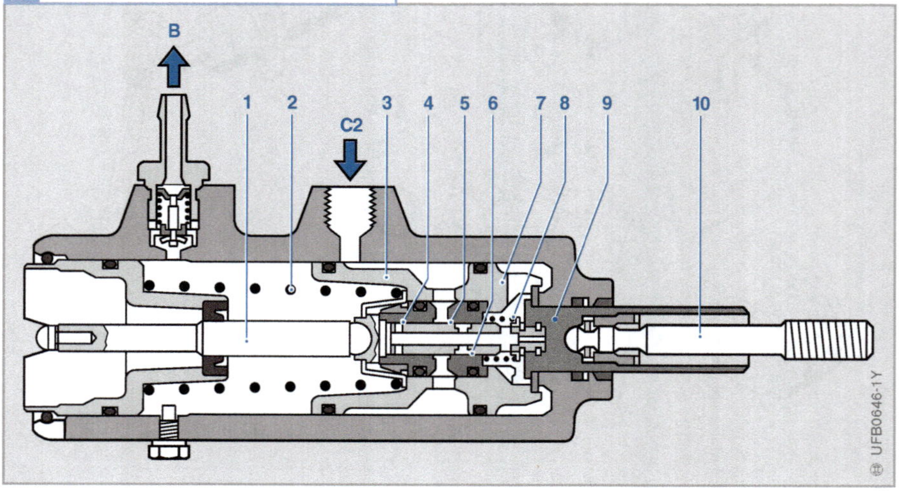

Bild 6
1 Druckstange
2 Rückstellfeder
3 Übersetzerkolben
4...6 Steuerkanten
7 Steuerkolben
8 Druckfeder
9 Betätigungskolben
10 Kolbenstange

Anschlüsse
B zum Vorratsbehälter
C2 vom druckgesteuerten Stromregler

Hauptzylinder

Der Hauptzylinder – auch Hauptbremszylinder, Tandemhauptzylinder oder Tandemhauptbremszylinder genannt – wandelt die vom Fahrer eingesteuerte und gegebenenfalls verstärkte mechanische Fußkraft in hydraulische Bremskraft um, indem er entsprechend der mechanischen Kraft Bremsflüssigkeit in die Bremskreise einleitet und steuert.

Aufgrund gesetzlicher Bestimmungen muss ein Pkw mit zwei getrennten Bremskreisen ausgerüstet sein. Dies wird durch einen Hauptzylinder erreicht, der als Tandem-Hauptzylinder mit zwei hintereinander geschalteten Hauptzylindern ausgeführt ist. Fällt ein Bremskreis aus, dann lässt sich im intakten Bremskreis der volle Bremsdruck aufbauen.

Es sind verschiedene nachstehend beschriebene Bauweisen für den Hauptzylinder möglich. Weitere spezielle Bauarten, wie der Gestufte Hauptzylinder, der Stufen- oder Füllstufen-Hauptzylinder und der Twintax-Hauptzylinder werden nur selten in Kraftfahrzeugen eingebaut.

Hauptzylinder mit gefesselter Kolbenfeder

Aufbau

Die „gefesselte“ Kolbenfeder (Bild 1, Pos. 9) – eine Druckfeder – hält im Ruhezustand den Druckstangenkolben (11) und den Schwimmkolben (7) – auch Zwischenkolben genannt – immer im gleichen Abstand. Dies verhindert, dass die Kolbenfeder (9) im Ruhezustand den Schwimmkolben verschiebt und dieser mit der Primärmanschette (13) die Ausgleichsbohrung (5) überfährt. Dann wäre im Sekundärkreis kein Druckausgleich mehr über die Ausgleichsbohrung (5) möglich, und bei einem verbliebenen Restdruck würden sich im Lösezustand der Bremse die Bremsbacken nicht von den Bremstrommeln abheben.

Arbeitsweise

Bei einer Bremsbetätigung bewegen sich Druckstangenkolben (11) und Schwimmkolben (7) nach links, überfahren die Ausgleichsbohrungen (5) und drücken Bremsflüssigkeit über die Druckanschlüsse (2) in die Bremskreise. Mit wachsendem Druck wird der Schwimmkolben nicht mehr von der gefesselten Kolbenfeder (9), sondern vom Druck der Bremsflüssigkeit bewegt.

1 Hauptzylinder mit gefesselter Kolbenfeder

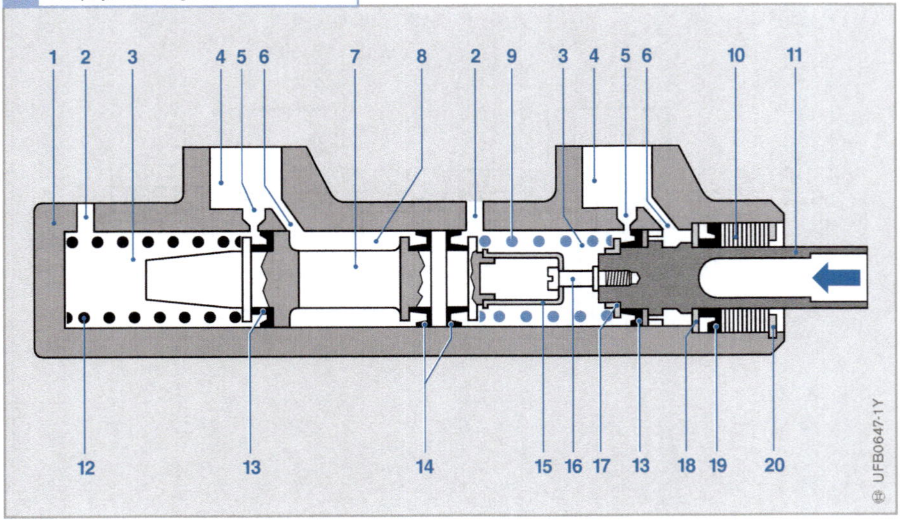

Bild 1

1 Zylindergehäuse
2 Druckanschluss zum Bremskreis
3 Druckraum
4 zum Ausgleichsbehälter
5 Ausgleichsbohrung
6 Nachlaufbohrung
7 Schwimmkolben
8 Zwischenraum
9 gefesselte Kolbenfeder
10 Kunststoffbuchse
11 Druckstangenkolben (Eingangskraft vom Bremskraftverstärker)
12 Druckfeder (Sekundärkreis)
13 Primärmanschette
14 Trennmanschette
15 Fesselhülse
16 Fesselschraube
17 Stützring
18 Anschlagscheibe
19 Sekundärmanschette
20 Sicherungsring

Hauptzylinder mit Zentralventil

Aufbau

Dieser Hauptzylinder (Bild 2) ist im Grundprinzip dem vorangehend beschriebenen Hauptzylinder mit gefesselter Kolbenfeder ähnlich. Er wurde für Fahrzeuge mit Antiblockiersystem (ABS) entwickelt.

Die Besonderheit dieses Hauptzylinders ist ein Schwimmkolben mit integriertem Zentralventil, das die Bremsflüssigkeit bei druckloser Bremse durch die Bohrung des Ventilstifts (18) nachfließen lässt. Die Ausgleichsbohrung entfällt im Sekundärkreis, weil das Zentralventil seine Funktion übernimmt. Der Zwischenraum (9) ist durch eine Bohrung ständig mit dem Ausgleichs- bzw. Vorratsbehälter verbunden. Da bei Fahrzeugen mit ABS die Gefahr besteht, dass beim Überfahren der Ausgleichsbohrung (11) mit hohen Drücken Schäden an der Primärmanschette (17) entstehen (was zum Ausfall eines Bremskreises führt), werden die Hauptzylinder der meisten dieser Fahrzeuge mit zwei Zentralventilen ausgerüstet.

Arbeitsweise

Die am Bremspedal aufgebrachte Kraft wirkt direkt auf den Druckstangenkolben (14) und schiebt diesen nach links. Dabei wird die Ausgleichsbohrung (11) überfahren, und die Flüssigkeit im Druckraum (3) kann den Schwimmkolben (6) ebenfalls nach links drücken. Wenn sich der Schwimmkolben um ca. 1 mm nach links verschoben hat, liegt der Ventilstift (18) nicht mehr auf der Spannhülse (7) auf, und die Ventildichtung (16) dichtet durch Anlegen an den Schwimmkolben den Druckraum (3) gegen den Zwischen-raum (9) ab. Bei verstärktem Druck auf das Bremspedal erhöht sich in beiden Druckräumen (3) der Druck. Bei Nachlassen der Fußkraft bewegen sich beide Kolben (14 und 6) nach rechts, bis die Ausgleichsbohrung (11) wieder frei ist bzw. der Ventilstift (18) gegen die Spannhülse (7) stößt und die Ventildichtung (16) vom Schwimmkolben (6) abhebt. Jetzt kann die Bremsflüssigkeit in den Ausgleichsbehälter zurückfließen, sodass die Bremse drucklos ist.

2 Hauptzylinder mit Zentralventil

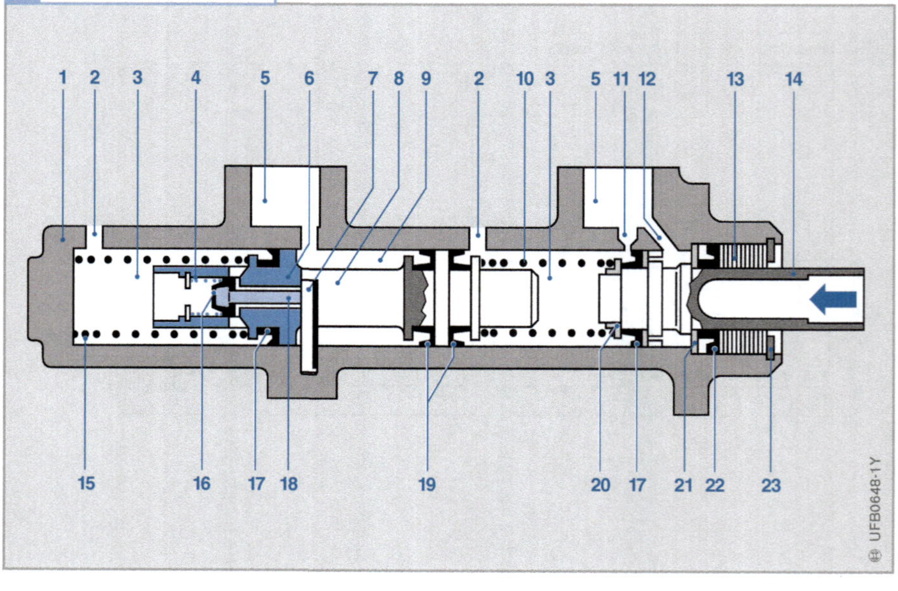

Bild 2
1 Zylindergehäuse
2 Druckanschluss zum Bremskreis
3 Druckraum
4 Ventilfeder
5 zum Ausgleichsbehälter
6 Schwimmkolben
7 Spannhülse
8 Zwischenkolben
9 Zwischenraum
10 Druckfeder
11 Ausgleichsbohrung
12 Nachlaufbohrung
13 Kunststoffbuchse
14 Druckstangenkolben (Eingangskraft vom Bremskraftverstärker)
15 Druckfeder (Sekundärkreis)
16 Ventildichtung
17 Primärmanschette
18 Ventilstift
19 Trennmanschette
20 Stützring
21 Anschlagscheibe
22 Sekundärmanschette
23 Sicherungsring

Ausgleichsbehälter

Der Ausgleichsbehälter, auch Bremsflüssigkeitsbehälter genannt, ist meistens direkt auf dem Hauptzylinder befestigt. Er ist sowohl Vorratsbehälter für die Bremsflüssigkeit als auch Ausgleichsbehälter, weil er die Volumenschwankungen in den Bremskreisen ausgleicht, die nach dem Lösen der Bremse, durch Verschleiß der Bremsbeläge, durch Temperaturdifferenzen in der Bremsanlage und während des Eingreifens von ABS bzw. ESP entstehen. Über zwei Anschlüsse (Bild 3, Pos. 8) ist der Ausgleichsbehälter mit dem Hauptzylinder verbunden.

Die Warneinrichtung für zu niedrigen Bremsflüssigkeitsstand arbeitet nach dem Schwimmerprinzip. Bei Unterschreiten des Mindest-Flüssigkeitsstandes schließt der Schwimmer (5) über den Schwimmerkontakt (2) den Stromkreis der Warneinrichtung (1), sodass die Warnlampe (4) aufleuchtet.

Vordruckventil

Vordruckventile halten in Hydraulik-Bremskreisen einen Vordruck von 0,4 bis 1,7 bar, um die Topfmanschetten des Radzylinders abzudichten. Sie ersetzen Bodenventile und werden bei Platzmangel im Hauptzylinder oder bei Kombination von Trommel- und Scheibenbremsen außerhalb des Hauptzylinders eingebaut.

Das Kugelventil schließt die Verbindung zwischen Haupzylinder und Radzylindern, sobald im Hauptzylinder der eingestellte Vordruck unterschritten ist (Bild 4).

Vordruckventile werden bei Bremsanlagen, die dem heutigen Stand der Technik entsprechen, nicht mehr benötigt. Die verwendeten Abdichtungen in den Radzylindern dichten auch ohne Vordruck zuverlässig ab.

3 Ausgleichsbehälter

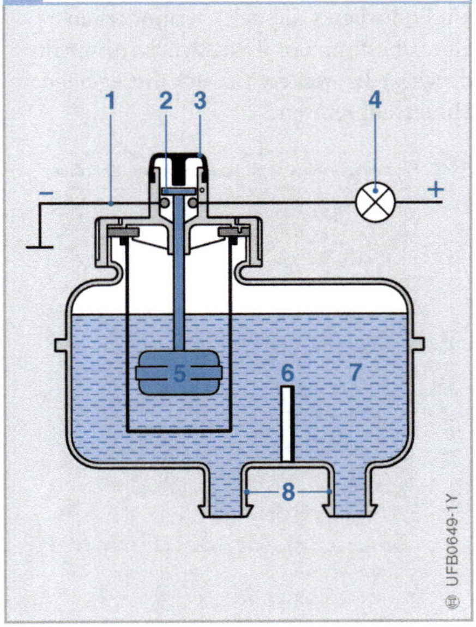

4 Vordruckventil

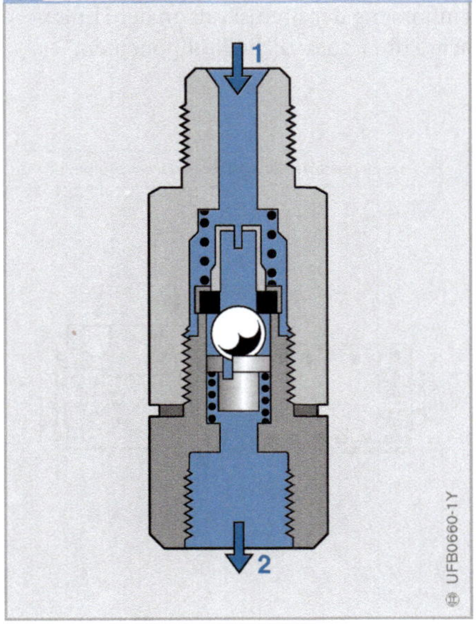

Bild 3
1 Stromkreis der Warneinrichtung
2 Schwimmerkontakt
3 Behälterverschluss
4 Warnlampe
5 Schwimmer
6 Flüssigkeitsstandanzeiger
7 Bremsflüssigkeit
8 Anschlüsse zum Hauptzylinder

Bild 4
1 Anschluss vom Hauptzylinder
2 Anschluss zu den Radzylindern

Einbauhinweis:
Der Pfeil auf dem sechseckigen Gehäuse muss vom Hauptzylinder weg zeigen!

Bauteile für konventionelle Bremskraftverteilung

Infolge der dynamischen Achslastverlagerung beim Bremsen können die Vorderräder eines Fahrzeugs stärker als die Hinterräder gebremst werden. Deshalb sind die Vorderradbremsen größer dimensioniert als die Hinterradbremsen. Die Entlastung der Hinterachse ist jedoch kein linearer Vorgang, sondern wird mit zunehmender Verzögerung immer stärker. Bei Fahrzeugen mit „fester Bremskraftverteilung" kommt es somit entweder zum Überbremsen der Vorderachse oder der Hinterachse in Abhängigkeit der „eingestellten" Bremskraftverteilung.

Eine überbremste Hinterachse beeinflusst das Fahrverhalten eines Fahrzeugs negativ und kann zum Schleudern führen. Durch geeignete Maßnahmen (Hinterachs-Bremskraftminderer) wird die Fahrstabilität des Fahrzeugs positiv beeinflusst und die tatsächliche Bremskraft der idealen Bremskraft (kein Blockieren der Räder) angenähert.

In den elektronischen Bremssystemen (ABS, ESP) ist die Elektronische Bremskraftverteilung (EBV) integriert. Sie ermöglicht die Beeinflussung der Bremskraft an der Hinterachse ohne zusätzliche Komponenten.

Bei der konventionellen Bremse unterscheidet man

- Statische bzw. dynamische Bremskraftminderer und
- Bremskraftbegrenzer.

Beim Bremskraftminderer – auch Bremskraftregler genannt – ist der Druckanstieg für die Hinterradbremsen ab einem bestimmten Bremsdruck (Umschaltdruck bzw. Umschaltpunkt) geringer als für die Vorderradbremsen.

Ab dem Umschaltpunkt übertragen statische Bremskraftminderer die Bremskraft entsprechend einer festgelegten Kennlinie und dynamische Bremskraftminderer entsprechend einem Übertragungsverhältnis, das vom Beladungs- oder Verzögerungszustand des Fahrzeugs abhängt.

Bremskraftminderer müssen so ausgelegt sein, dass die Bremskraftverteilung in der Praxis deutlich unter der idealen Bremskraftverteilung liegt. Auch die Einflüsse vom Schwankungen des Belagreibwertes, des Motorbremsmomentes und Toleranzen der Bremskraftminderer sind zu berücksichtigen, um ein Überbremsen der Hinterachse zu vermeiden.

Der Bremskraftbegrenzer (Beschreibung am Ende dieses Kapitels) verhindert ab einem bestimmten Bremsdruck (Abschaltdruck) jeden weiteren Druckanstieg bei den Hinterradbremsen.

1 Fest eingestellter Bremskraftminderer (Aufbau)

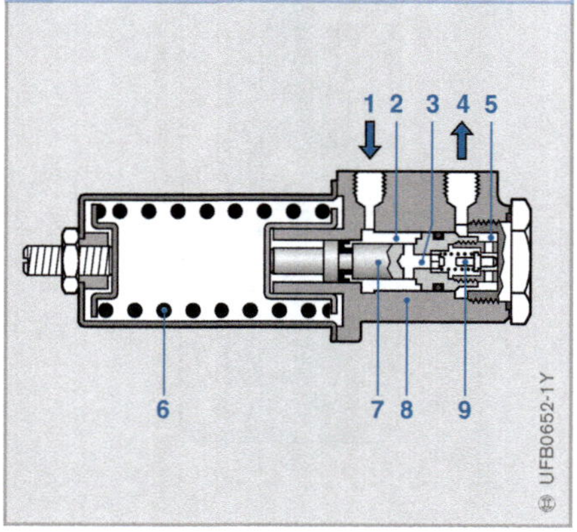

Bild 1
1 Einlassanschluss (vom Hauptzylinder)
2, 5 Ringräume
3 Bohrung
4 Auslassanschluss (zu den Radbremsen)
6 Druckfeder
7 Stufenkolben
8 Gehäuse
9 Ventil

2 Fest eingestellter Bremskraftminderer (Kennlinie)

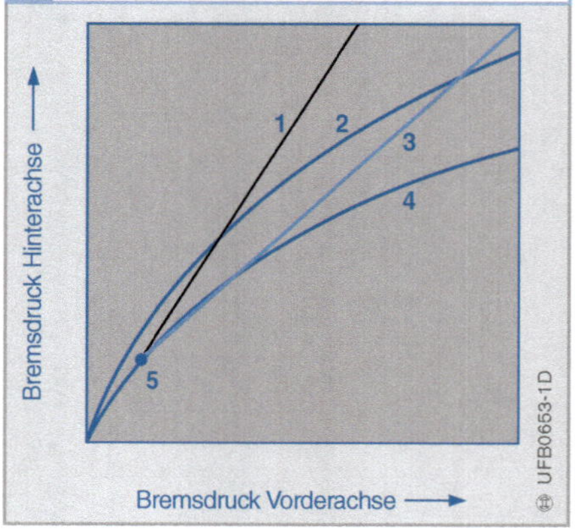

Bild 2
1 Ungeminderter Druck
2 idealer Druckverlauf (beladenes Fahrzeug)
3 geminderter Druck
4 idealer Druckverlauf (leeres Fahrzeug)
5 Umschaltpunkt

Je nach Art des Fahrzeugs und Systems des Herstellers kommen im Wesentlichen fünf Ausführungen zum Einsatz:

- Fest eingestellter Bremskraftminderer,
- lastabhängiger Bremskraftminderer,
- verzögerungsabhängiger Bremskraftminderer,
- integrierter Bremskraftminderer und
- Bremskraftbegrenzer.

Fest eingestellter Bremskraftminderer

Der Bremskraftminderer (Bild 1) ist im Hinterachsbremskreis eingebaut. Das Gehäuse (8) umschließt einen Stufenkolben (7) mit einem integrierten Ventil (9). Der Ausgangsdruck wird im Verhältnis der Ringraum-Wirkflächen (2, 5) zum Eingangsdruck gemindert.

Bei Bremsbetätigung wirkt Bremsdruck vom Hauptzylinder über Einlassanschluss (1), Ringraum (2), Bohrung (3) im Stufenkolben (7) und Ringraum (5) zum Auslassanschluss (4). Kurz bevor der Umschaltdruck erreicht ist, verschiebt der Druck auf der Ringraum-Wirkfläche (2) den Stufenkolben nach rechts bis zum Anschlag, sodass das Ventil (9) die Verbindung zum Auslassanschluss (4) schließt. Bei weiterem Druckanstieg bewegt sich der Stufenkolben in raschem Wechsel hin und her mit entsprechendem Öffnen und Schließen des Ventils (9) und mindert dadurch den Ausgangsdruck im Verhältnis der Wirkflächen (2, 5). Ist der Bremsvorgang beendet, dann verschiebt der Druck am Auslassanschluss (4) den Stufenkolben (7) so lange gegen die Druckfeder (6), bis der Überdruck in den Ringräumen (2, 5) abgebaut ist. Bild 2 zeigt die Druckverläufe.

Lastabhängiger Bremskraftminderer

Fahrzeuge mit stark unterschiedlichen Beladungszuständen benötigen so genannte lastabhängige Bremskraftminderer (Bild 3), um die Bremskräfte entsprechend dem Beladungszustand anzupassen. Der an der Karosserie befestigte Bremskraftminderer ist über ein Gestänge (5) mit der Hinterachse (6) des Fahrzeugs verbunden. Die beim Einfedern entstehende Relativbewegung zwischen Achse und Karosserie wird auf den Stufenkolben (1) übertragen. Dieser drückt je nach Einfederungsweg die Regelfedern (2) zusammen und verändert dadurch den Umschaltpunkt. Man erreicht damit ein adaptives Verhalten des Hinterachsbremsdrucks in Abhängigkeit vom Beladungszustand (Bild 4).

3 Lastabhängiger Bremskraftminderer

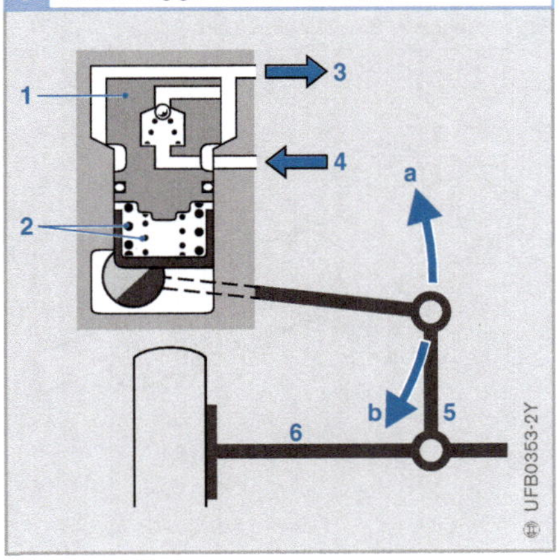

4 Lastabhängiger Bremskraftminderer

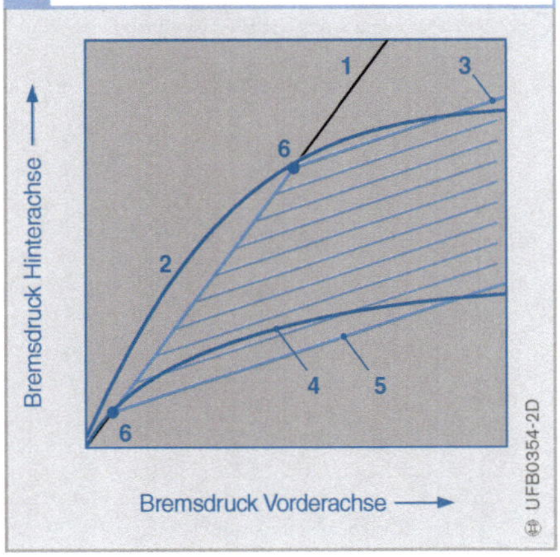

Bild 3
a Beladenes Fahrzeug
b leeres Fahrzeug

1 Stufenkolben
2 Regelfedern
3 Anschluss zu den Radbremsen
4 Anschluss vom Hauptzylinder
5 Gestänge
6 Hinterachse

Bild 4
1 Ungeminderter Druck
2 idealer Druckverlauf (beladenes Fahrzeug)
3 geminderter Druck (beladenes Fahrzeug)
4 idealer Druckverlauf (leeres Fahrzeug)
5 geminderter Druck (leeres Fahrzeug)
6 Umschaltpunkte

Verzögerungsabhängiger Bremskraftminderer

Einbau

Dieser Bremskraftminderer muss in einem Winkel α zur Fahrzeuglängsachse im Hinterachsbremskreis eingebaut werden, und zwar so, dass die Kugel (4) bei nicht bewegtem Fahrzeug vom Stufenkolben (2) entfernt in Richtung Fahrzeugheck gelagert ist (Bild 5).

Aufbau und Arbeitsweise

Hauptbestandteile sind ein Stufenkolben (2) und eine Kugel (4). Da der benötigte Bremsdruck für eine bestimmte Verzögerung vom Beladungszustand des Fahrzeugs abhängt, arbeitet das Gerät sowohl verzögerungsabhängig als auch lastabhängig.

5 Verzögerungsabhängiger Bremskraftminderer

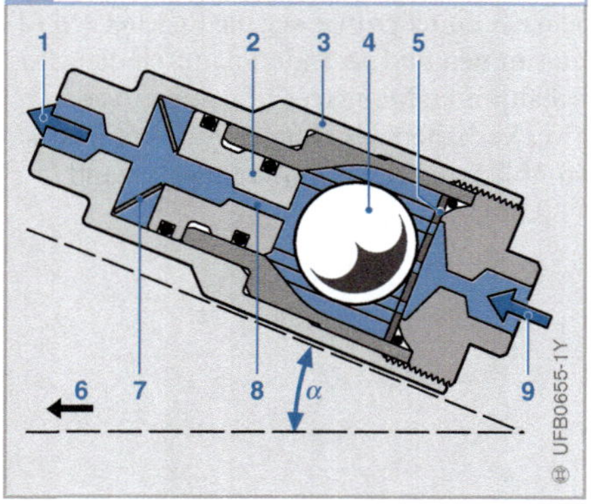

Bild 5
1 Auslassanschluss (zu den Radbremsen)
2 Stufenkolben
3 Gehäuse
4 Kugel
5 Lochscheibe
6 Fahrzeugfront
7 Blattfeder
8 Bohrung
9 Einlassanschluss (vom Hauptzylinder)
α Einbauwinkel zur Fahrzeuglängsachse

Sobald die Fahrzeugverzögerung beim Bremsen einen bestimmten Wert erreicht, rollt die Kugel infolge ihrer Trägheit die schiefe Ebene hoch und verschließt – vom Druck am Einlassanschluss (9) unterstützt – die Bohrung (8) im Stufenkolben (2). Damit ist der Umschaltpunkt 1 bzw. 3 (Bild 6) erreicht: Trotz Druckanstieg am Einlassanschluss (9) kann der Druck im Hinterachs-Bremskreis zunächst nicht steigen (Druckbegrenzer-Funktion). Bei weiterem Druckanstieg am Einlassanschluss (9) bewegt sich der Stufenkolben (2) gegen die Kraft der Blattfeder (7) zum Auslassanschluss (1). Jetzt ist der Umschaltpunkt 2 bzw. 4 erreicht. Die Verbindung zwischen beiden Anschlüssen (9 und 1) über die Bohrung (8) ist wieder geöffnet. Der Druck im Hinterachsbremskreis kann jetzt gemindert weiter steigen (Druckminderer-Funktion).

Bild 6 zeigt die Umschaltpunkte des verzögerungsabhängigen Bremskraftminderers bei einem leeren und einem beladenen Fahrzeug.

Integrierter Bremskraftminderer

Dieses Gerät arbeitet in gleicher Weise wie der bereits beschriebene, fest eingestellte Bremskraftminderer. Infolge seines geringen Gewichtes und seiner kleinen Abmessungen (2) kann es durch Einschrauben in den Hinterachsbremskreis-Anschluss im Hauptzylinder (1) integriert werden (Bild 7).

6 Verzögerungsabhängiger Bremskraftminderer

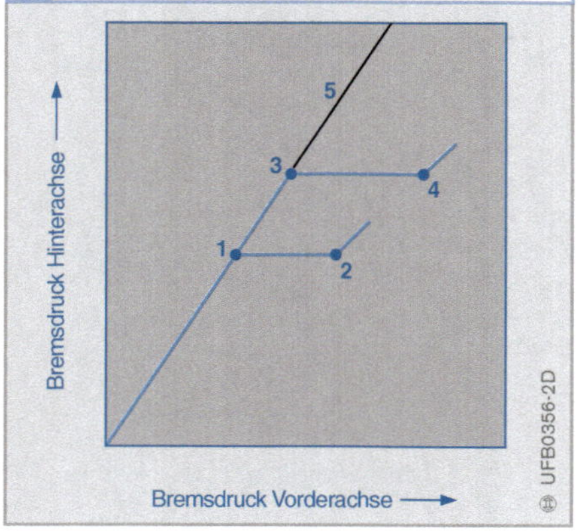

Bild 6
1, 2 Umschaltpunkte (leeres Fahrzeug)
3, 4 Umschaltpunkte (beladenes Fahrzeug)
5 ungeminderter Druck

7 Integrierter Bremskraftminderer

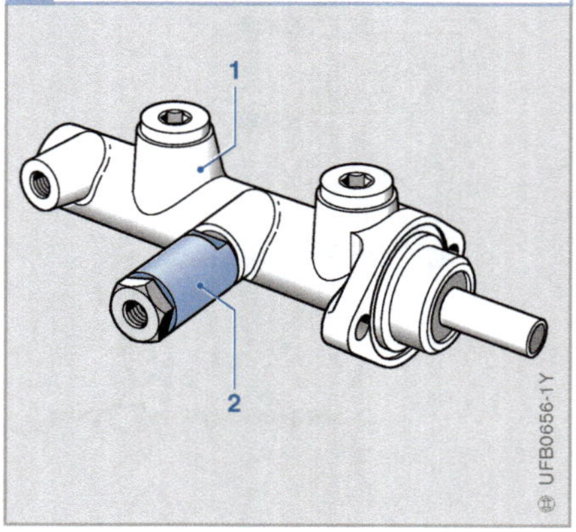

Bild 7
1 Hauptzylinder
2 integrierter Bremskraftminderer

Bremskraftbegrenzer

Der Bremskraftbegrenzer (Bild 8) ist im Hinterachsbremskreis eingebaut und verhindert einen weiteren Anstieg des Hinterradbremsdrucks, wenn der Abschaltdruck erreicht ist. Der Ventilkolben (6) bewegt sich dann gegen die Druckfeder (5) und drückt den Ventilkegel (4) gegen den Ventilsitz (8), sodass kein weiterer Druckanstieg am Auslassanschluss (9) möglich ist. Nach Beendigung des Bremsvorgangs öffnet das Ventil und macht einen Druckabbau möglich.

8 Bremskraftbegrenzer

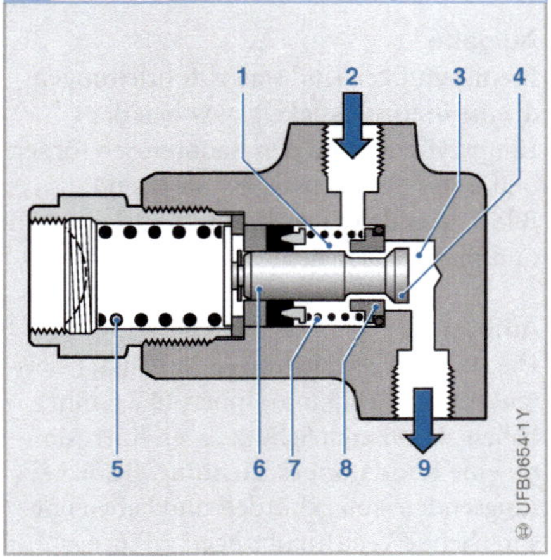

Bild 8
1 Einlassraum
2 Einlassanschluss (vom Hauptzylinder)
3 Auslassraum
4 Ventilkegel
5 Druckfeder
6 Ventilkolben
7 Druckfeder
8 Ventilsitz
9 Auslassanschluss (zu den Radbremsen)

Reaktions- und Anhalteweg

Nach ISO 611 entspricht der Anhalteweg dem während der Bremsdauer zurückgelegten Weg (siehe Kap. „Grundlagen der Fahrphysik", Abschnitt „Definitionen"). Somit ist für den Anhalteweg der Zeitpunkt, wenn der Fahrer die Betätigungseinrichtung in Funktion setzt, entscheidend. Für den Bremsvorgang ist aber auch der Weg, der nach Erkennen eines Hindernisses bis zum Betätigen der Bremse zurückgelegt wird, von Bedeutung. Diese Reaktionszeit ist für jeden Fahrer unterschiedlich.

Der gesamte zurückgelegte Weg vom Erkennen des Hindernisses bis zum Fahrzeugstillstand setzt sich damit aus verschiedenen Teilstrecken zusammen: der zurückgelegte Weg

- während der Reaktionszeit und der Bremsenansprechdauer bei konstanter Geschwindigkeit v,
- während der Schwelldauer mit zunehmender Bremsverzögerung
- und während der Vollverzögerung bei konstanter Verzögerung.

Ersatzweise kann die halbe Zeit mit zunehmender Verzögerung als vollverzögert mit der Verzögerung a, die restliche Zeit als unverzögert betrachtet werden. Dieser Zeitabschnitt wird mit den anderen Zeiten ohne Verzögerung (Reaktionszeit und Bremsenansprechdauer) zu einer Verlustzeit t_{vz} zusammengefasst. Damit ergibt sich der zurückgelegte Weg beim Bremsen aus der Beziehung

$$s = v \cdot t_{vz} + \frac{v^2}{2a}$$

Die Verzögerung ist nach oben durch die Haftreibung zwischen Reifen und Straße begrenzt. Mindestwerte für die Verzögerung sind vom Gesetzgeber festgelegt.

Bei einer Verlustzeit von 1 s beträgt der Anhalteweg mitsamt dem Reaktionsweg:

	Fahrgeschwindigkeit vor dem Bremsen in km/h												
	10	30	50	60	70	80	90	100	120	140	160	180	200
	Weg während der Verlustzeit von 1 s (nicht gebremst) in m												
	2,8	8,3	14	17	19	22	25	28	33	39	44	50	56
Verzögerung a in m/s²	**Reaktions- und Anhalteweg in m**												
4,4	3,7	16	36	48	62	78	96	115	160	210	270	335	405
5,0	3,5	15	33	44	57	71	87	105	145	190	240	300	365
5,8	3,4	14	30	40	52	65	79	94	130	170	215	265	320
7,0	3,3	13	28	36	46	57	70	83	110	145	185	230	275
8,0	3,3	13	26	34	43	53	64	76	105	135	170	205	250
9,0	3,2	12	25	32	40	50	60	71	95	125	155	190	225

Bremsleitungen

Aufgabe

Bremsleitungen sind starre Rohrleitungen, die die Bremsflüssigkeit zwischen dem Hauptzylinder und den Radbremsen fördern und unter der Karosserie verlegt sind.
Bild 1 zeigt den Einbau von Bremsleitungen und Bremsschläuchen.

Aufbau

Die starren Bremsleitungen aus Stahl (meistens Außen-Ø 4,5 mm, Innen-Ø 2,5 mm) haben als äußeren Schutz gegen Korrosion oft eine Kunststoffbeschichtung. Beide Leitungsenden sind gebördelt und haben entsprechende Verschraubungen („Fittings").

Anwendung

Bei der Verlegung der Bremsrohre ist darauf zu achten, dass es neben den vorgesehenen Befestigungspunkten nicht zu weiteren Berührungen zwischen den Bremsrohren, der Karosserie und anderen Bauteilen kommt.

Bremsschläuche

Aufgabe

Bremsschläuche bilden eine bewegliche Verbindung zwischen den mit der Karosserie fest verbundenen Bremsleitungen und den an den Achsen befestigten Radbremsen.

Aufbau

Die flexiblen Bremsschläuche bestehen aus einer inneren Gummischicht, zwei Rayon-Verstärkungsschichten (Druckträger), einer äußeren Gummiummantelung und den Armaturen (Anschlussstücke).

Anwendung

Schlauchlängen und Anwendungsbereiche sind in Spezifikationen festgelegt, die zum Teil auf das jeweilige Fahrzeug abgestimmt sind. Allgemein gilt, dass es in keiner Fahrsituation zu Berührungen der Bremsschläuche mit Achs- oder Karosserieteilen kommen darf und die vorgegebenen Temperaturen und Druckbereiche eingehalten werden.

1 Bremsleitungen und Bremsschläuche

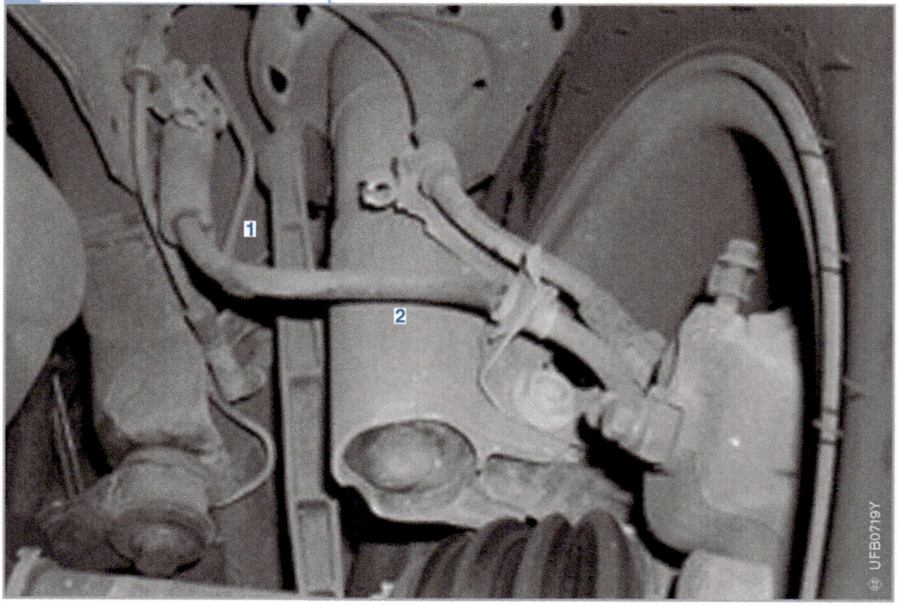

Bild 1
1 Bremsleitung
2 Bremsschlauch

Bremsflüssigkeit

Die Bremsflüssigkeit dient als hydraulisches Medium zur Kraftübertragung in Bremssystemen. Die Anforderungen stehen in den Normen SAE J 1703, FMVSS 116, ISO 4925, Tabelle 1.

Anforderungen

Gleichgewichtssiedepunkt

Der Gleichgewichtssiedepunkt ist ein Maß für die thermische Belastbarkeit der Bremsflüssigkeit. Die Belastung kann besonders an den Radzylindern (mit den höchsten Temperaturen im Bremssystem) sehr hoch sein. Bei Temperaturen über dem aktuellen Siedepunkt der Bremsflüssigkeit kommt es zu Dampfblasenbildung. Ein Betätigen der Bremsen ist dann nicht mehr möglich.

Nasssiedepunkt

Der Nasssiedepunkt ist der Gleichgewichtssiedepunkt der Bremsflüssigkeit, nachdem diese unter definierten Bedingungen Wasser aufgenommen hat. Vor allem bei hygroskopischen Flüssigkeiten (Glykolbasis) ergibt sich dadurch ein starkes Sinken des Siedepunktes.

Die Prüfung des Nasssiedepunktes soll die Eigenschaften der gebrauchten Bremsflüssigkeit ermitteln, die hauptsächlich über Diffusion durch die Bremsschläuche Wasser aufnehmen kann. Dieser Effekt bedingt im Wesentlichen den notwendigen Wechsel der Bremsflüssigkeit im Fahrzeug nach 1 ... 2 Jahren. Die Erneuerung der Bremsflüssigkeit ist für die Sicherheit der Bremsanlage zwingend erforderlich, wobei die Bremsanlage unbedingt entlüftet werden muss.

Viskosität

Die Temperaturabhängigkeit der Viskosität sollte möglichst gering sein, um über einen sehr weiten Einsatzbereich (–40 °C ... +100 °C) eine sichere Funktion der Bremsen zu gewährleisten. Besonders bei ABS-Anlagen ist eine möglichst niedrige Tieftemperaturviskosität von Vorteil.

Kompressibilität

Die Kompressibilität muss gering und möglichst wenig temperaturabhängig sein.

Korrosionsschutz

Nach FMVSS 116 dürfen Bremsflüssigkeiten gegenüber den in Bremsanlagen üblichen Metallen nicht korrosiv sein. Nur der Einsatz von Additiven ermöglicht den notwendigen Korrosionsschutz.

Elastomerquellung

Der jeweilige Bremsflüssigkeitstyp erfordert ein Anpassen der in der Bremsanlagen eingesetzten Elastomere. Eine geringe Quellung der Elastomere ist erwünscht. Sie darf aber keinesfalls größer als 16 % sein, da sonst die Festigkeit dieser Bauteile abnimmt. Bei der Verunreinigung einer Glykol-Bremsflüssigkeit schon mit geringen Anteilen eines Mineralöls (Mineralöl-Bremsflüssigkeit, Lösemittel) können Gummiteile (wie Dichtelemente) zerstört werden, was einen Ausfall der Bremse zur Folge hat.

Chemischer Aufbau

Der chemische Aufbau kann zur Verbesserung einer der o. g. Eigenschaften führen, bringt aber meist eine Veränderung einer anderen mit sich.

[1]) FMVSS Federal Motor Vehicle Safety Standard (amerikanischer Sicherheitsstandard für Kraftfahrzeuge); DOT Department of Transportation (Transportbehörde).

Warnung:
Alle Bremsflüssigkeiten außer DOT5 (auf Silikonbasis) sind gegenüber Haut und Lacken aggressiv!

1 Bremsflüssigkeiten

Prüfung nach		FMVSS 116[1])			SAE J1703
Anforderungen/Stand		DOT3	DOT4	DOT5, DOT5.1	11.83
Trockensiedepunkt	mindestens °C	205	230	260	205
Nasssiedepunkt	mindestens °C	140	155	180	140
Kälteviskosität bei –40 °C	mm^2/s	1500	1800	900	1800

Tabelle 1

Radbremsen

Bei Radbremsen unterscheidet man Scheiben- und Trommelbremsen. Als Vorderradbremsen werden bei Neufahrzeugen ausschließlich Scheibenbremsen verwendet und auch bei Hinterradbremsen geht der Trend zur Scheibenbremse hin. Die vom Bremssystem übertragene Bremsenergie wirkt in diesen Reibungsbremsen als Spannkraft zum Anpressen der Bremsbeläge an Bremsscheiben oder Bremstrommeln.

Übersicht

Anforderungen

Die Anforderungen an Radbremsen sind hoch:

- kurzer Bremsweg,
- kurze Ansprechzeit,
- kurzer Anschwellwert der Bremswirkung (Schwelldauer),
- gleichmäßige Wirkung,
- gute Dosierbarkeit,
- Unempfindlichkeit gegen Schmutz und Korrosion,
- hohe Zuverlässigkeit,
- Standfestigkeit,
- Verschleißfestigkeit,
- geringer Wartungsaufwand.

Um diesen Forderungen gerecht zu werden – auch unter dem Aspekt der Wirtschaftlichkeit (Kostenvorteil durch den Einsatz von Trommelbremsen) –, sind Kleinwagen und ein Teil der Mittelklasse-Fahrzeuge in Europa mit Scheibenbremsen an der Vorderachse und Trommelbremsen an der Hinterachse ausgerüstet. Fahrzeuge der oberen Mittelklasse und der Luxusklasse sowie Sportfahrzeuge haben an beiden Achsen Scheibenbremsen.

Diese Aufteilung ergibt sich aus der Tatsache, dass bei zunehmendem Gewicht und immer höheren Geschwindigkeiten nur noch Scheibenbremsen die thermischen Anforderungen erfüllen können. Besonderes Augenmerk gilt den Faktoren

- Wärmeaufnahme,
- Bremsenbelüftung und
- Reibwertstabilität der Bremsbeläge.

Beurteilung von Radbremsen

Der Bremsenkennwert C^* als Beurteilungskriterium für die Leistungsfähigkeit von Bremsen gibt das Verhältnis von Bremskraft zu Spannkraft an. Dieser Wert umfasst den Einfluss der inneren Übersetzung (Verhältnis der eingesteuerten zur ausgesteuerten Kraft) der Bremse sowie des Reibbeiwertes, der wiederum hauptsächlich von den Parametern Geschwindigkeit, Bremsdruck und Temperatur abhängt. Bild 1 zeigt Bremskennwerte für verschiedene Radbremsen.

1 Bremsenkennwert in Abhängigkeit von Reibwert und Ausgangsgeschwindigkeit

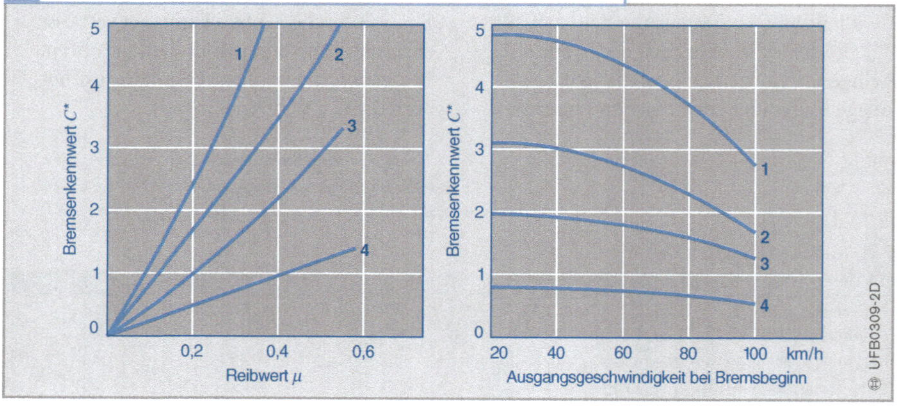

Bild 1
1 Duo-Servo-Trommelbremse
2 Duo-Duplex-Trommelbremse
3 Simplex-Trommelbremse
4 Scheibenbremse

Bosch-Prüfzentrum Boxberg

Ein wichtiger Bestandteil der Entwicklung von Fahzeugsystemen ist die Praxiserprobung bereits beim Systemzulieferer. Nicht alle Erprobungen lassen sich auf öffentlichen Straßen durchführen. Seit 1998 wird das Prüfzentrum von Bosch bei Boxberg zwischen Heilbronn und Würzburg (Süddeutschland) für diesen Teil der Entwicklung genutzt. Hier werden auf 92 ha die verschiedensten Fahr-, Sicherheits- und Komfortsysteme mit ihren Komponenten auf Herz und Nieren getestet. Auf sieben verschiedenen Streckenmodulen werden Systeme in allen Fahrsituationen bis an die physikalischen Grenzen betrieben – und das bei größtmöglicher Sicherheit für Testfahrer und Fahrzeuge.

Die **Schlechtwegstrecken** (1) sind für Geschwindigkeiten bis zu 50 km/h, beziehungsweise bis zu 100 km/h ausgelegt. Folgende Strecken sind verfügbar:

- Schlaglöcher,
- Waschbrett,
- Rüttelstrecke,
- Belgisches Pflaster und
- Strecken mit unterschiedlicher Unebenheit.

Die asphaltierten **Steigungsstrecken** (2) für Anfahr- und Beschleunigungstests am Berg, mit Steigungen von 5 %, 10 %, 15 % und 20 %, enthalten bewässerbare Fliesenstreifen unterschiedlicher Breite.

Zwei **Wasserdurchfahrten** (3) mit 100 m bzw. 30 m Länge und 0,3 m bzw. 1 m Tiefe stehen zur Verfügung.

Bewässerte Sonderstrecken (4) sind mit folgenden Fahrbahnbelägen vorhanden:

- Schachbrett (Asphalt, Fliesen),
- Asphalt,
- Fliesen,
- Blaubasalt,
- Beton sowie
- Aquaplaningstrecke und
- trapezförmige Blaubasaltstrecke.

Die **Fahrdynamikfläche** (5) für Kurvenfahrten hat eine asphaltierte Oberfläche mit 300 m Durchmesser. Sie kann zum Simulieren von Eis- oder Wasserglätte teilweise bewässert werden. Die Fläche ist von einer Sicherheitsbarriere aus Reifen umgeben, um Fahrer und Fahrzeuge zu schützen.

Das **Hochgeschwindigkeitsoval** (6) hat drei Fahrbahnen und kann sowohl von Pkw als auch von Nkw genutzt werden. Die Strecke ist so ausgelegt, dass Geschwindigkeiten bis 200 km/h gefahren werden können.

Der **Handlingparcours** (9) umfasst zwei Strecken: eine Strecke für Geschwindigkeiten bis 50 km/h, die andere bis zu 80 km/h. Beide Strecken beinhalten Kurven mit unterschiedlich starken Radien und Neigungen. Der Handlingparcours wird hauptsächlich für die Erprobung von Fahrdynamiksystemen benutzt.

Blick auf die Streckenmodule

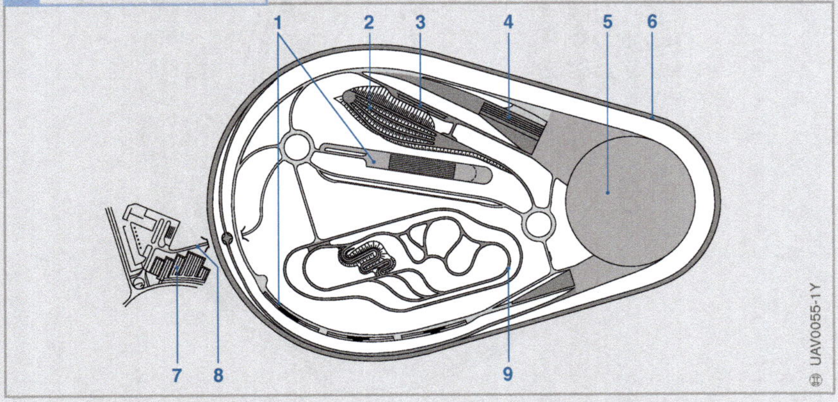

Bild 1
1 Schlechtwegstrecken
2 Steigungsstrecken
3 Wasserdurchfahrten
4 bewässerte Sonderstrecken
5 Fahrdynamikfläche
6 Hochgeschwindigkeitsoval
7 Gebäude
– Werkstätten
– Büros
– Prüfstände
– Labors
– Tankstelle und
– Sozialräume
8 Zufahrt
9 Handlingparcours

Trommelbremsen

Funktionsprinzip

Trommelbremsen für Pkw erzeugen die Bremskräfte an der inneren Oberfläche einer Bremstrommel. Dieses Prinzip wird am Beispiel einer Simplex-Trommelbremse mit integrierter Feststellbremse erläutert (Bild 1).

Ein zweiseitig wirkender Radzylinder (1) betätigt die Bremsbacken der Trommelbremse. Dabei drückt die auflaufende Bremsbacke (12) und die ablaufende Bremsbacke (5) mit den Bremsbelägen (2) gegen die Bremstrommel (6). Die Bremsbacken stützen sich auf der dem Radzylinder gegenüberliegenden Seite an einem Stützlager (15) ab, das am Bremsträger (13) befestigt ist.

Über das Bremsseil (8) und den Handbremshebel (7) lässt sich die Trommelbremse als Feststellbremse betätigen.

Automatische Nachstellvorrichtung

Die automatische Nachstellvorrichtung (Bilder 1 und 2) hält das Lüftspiel zwischen Bremsbacken und Bremstrommel (Weg, um den sich der Bremsbelag von der Bremstrommel zurückbewegt) konstant.

Die Nachstellvorrichtung besteht aus

- der Druckhülse (18),
- der Stellschraube (16) mit Gewinde und Nachstellritzel (11),
- den Zugfedern (4),
- dem Thermoelement (10),
- dem Winkelhebel (17) und
- dem Nachstellhebel (20).

Der Nachstellhebel ist an der Druckhülse federnd befestigt und greift mit der abgewinkelten Nachstellklinke (19) in das Nachstellritzel ein. Diese von Bosch/Bendix patentierte automatische Nachstellvorrichtung erreicht optimale Nachstellwerte von ca. 0,02 mm pro Nachstellvorgang.

Hinweis:
Gleiche Bauteile der Bilder 1 und 2 haben gleiche Legendenziffern.

Bild 1
1 Radzylinder
2 Bremsbelag
3 Zugfeder (Bremsbacken)
4 Zugfeder (Nachstellvorrichtung)
5 ablaufende Bremsbacke
6 Bremstrommel
7 Handbremshebel
8 Bremsseil
9 Trommeldrehrichtung
10 Thermoelement (Nachstellvorrichtung)
11 Nachstellritzel (mit Winkelhebel)
12 auflaufende Bremsbacke
13 Bremsträger
14 Zugfeder (Bremsbacken)
15 Stützlager

1 Simplex-Trommelbremse mit integrierter Feststellbremse (am rechten Hinterrad).

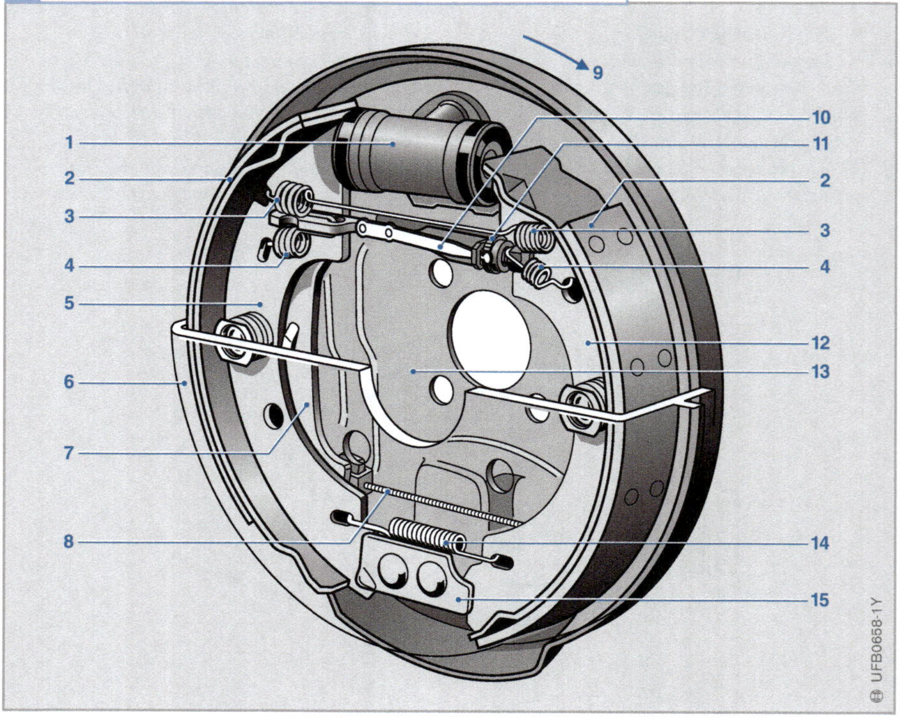

Fahrstellung

Die Zugfedern (3, 14) ziehen die beiden Bremsbacken (5, 12) mit den Bremsbelägen (2) von der Bremstrommel (6) weg. Dadurch drücken die Bremsbacken die Stellschraube (16) mit dem Nachstellritzel (11) gegen die Druckhülse (18), sodass sich der dazwischenliegende Winkelhebel (17) nicht bewegen kann.

Bremsstellung ($t < 80\,°C$)

Wird die Betriebsbremsanlage betätigt, so drücken die Kolben des Radzylinders (1) die Bremsbacken (5, 12) mit den Bremsbelägen (2) gegen die Bremstrommel (6). Hierbei ziehen die Zugfedern (4) die Stellschraube (16) mit dem Nachstellritzel (11) von der Druckhülse (18) weg. Dadurch entsteht ein Zwischenraum, in dem sich der Winkelhebel (17) bewegen kann.

Bei Temperaturen < 80 °C in der Bremstrommel drückt der als Feder wirkende Nachstellhebel (20) den unteren Schenkel des Winkelhebels (17) nach oben. Dadurch kann die abgewinkelte Nachstellklinke (19) in den Zahnkranz des Nachstellritzels (11) eingreifen. Ist das Lüftspiel zwischen Bremstrommel und Bremsbelägen als Folge von Belagverschleiß größer als konstruktiv vorgesehen, dann dreht der Nachstellhebel das Nachstellritzel um eine Zahnflanke, schraubt dadurch die Stellschraube (16) heraus und verlängert so die Nachstellvorrichtung. Damit wird das korrekte Lüftspiel wieder erreicht.

2 Automatische Nachstellvorrichtung

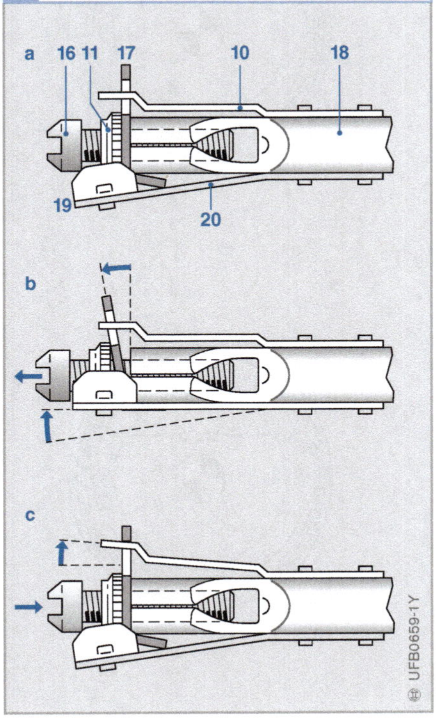

Bremsstellung ($t > 80\,°C$)

Durch Wärmeentwicklung > 80 °C, z. B. bei Talfahrt mit häufiger Bremsbetätigung, dehnt sich die Bremstrommel aus. Das Spiel zwischen Bremsbacken und Bremstrommel – das Erwärmungsspiel – wird größer als das konstruktiv vorgesehene Lüftspiel. In diesem Fall verhindert das Thermoelement (10), ein Bimetallstreifen, eine automatische Nachstellung. Das Thermoelement biegt sich nach oben und hält den Winkelhebel (17) fest. Dadurch bleibt der Nachstellhebel (20) fixiert, sodass keine Nachstellung möglich ist.

Handbremshebel

Die Feststellbremsanlage wirkt auf die Trommelbremse über einen Seilzug (8), der am unteren Ende des Handbremshebels (7) befestigt ist. Der Handbremshebel ist oben in der ablaufenden Bremsbacke (5) gelagert und greift in die Stellschraube (16) der Nachstellvorrichtung ein. Bei Betätigung der Feststellbremsanlage zieht der Seilzug den Handbremshebel unten nach rechts. Mit seiner gerundeten oberen rechten Kante drückt der Handbremshebel über die Nachstellvorrichtung zunächst die ablaufende Bremsbacke (5) gegen die Bremstrommel (6), bis sie anliegt. Danach presst er die auflaufende Bremsbacke (12) gegen die Bremstrommel und stützt sich dabei an der Stellschraube der Nachstellvorrichtung ab.

Bild 2
10 Thermoelement
11 Nachstellritzel
16 Stellschraube
17 Winkelhebel
18 Druckhülse
19 Nachstellklinke
20 Nachstellhebel

a Fahrstellung
b Bremsstellung ($t < 80\,°C$)
c Bremsstellung ($t > 80\,°C$)

Trommelbremsen-Bauarten

Bei Trommelbremsen unterscheidet man nach der Art der Bremsbackenführung zwei unterschiedliche Bauarten:

- Bremsbacken mit festem Drehpunkt (Bilder 3a, 3b).
- Bremsbacken als Gleitbacken, parallel und schräg geführt (Bilder 3c, 3d).

Bei Bremsbacken mit festem Drehpunkt ist ungleichmäßiger Verschleiß möglich, da sich diese Bremsbacken nicht wie Gleitbacken selbst zentrieren können.

Außerdem tritt das Problem der Selbsthemmung (Verringerung der eingesteuerten Bremskraft, Gegenteil von Selbstverstärkung) bei der ablaufenden Bremsbacke auf. Gleitbackenführungen kommen bei Simplex-, Duplex-, Duo-Duplex-, Servo- und Duo-Servobremsen zur Anwendung. Heute werden im Fahrzeugbau meistens Trommelbremsen mit Gleitbackenführungen verwendet, bei denen keine Selbsthemmung auftritt.

3 Bremsbackenführung

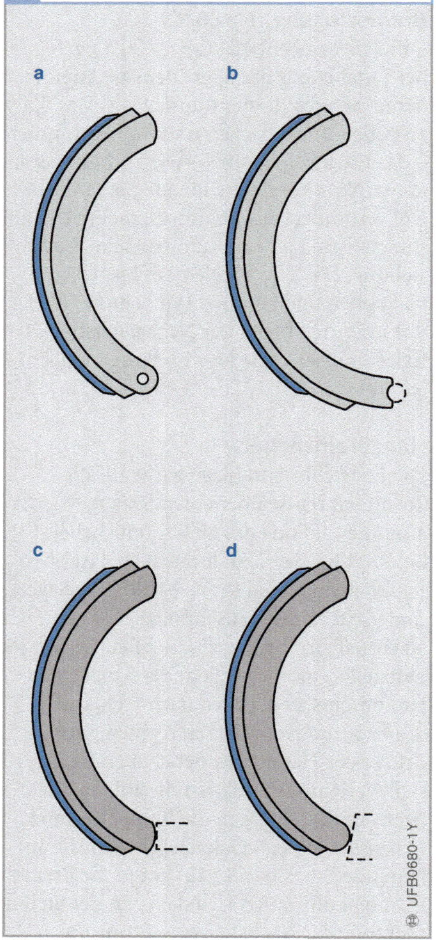

Bild 3
- a Bremsbacke mit festem Drehpunkt (Einfachdrehpunkt)
- b Bremsbacke mit festem Drehpunkt (Doppeldrehpunkt)
- c parallel abgestützte Bremsbacke
- d schräg abgestützte Bremsbacke

4 Trommelbremse (Simplexbremse)

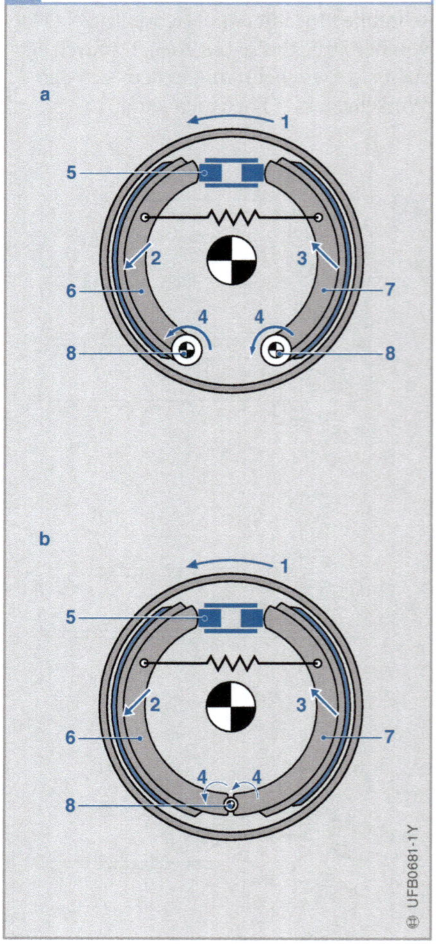

Bild 4
- a Bremsbacken mit 2 Einfachdrehpunkten
- b Bremsbacken mit 1 Doppeldrehpunkt

Eine auflaufende Bremsbacke, geringe Selbstverstärkung

1. Drehrichtung der Bremstrommel (Vorwärtsfahrt)
2. Selbstverstärkung
3. Selbsthemmung
4. Drehmoment
5. doppelt wirkender Radzylinder
6. auflaufende Bremsbacke
7. ablaufende Bremsbacke
8. Abstützpunkt (Drehpunkt)

Simplexbremse

Ein doppelt wirkender Radzylinder (Bild 4, Pos. 5) betätigt die Bremsbacken (6, 7). Die Abstützpunkte (8) der Bremsbacken sind Drehpunkte (2 Einfachdrehpunkte bzw. 1 Doppeldrehpunkt). Bei Vorwärtsfahrt wirkt Selbstverstärkung (2) an der auflaufenden (6) und Selbsthemmung (3) an der ablaufenden Bremsbacke (7), bei Rückwärtsfahrt verhält es sich analog. *Selbstverstärkung:* ca. 2fach bis 4fach.

Duplexbremse

Jede Bremsbacke wird durch einen einfach wirkenden Radzylinder (Bild 5, Pos. 4) betätigt. Die als Gleitbacken ausgeführten Bremsbacken (6) stützen sich an der Rückseite des gegenüberliegenden Radzylinders ab. Die Duplexbremse ist einfach wirkend, d. h. sie hat bei Vorwärtsfahrt zwei auflaufende selbstverstärkende (2) Bremsbacken. Bei Rückwärtsfahrt tritt keine Selbstverstärkung auf. *Selbstverstärkung:* bis ca. 6fach.

Duo-Duplexbremse

Zwei zweiseitig wirkende Radzylinder (Bild 6, Pos. 4) betätigen die als Gleitbacken ausgeführten Bremsbacken (6), die sich auf den gegenüberliegenden Radzylindern abstützen. Die Duo-Duplexbremse ist doppelt wirkend mit zwei auflaufenden selbstverstärkenden (2) Bremsbacken bei Vor- und Rückwärtsfahrt. *Selbstverstärkung:* bis ca. 6fach.

Servobremse

Ein doppelt wirkender Radzylinder (Bild 7, Pos. 4) betätigt die beiden, als Gleitbacken ausgeführten Bremsbacken (5, 6). Sie stützen sich nicht wie Simplex- und Duplexbremsen an festen Abstützpunkten ab, sondern sind schwimmend aufgehängt und stützen sich an einem einseitig beweglichen Druckbolzen (7) ab. Dieser überträgt in Vorwärtsfahrt die Abstützkraft der Primärbacke (5) auf die Sekundärbacke (6) und erzeugt dort eine noch höhere Selbstverstärkung als bei der Primärbacke. In Rückwärtsfahrt wirkt die Servobremse wie eine Simplexbremse. *Selbstverstärkung:* bis ca. 6fach.

5 Trommelbremse (Duplexbremse)

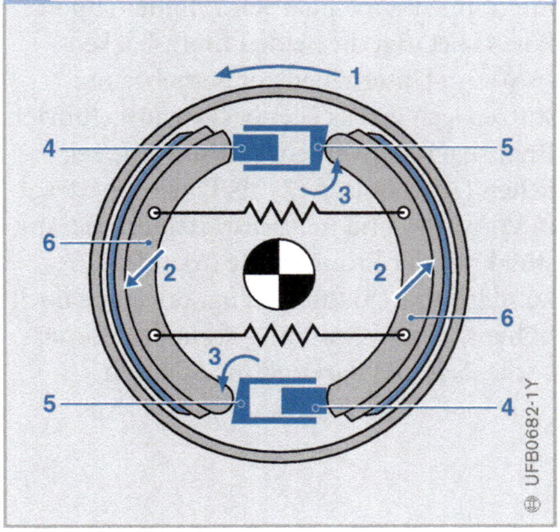

Bild 5
Zwei auflaufende Backen, große Selbstverstärkung.
1 Drehrichtung der Bremstrommel (Vorwärtsfahrt)
2 Selbstverstärkung
3 Drehmomente
4 Radzylinder
5 Abstützpunkte
6 Bremsbacken

6 Trommelbremse (Duo-Duplexbremse)

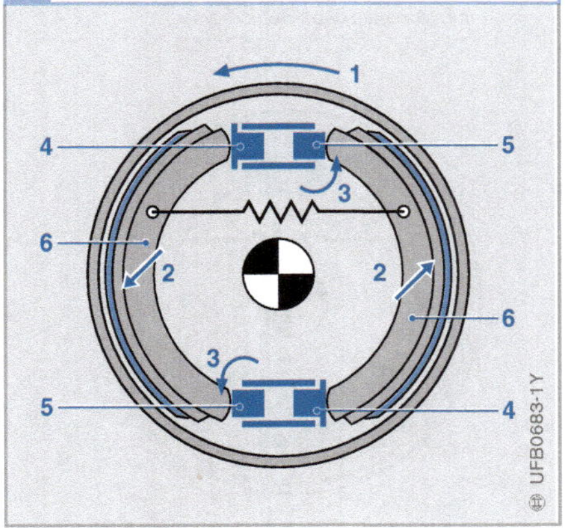

Bild 6
Zwei auflaufende Backen, Zuspannung durch Radzylinder schwimmend, große Selbstverstärkung.
1 Drehrichtung der Bremstrommel (Vorwärtsfahrt)
2 Selbstverstärkung
3 Drehmomente
4 Radzylinder
5 Abstützpunkte
6 Bremsbacken

7 Trommelbremse (Servobremse)

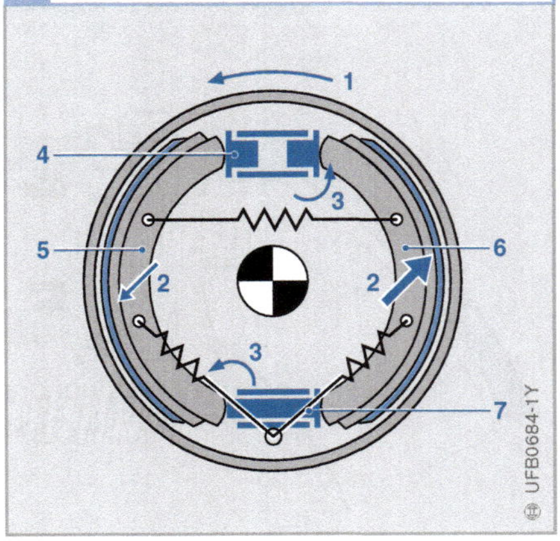

Bild 7
Zwei auflaufende Backen, Backenaufhängung schwimmend, Druckbolzen einseitig beweglich, große Selbstverstärkung.
1 Drehrichtung der Bremstrommel (Vorwärtsfahrt)
2 Selbstverstärkung
3 Drehmomente
4 Radzylinder
5 Primärbacke
6 Sekundärbacke
7 Druckbolzen

Duo-Servobremse

Ein doppelt wirkender Radzylinder (Bild 8, Pos. 4) betätigt die beiden Bremsbacken (5, 6). Im Unterschied zur Servobremse stützen sich die als Gleitbacken ausgeführten Bremsbacken an einem beidseitig beweglichen Druckbolzen (7) ab. Dieser überträgt in Vorwärts- und in Rückwärtsfahrt die Abstützkraft der Primärbacke (6) auf die Sekundärbacke (5) und erzeugt dort eine noch höhere Selbstverstärkung als in der Primärbacke. *Selbstverstärkung:* bis ca. 6fach.

Selbstverstärkung

Die Größe der Selbstverstärkung ist ein wichtiges Merkmal von Trommelbremsen. Durch Selbstverstärkung wird die wirksame Bremskraft größer als die Kraft, die sich direkt aus der vom Hauptzylinder eingesteuerten Spannkraft ergeben würde. Selbstverstärkung entsteht dadurch, dass die an der auflaufenden Bremsbacke entstehende Reibungskraft ein Drehmoment um den Abstützpunkt der Bremsbacke erzeugt, das die Bremsbacke zusätzlich zur Spannkraft an die Bremstrommel anpresst. Nur bei der Simplexbremse entsteht um den Abstützpunkt der ablaufenden Bremsbacke ebenfalls ein Drehmoment, das die eingesteuerte Spannkraft abschwächt: Selbsthemmung oder Selbstverringerung im Gegensatz zur Selbstverstärkung.

Nachstellvorrichtungen

Da die Bremsbeläge einem Verschleiß unterliegen, der das Lüftspiel vergrößert, sind Trommelbremsen mit Nachstellvorrichtungen zum Nachstellen der Bremsbacken ausgerüstet. Hierbei unterscheidet man verschiedene Ausführungen:

- manuell betätigte Nachstellvorrichtungen am Radzylinder,
- manuell betätigte Nachstellvorrichtungen an den Abstützungen,
- automatische Nachstellvorrichtungen (siehe vorn, Bilder 1 und 2).

8 Trommelbremse (Duo-Servobremse)

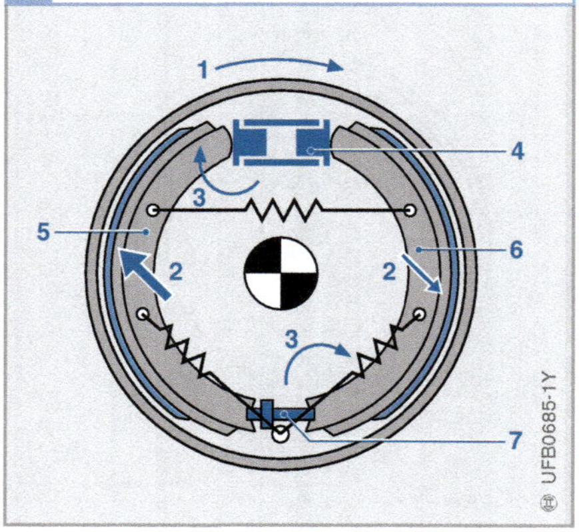

Bild 8
Wie bei Servobremse, jedoch frei beweglicher Druckbolzen: Selbstverstärkung in Vor- und Rückwärtsfahrt.

1 Drehrichtung (Rückwärtsfahrt)
2 Selbstverstärkung
3 Drehmoment
4 Radzylinder
5 Sekundärbacke
6 Primärbacke
7 Druckbolzen (Stützlager)

9 Manuell betätigte Nachstellvorrichtung am Radzylinder

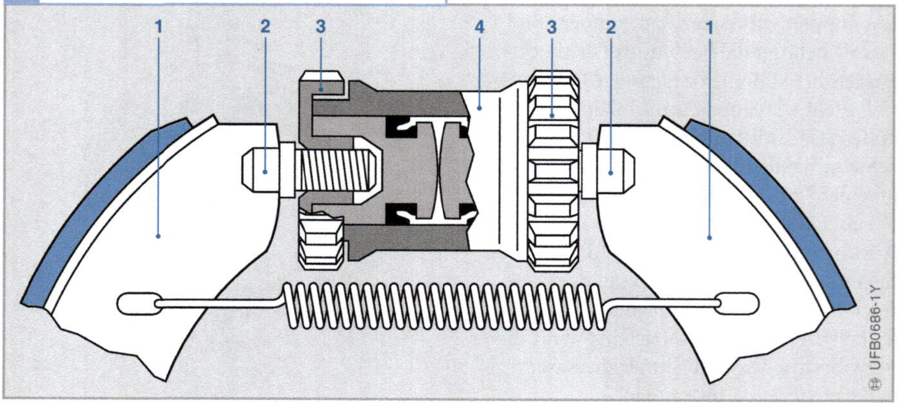

Bild 9

1 Bremsbacken
2 Gewindebolzen
3 Nachstellkappen mit Ritzel
4 Radzylinder

Bild 9 zeigt das Funktionsprinzip der Nachstellvorrichtung an einem beidseitig wirkenden Radzylinder (4) für Simplex-, Duplex- und Servobremsen. In den mit Ritzel ausgeführten Nachstellkappen (3) befindet sich das Gewinde für die Gewindebolzen (2), die mit einem Schlitz in die Bremsbacken (1) einrasten. Mit einem durch die Öffnung im Bremsträger geführten Schraubendreher können die Ritzel (3) gedreht werden, wodurch das Lüftspiel nachgestellt wird.

In Bild 10 ist das Funktionsprinzip der Nachstellvorrichtung an der Bremsbacken-Abstützung bei Servobremsen dargestellt. Zwei Nachstellschrauben (5), in deren Schlitze die Bremsbacken (1) einrasten, werden durch Drehen an den Ritzeln (2, 4) der Nachstellmuttern (6) heraus- bzw. hereingeschraubt, wodurch das Lüftspiel eingestellt wird.

Der Wunsch der Fahrzeughersteller nach automatischen Nachstellvorrichtungen hat zu folgenden Konstruktionen geführt:

- Reibnachstellung an der Bremsbacke,
- Nachstellung im Bremszylinder,
- abgestufte Nachstellung.

Von Bedeutung ist nur noch die abgestufte Nachstellung, die vorangehend zusammen mit dem grundsätzlichen Funktionsprinzip einer Trommelbremse beschrieben ist (Bilder 1 und 2).

Radzylinder

Bei Trommelbremsen überträgt der am Bremsträger befestigte Radzylinder den im Hauptzylinder erzeugten Bremsdruck über die Manschette (Bild 11, Pos. 4), den Kolben (5) und die Druckbolzen (1, 7) auf die Bremsbacken und drückt sie gegen die Bremstrommel. Durch die Druckfeder (2) liegen die Druckbolzen immer an den Bremsbacken leicht an. Eine Gummikappe (6) schützt vor Schmutz und Feuchtigkeit.

Es gibt einfach wirkende und doppelt wirkende Radzylinder, auch mit eingebautem Bremsdruckminderer (Patent von Bosch/Bendix).

11 Radzylinder (einfach wirkend)

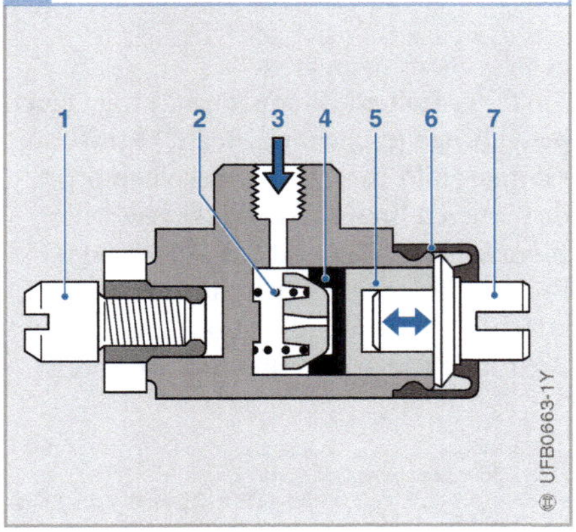

Bild 11
1 Fester Druckbolzen (mit Nachstellvorrichtung)
2 Druckfeder
3 Anschluss vom Hauptzylinder
4 Manschette
5 Kolben
6 Gummikappe
7 beweglicher Druckbolzen

10 Manuell betätigte Nachstellvorrichtung an der Abstützung

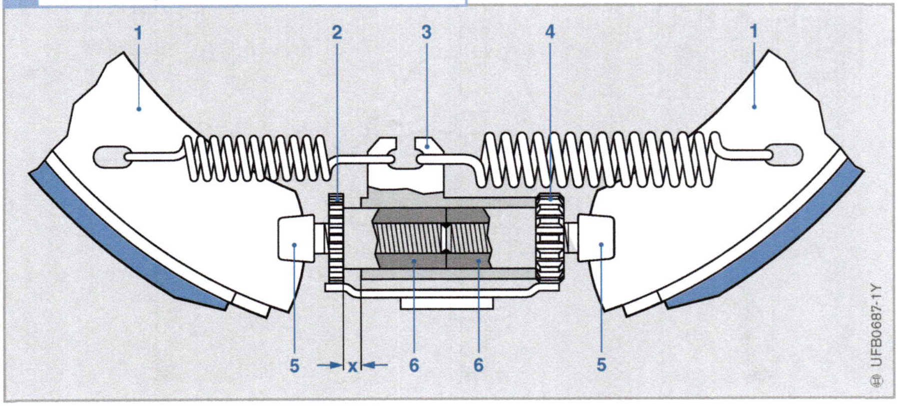

Bild 10
1 Bremsbacken
2 Ritzel
3 Stützlager
4 Ritzel
5 Nachstellschrauben
6 Nachstellmuttern

x Spiel zwischen Ritzel (2) und Stützlager (3)

Scheibenbremsen

Funktionsprinzip
Scheibenbremsen erzeugen die Bremskräfte an der Oberfläche einer mit dem Rad umlaufenden Bremsscheibe. Der U-förmige Bremssattel ist an nicht rotierenden Fahrzeugteilen befestigt.

Ausführungen (Überblick)
Bei Scheibenbremsen lassen sich drei Ausführungen unterscheiden, die hier nur im Prinzip dargestellt sind und auf den folgenden Seiten ausführlich beschrieben werden:

Festsattelbremse
In einem festen Gehäuse pressen zwei Kolben von beiden Seiten die Bremsbeläge gegen die Bremsscheibe (Bild 1a).

Schwimmrahmenbremse
Ein fester Halter („Bremsträger") trägt einen beweglichen („schwimmenden") Schwimmrahmen (Bild 1b). Der Bremskolben presst den inneren Bremsbelag direkt gegen die Bremsscheibe, während das Gehäuse des Bremszylinders den Schwimmrahmen verschiebt und damit indirekt den äußeren Bremsbelag gegen die Bremsscheibe presst.

Faustsattelbremse
Die Faustsattelbremse ist eine Weiterentwicklung der Schwimmrahmenbremse (Bild 1c). In einem beweglichen Gehäuse presst der (einzige) Kolben den inneren Bremsbelag direkt gegen die Bremsscheibe. Die hierbei erzeugte Reaktionskraft verschiebt das Gehäuse und presst damit indirekt den äußeren Bremsbelag gegen die Bremsscheibe.

Komponenten der Scheibenbremse

Kolbendichtring
In einer Nut im Bremszylinder des Bremssattels befindet sich ein Gummidichtring mit rechteckigem Querschnitt, der den Bremskolben abdichtet und das Lüftspiel zwischen Bremsbelag und Bremsscheibe selbsttätig nachstellt (Bild 2). Der Innendurchmesser dieses Dichtrings ist etwas kleiner als der Kolbendurchmesser: dadurch umschließt der Dichtring den Kolben mit einer Vorspannung. Beim Bremsvorgang bewegt sich der Kolben zur Bremsscheibe hin und spannt dabei den Dichtring, der infolge seiner Haftreibung erst dann auf dem Kolben „rutschen" kann, wenn der Kolbenweg zwischen Bremsbelag und Bremsscheibe durch Abrieb an den Bremsbelägen größer geworden ist als das

1 Scheibenbremsen (Überblick)

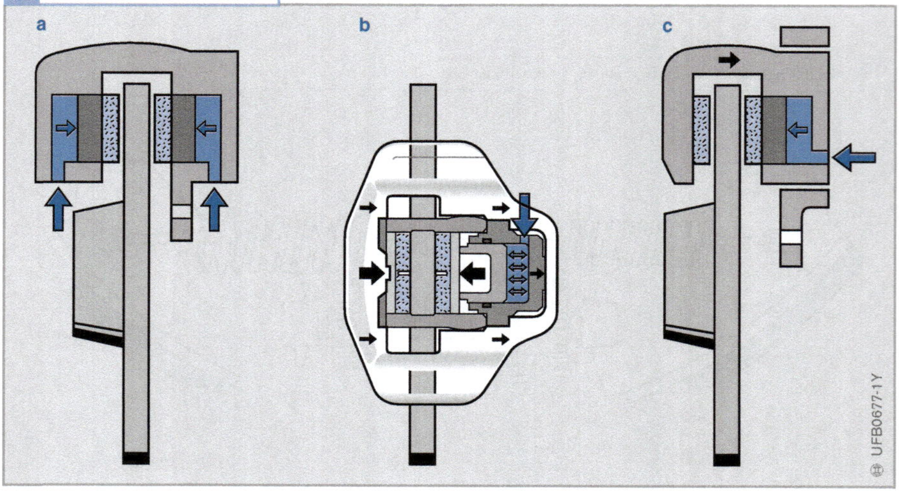

Bild 1
a Festsattelbremse (Ansicht von vorn)
b Schwimmrahmenbremse (Ansicht von oben)
c Faustsattelbremse (Ansicht von vorn)

vorgesehene Lüftspiel. Wegen dieser elastischen Verformung speichert sich im Dichtring eine Kraft, welche Dichtring und Kolben beim Lösen der Bremse, d. h. beim Abfall des hydraulischen Drucks, wieder in ihre Ausgangsform bzw. Ausgangsstellung zurückbringt. Dies ist nur möglich, wenn der Druck im Leitungssystem der Scheibenbremse vollständig abgebaut ist. Das Lüftspiel eines Bremssattels beträgt ca. 0,15 mm und liegt damit im Bereich des maximal zulässigen *statischen* Scheibenschlages.

Der Dichtring ermöglicht es dem Kolben, bei größer werdendem Verschleiß „durchzurutschen" und bewirkt damit ein stufenloses Nachstellen der Bremsbeläge. So wird ein „konstantes" Lüftspiel beibehalten; die Bremsscheibe kann bei drucklosem Zustand frei drehen.

Spreizfeder

Die bei Festsätteln verwendete Spreizfeder, eine Kreuzfeder, hat die Aufgabe, durch ihre Federkraft die Bremsbeläge an die Bremskolben zu drücken und das Lösen der Bremse zu unterstützen (Bild 3).

Bremskolben (Kolbenstellung)

Bei Bremskolben von Festsattel- und Schwimmrahmen-Scheibenbremsen mit einem Kolbenabsatz (Bild 4, Pos. 4) von ca. 3 mm auf der Scheibeneinlaufseite muss dieser Kolbenabsatz im Winkel von 20° zur Waagerechten mit einer Kolbenlehre (3) eingestellt werden. Der auf den Bremsbelag wirkende Kolbenabsatz verringert den Anpressdruck des Bremsbelages auf der Scheibeneinlaufseite und bewirkt damit einen gleichmäßigeren Belagverschleiß. Eine ähnliche Wirkung erreicht ein Kolbenversatz, bei dem der Kolben nicht zentrisch, sondern um ca. 2...6 mm zum Scheibenauslauf hin versetzt auf den Bremsbelag wirkt. Der dadurch erreichte gleichmäßigere Anpressdruck auf den Bremsbelag führt zu einem gleichmäßigeren Belagverschleiß. Diese Maßnahme kann als Nebeneffekt eine Geräuschminderung bewirken.

2 Kolbendichtring

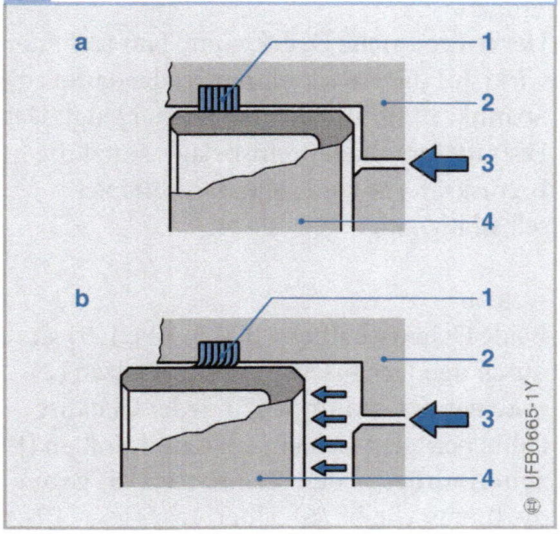

Bild 2
a Fahrstellung
b Bremsstellung

1 Kolbendichtring (Dichtring)
2 Zylinderwand,
3 Anschluss vom Hauptzylinder
4 Kolben

3 Spreizfeder

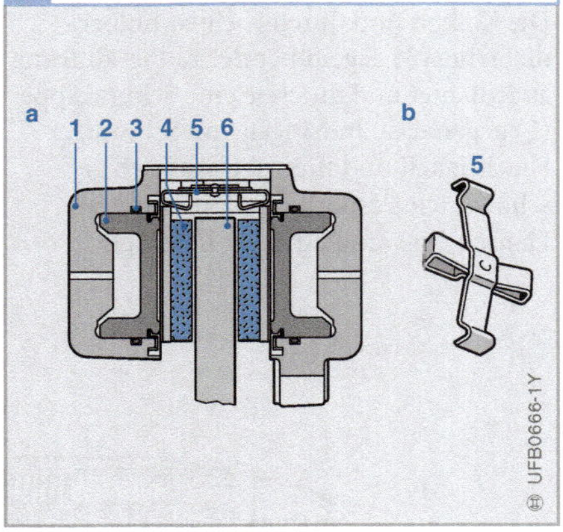

Bild 3
a Spreizfeder, eingebaut (Draufsicht)
b Ansicht

1 Zylinderwand
2 Kolben
3 Kolbendichtring
4 Bremsbelag
5 Spreizfeder
6 Bremsscheibe

4 Bremskolben (Kolbenstellung)

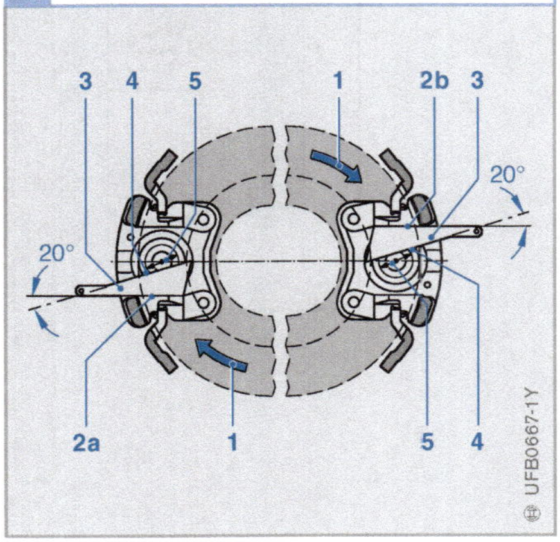

Bild 4
1 Drehrichtung der Bremsscheibe bei Vorwärtsfahrt
2a obere Anlagefläche im Sattelschacht
2b untere Anlagefläche im Sattelschacht
3 Kolbenlehre
4 Kolbenabsatz
5 Kolbenbohrung

Festsattelbremse

Aufgabe

Der hydraulische Druck vom Hauptzylinder wirkt auf die Festsattelbremse, die daraus die Spannkraft für die Bremsbeläge erzeugt. Der Festsattel trägt die Bremsbeläge, stützt die Bremskräfte ab und stellt das Lüftspiel selbsttätig ein.

Aufbau

Beide Gehäusehälften (Bild 5, Pos. 1, 9) sind durch den Gehäuseverbindungsbolzen (2) miteinander verbunden. In jeder Gehäusehälfte befinden sich ein bzw. zwei Kolben (8) zum Andrücken des Bremsbelags (5) gegen die Bremsscheibe (6). Über Anschluss (10) und den Hydraulik-Verbindungskanal (4) fließt die Bremsflüssigkeit zu den Kolben. Die Kolben sind durch je einen Kolbendichtring (3) gegenüber der Kolbenführung abgedichtet und durch je eine Schutzkappe (7) gegen das Eindringen von Schmutz, Feuchtigkeit und Bremsbelagabrieb geschützt. Die Festsattelbremse ist mittels Flansch (11) am Radträger befestigt.

Arbeitsweise

Beim Bremsvorgang wirkt hydraulischer Druck vom Hauptzylinder über Anschluss (10) auf beide Kolben (8) und erzeugt so die Spannkraft zum Anpressen der Bremsbeläge (5) gegen die Reibflächen der Bremsscheibe (6). Das Maß dieser abstufbaren Spannkraft wird durch die auf das Bremspedal ausgeübte Fußkraft bestimmt. Beim Lösen der Bremse, d. h. beim Loslassen des Bremspedals, geht der Kolben des Hauptzylinders durch die Kraft seiner Druckfeder wieder in seine Ausgangsstellung zurück: die Hydraulikleitung zur Festsattelbremse wird drucklos. Jetzt werden die Kolben (8) von den verformten Kolbendichtringen (3) in ihre Ausgangsposition zurückgezogen. Die Bremsscheibe (6) kann sich nach dem Lösen der Bremse infolge des Lüftspiels wieder frei drehen. Ist der Kolbenweg durch Belagverschleiß größer als das vorgesehene Lüftspiel, dann „rutscht" der Kolben beim Bremsen über den Kolbendichtring, und der Ausgangszustand ist wieder eingestellt.

5 Festsattelbremse

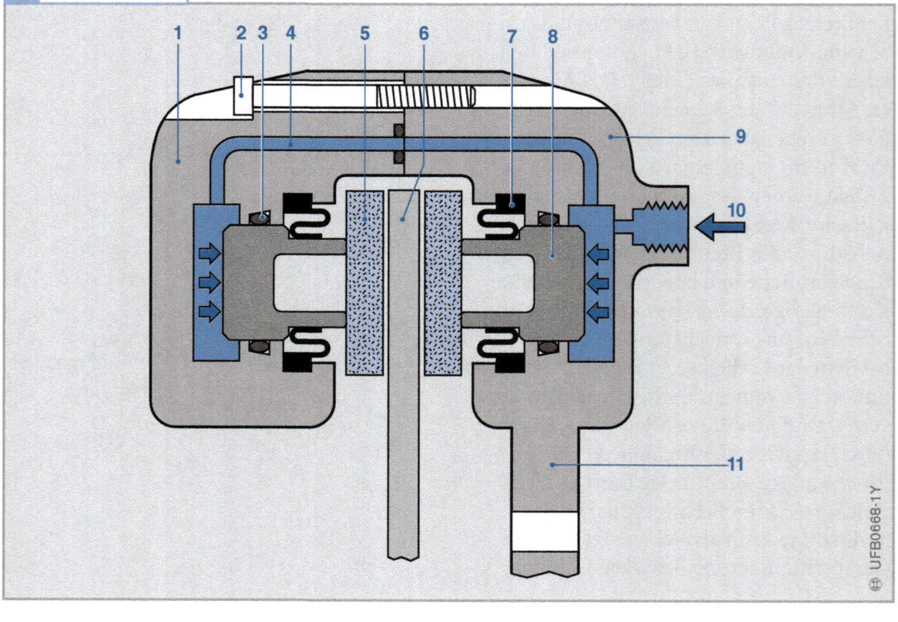

Bild 5
1 Gehäuse-Flanschteil
2 Gehäuseverbindungsbolzen
3 Kolbendichtring
4 Hydraulik-Verbindungskanal
5 Bremsbelag
6 Bremsscheibe
7 Schutzkappe
8 Kolben
9 Gehäuse-Deckelteil
10 Anschluss vom Hauptzylinder
11 Befestigungsflansch

Hinweise
Ein Nach- oder Einstellen der Festsattelbremse ist wegen der Nachstellwirkung der verformbaren Kolbendichtringe nicht notwendig. Festsattelbremsen kommen wegen ihrer hohen mechanischen Festigkeit bei schweren und schnellen Pkw zum Einsatz. Nachteilig ist ihre Temperaturempfindlichkeit bei Dauerbeanspruchung (z. B. lange Bergabfahrten). Diese Temperaturempfindlichkeit wird bei Hochleistungsbremsen dadurch verringert, dass die hydraulische Verbindung der Sattelhälften nicht im Bremssattel, sondern über ein außen liegendes Bremsrohr erfolgt. Der Einbauraum bei Festsattelbremsen ist im Bereich der Felgenschüssel größer; daher werden bei Fahrzeugen mit negativem Lenkrollhalbmesser vorzugsweise Schwimmrahmen- bzw. Faustsattelbremsen eingebaut.

Schwimmrahmenbremse

Aufgabe
Die Schwimmrahmenbremse erzeugt aus dem vom Hauptzylinder aufgebauten hydraulischen Druck die Spannkraft für die Bremsbeläge, nimmt die Bremsbeläge auf, stützt die Bremskräfte ab und stellt das Lüftspiel selbsttätig ein.

Aufbau
Die Schwimmrahmenbremse besteht aus zwei Hauptbestandteilen (Bild 6):
- dem am Radträger fest montierten Halter (3), der den Bremszylinder (8) mit dem Bremskolben (7) und den Bremsbelägen (4, 5) trägt und
- dem beweglichen Schwimmrahmen (2), der in den kreisbogenförmigen Führungen des Halters gleitet.

Eine Führungsfeder lässt Halter und Schwimmrahmen federnd und dadurch geräuscharm aneinander gleiten. Über Anschluss (6) gelangt die Bremsflüssigkeit zwischen den Bremskolben und das Gehäuse des Bremszylinders.

Arbeitsweise
Beim Bremsvorgang wirkt hydraulischer Druck vom Hauptzylinder über den Anschluss (6) auf den Bremskolben (7), der nach Überwinden des Lüftspiels den inneren Bremsbelag (5) direkt gegen die Bremsscheibe (1) presst. Gleichzeitig wirkt dieser Druck auf das Gehäuse des Bremszylinders (8) und verschiebt den Schwimmrahmen (2), der nach Überwinden des Lüftspiels den äußeren Bremsbelag (4) indirekt gegen die Bremsscheibe presst. Beim Loslassen des Bremspedals wird Anschluss (6) wieder drucklos. Der verformte Kolbendichtring (9) zieht den Bremskolben (7) wie bei der Festsattelbremse um das Lüftspiel zurück: Die Bremsscheibe kann sich wieder frei drehen.

Hinweise
Auch bei der Schwimmrahmenbremse ist ein Nach- oder Einstellen nicht notwendig. Wegen des geringen Einbauraumbedarfs eignet sich diese Bremse für Fahrzeuge mit ungünstigen Raumverhältnissen oder negativem Lenkrollradius. Da Außenluft die Hydraulik-Bauteile frei umströmt, wird die Bremsflüssigkeit gut gekühlt. In die Schwimmrahmenbremse kann eine Feststellbremse integriert sein.

6 Schwimmrahmenbremse

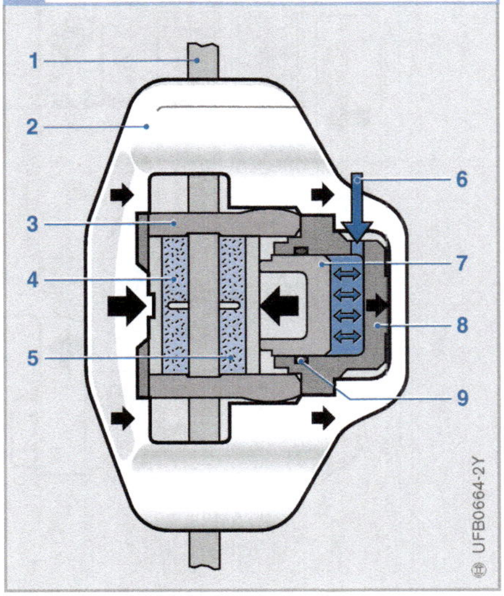

Bild 6
1 Bremsscheibe
2 Schwimmrahmen
3 Halter
4 äußerer Bremsbelag
5 innerer Bremsbelag
6 Anschluss (vom Hauptzylinder)
7 Bremskolben
8 Bremszylinder
9 Kolbendichtring

Faustsattelbremse

Aufgabe

Die Faustsattelbremse (Bild 7) erzeugt aus dem vom Hauptzylinder kommenden hydraulischen Druck die Spannkraft für die Bremsbeläge. Der Faustsattel nimmt die Bremsbeläge auf, stützt die Bremskräfte ab und stellt das Lüftspiel selbsttätig ein.

Vergleich mit Schwimmrahmenbremse

Die Faustsattelbremse ist wartungsfreundlicher als die Schwimmrahmenbremse, aus der sie weiterentwickelt wurde. Auch hier ist das Gehäuse (3, 10) verschiebbar und hat nur einen Bremskolben (9). Ebenfalls presst die Reaktionskraft im Gehäuseboden (3) den äußeren Bremsbelag (4) gegen die Bremsscheibe (5). Statt auf einem Halter gleitet der Gehäuseboden auf zwei Führungsbolzen (2).

Aufbau

Das Gehäuse (3, 10) ist auf zwei Führungsbolzen (2) verschiebbar gelagert. Ein am Radträger befestigter Halter (1) trägt diese Führungsbolzen. Der Bremskolben (9) wirkt direkt auf den inneren Bremsbelag (6) und indirekt auf den äußeren Bremsbelag (4). Über den Anschluss (8) ist die Faustsattelbremse mit dem Hauptzylinder verbunden.

Arbeitsweise

Beim Bremsen wirkt hydraulischer Druck vom Hauptzylinder über den Anschluss (8) auf den Bremskolben (9), der den inneren Bremsbelag (6) direkt gegen die Bremsscheibe (5) drückt. Da sich der Bremskolben gegen den verschiebbaren Gehäusedeckel (10) bewegt, wirkt eine Reaktionskraft auf den Gehäuseboden (3). Dadurch gleitet der Gehäuseboden auf den Führungsbolzen (2) gegen die Bewegungsrichtung des Bremskolbens und zieht den äußeren Bremsbelag (4) gegen die Bremsscheibe. Beide Bremsbeläge werden jetzt mit gleicher Kraft gegen die Bremsscheibe gepresst. Beim Lösen der Bremse zieht der beim Bremsen verformte Kolbendichtring (7) den Kolben in den Ausgangszustand.

7 Faustsattelbremse

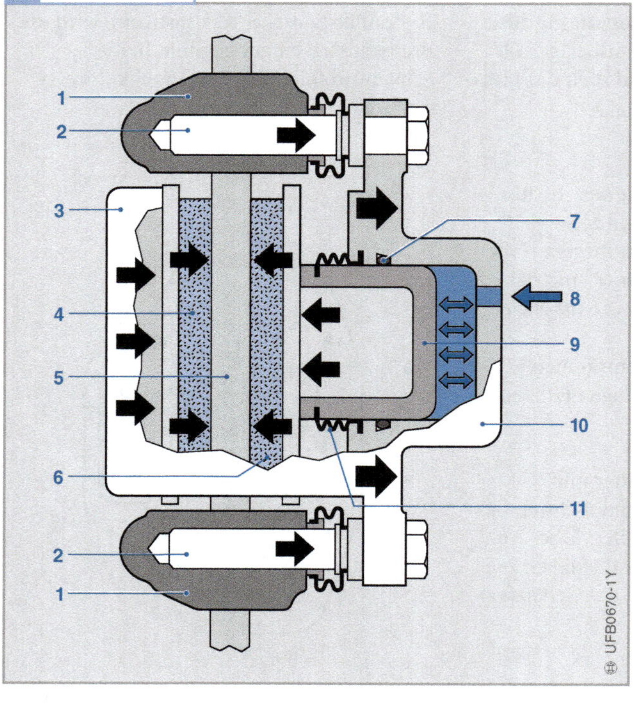

Bild 7
1 Halter
2 Führungsbolzen
3 Gehäuseboden
4 äußerer Bremsbelag
5 Bremsscheibe
6 innerer Bremsbelag
7 Kolbendichtring
8 Anschluss vom Hauptzylinder
9 Bremskolben
10 Gehäusedeckel
11 Schutzkappe

Faustsattelbremse mit integrierter Feststellbremse

Aufgabe

Diese Faustsattelbremse wirkt als Betriebs- und als Feststellbremse. Sie erzeugt aus dem hydraulischen Druck vom Hauptzylinder bzw. aus der Zugkraft vom Handbremshebel die Spannkraft für die Bremsbeläge. Der Faustsattel nimmt die Bremsbeläge auf, stützt die Bremskräfte ab und stellt das Lüftspiel selbsttätig ein.

Aufbau

Das Gehäuse (Bild 8, Pos. 8) ist auf zwei Führungsbolzen (2) verschiebbar gelagert. Ein am Radträger befestigter Halter trägt diese Führungsbolzen. Der Bremskolben (6) presst die Bremsbeläge (3, 5) direkt und indirekt gegen die Bremsscheibe (4). Hydraulisch wird dieser Kolben durch die über den Anschluss (11) zuströmende Bremsflüssigkeit betätigt. Eine Blechkapsel (10) und ein Zwischenring (13) dichten den Hydraulikbereich gegen die mechanische Feststellbremseinrichtung ab, die über den Handbremshebel (17) betätigt wird.

Arbeitsweise

Beim Bremsen mit der Betriebsbremsanlage wirkt hydraulischer Druck vom Hauptzylinder über den Anschluss (11) auf den Bremskolben (6), der den inneren Bremsbelag (5) direkt gegen die Bremsscheibe (4) drückt. Gleichzeitig wirkt eine Reaktionskraft auf den Gehäuseboden (1). Dadurch gleitet das Gehäuse (8) auf den Führungsbolzen (2) und zieht den äußeren Bremsbelag (3) gegen die Bremsscheibe. Die Anpresskraft der Bremsbeläge ist somit auf beiden Seiten der Bremsscheibe gleich. Beim Lösen der Bremse zieht der beim Bremsvorgang verformte Kolbendichtring (18) den Kolben in die Ausgangsposition zurück, sodass sich die Bremsscheibe frei drehen kann.

Beim Betätigen der Feststellbremsanlage zieht ein Seilzug am Handbremshebel (17), sodass sich der Exzenter (15) dreht und über den Druckstößel (16) und die Druckstange (12) den Bremskolben mit dem inneren Bremsbelag direkt gegen die Bremsscheibe presst. Der äußere Bremsbelag wird durch die Reaktionskraft angepresst.

Neben der in Bild 8 dargestellten Möglichkeit zum Betätigen der Feststellbremse gibt es den BIR-Mechanismus (Ball in Ramp). Das Anpressen des inneren Bremsbelags geschieht hier nicht über ein Druckstößel, sondern durch Kugeln. Das Betätigen der Feststellbremse bewirkt in der Feststellbremseinrichtung eine Drehbewegung, die drei Kugeln, die jeweils in einer rampenförmigen Nut geführt werden, in Bewegung setzt. Mit den Rampen setzt die Mechanik der Feststellbremse die Drehbewegung in eine Längsbewegung um, wodurch der Bremskolben die Bremsbeläge gegen die Bremsscheibe drückt.

8 Faustsattelbremse mit integrierter Feststellbremse

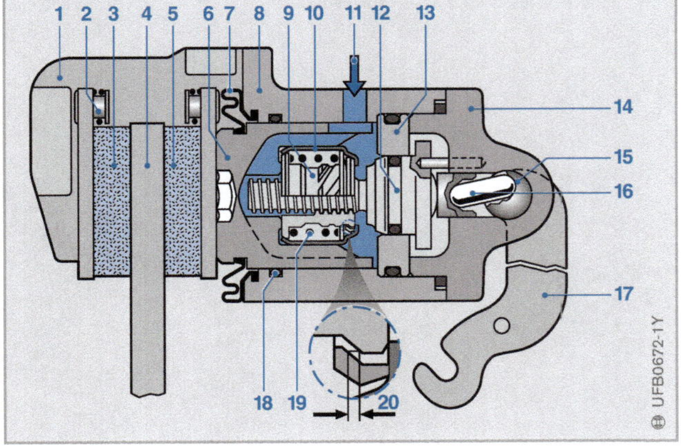

Bild 8
1 Gehäuseboden
2 Führungsbolzen (hinterer Führungsbolzen im Bild verdeckt)
3 äußerer Bremsbelag
4 Bremsscheibe
5 innerer Bremsbelag
6 Bremskolben
7 Schutzkappe
8 Gehäuse
9 Nachstellvorrichtung
10 Blechkapsel
11 Anschluss vom Hauptzylinder
12 Druckstange
13 Zwischenring
14 Gehäusedeckel
15 Exzenter
16 Druckstößel
17 Handbremshebel
18 Kolbendichtring
19 Druckfeder
20 Lüftspiel

Bremsbeläge und Bremsscheiben

Bremsvorgang

Beim Bremsvorgang werden die Bremsbeläge der Radbremsen an eine mit dem Rad umlaufende Fläche gepresst. Diese Reibpaarung erzeugt eine Reib- bzw. Bremskraft, die die Bewegungsenergie des Fahrzeugs in Wärme umwandelt. Die Bremskraft entsteht bei Scheibenbremsen durch Reibpaarung von Bremsbelägen und Bremsscheiben und bei Trommelbremsen durch Reibpaarung von Bremsbelägen und Bremstrommeln. Die Gleitreibungszahl zwischen Bremsbelag und Bremsscheibe bzw. Bremstrommel bestimmt unter anderem die benötigte, vom Bremspedal ausgeübte Fußkraft für eine bestimmte Abbremsung. Außerdem hat sie einen wesentlichen Einfluss auf die Bremsenabstimmung und die Fahrzeugstabilität beim Bremsen.

Trommelbremsbeläge sind auf die Bremsbacken genietet oder geklebt. Ein T-Profil gibt den Bremsbacken die erforderliche Steifigkeit. Zur einfacheren Montage werden Bremsbacken mit Radzylinder und Zubehör wahlweise als vormontierter Trommelbremssatz angeboten.

Scheibenbremsbeläge bestehen aus einer Reibschicht und einer Zwischenschicht, die durch eine Kleberschicht mit der Belagträgerplatte verbunden ist.

Tabelle 1

Radbremsen-Verwendung

Bei Personenkraftwagen werden an der Vorderachse nur noch Scheibenbremsen eingesetzt. Trommelbremsen finden bei kleinen bis mittleren Fahrzeugen an der Hinterachse Verwendung.

Zusammensetzung der Bremsbeläge

Bremsbeläge sind grundsätzlich aus vier Rohstoffgruppen aufgebaut, wobei sich die Anteile dieser Rohstoffgruppen je nach Einsatzbereich und geforderter Gleitreibungszahl (Haftreibungszahl bei Feststellbremsen) unterscheiden. So sind beispielsweise die Scheibenbremsbeläge eines Fahrzeugs der Oberklasse anders zusammengesetzt als die Trommelbremsbeläge eines Kleinwagens. Die Reibbelagrezepturen sind gut gehütete Geheimnisse der Belaghersteller (Tabelle 1: Beispiel mit Hauptbestandteilen).

1 Rezeptur eines Scheibenbremsbelags (Beispiel)

Rohstoffgruppe	Rohstoffe	Vol.-%
Metalle	Stahlwolle Kupferpulver	14
Füllstoffe	Aluminiumoxid Glimmermehl Schwerspat Eisenoxid	23
Gleitmittel	Antimonsulfid Graphit Kokspulver	35
Organische Bestandteile	Aramidfaser Harzfüllstoffpulver Bindeharz	28

1 Trommelbremsbeläge auf Bremsbacken

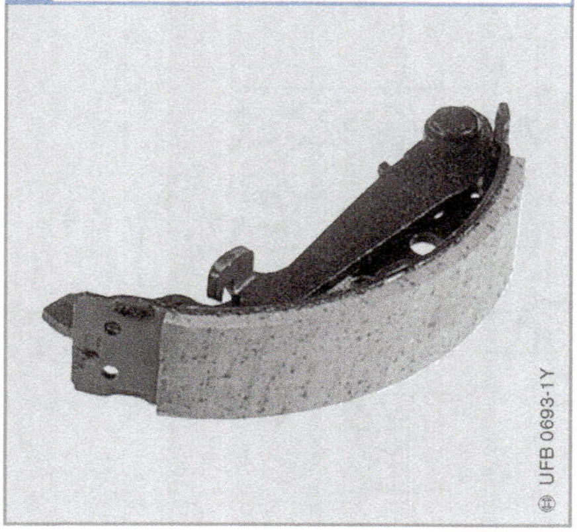

2 Scheibenbremsbeläge auf Belagträgerplatten

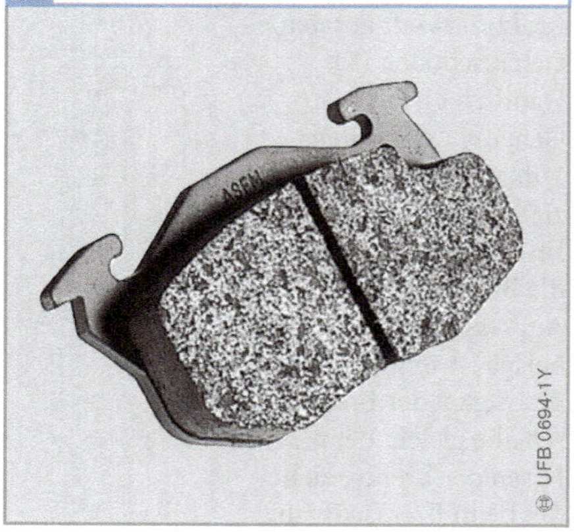

Wechselhäufigkeit der Bremsbeläge

In der Regel haben Trommelbremsbeläge eine Wechselhäufigkeit von 1 : 2 und Scheibenbremsbeläge von 1 : 5. Eine Bremstrommel hält also doppelt so lang wie die zugehörigen Trommelbremsbeläge (1 Belagwechsel) und eine Bremsscheibe fünfmal so lang wie die zu gehörigen Scheibenbremsbeläge (4 Belagwechsel). Dies führt beim Ersatzteilhandel zu wesentlich höheren Umsätzen mit Scheibenbremsbelägen als mit Trommelbremsbelägen.

Verschleißsensoren in den Scheibenbremsbelägen schließen bei einer Belagdicke von 3,5 mm durch Kontakt mit der Bremsscheibe einen Stromkreis, wodurch eine Kontrollleuchte aufleuchtet und den Fahrer auf den erforderlichen Belagwechsel aufmerksam macht.

Hinweis

Bremsbeläge oder Bremsscheiben bzw. Bremstrommeln mit einseitigem Verschleiß müssen je Achse paarweise ausgetauscht werden, um die gleiche Bremswirkung an beiden Rädern einer Achse sicherzustellen. Bei Austausch von Bremsbelägen oder Bremsscheiben bzw. Bremstrommeln dürfen nur die vom Fahrzeughersteller zugelassenen Teile verwendet werden.

Qualitäts-Anforderungen an Bremsbeläge

Die Qualitäts-Anforderungen an Bremsbeläge gliedern sich in die drei Bereiche Sicherheit, Komfort und Lebensdauer, die je nach Fahrzeugverwendung aufeinander abgestimmt sein müssen.

Sicherheit
- Reibwertstabilität,
- Abscherfestigkeit,
- Kompressibilität,
- Volumenstabilität,
- Wärmeleitfähigkeit,
- Entflammbarkeit,
- Korrosionsbeständigkeit und
- Einlaufverhalten.

Komfort
- Geräuschverhalten,
- Vibrationsdämpfung und
- Ansprechverhalten.

Lebensdauer
- Verschleißverhalten.

Bewertungskriterien für Pkw-Scheibenbremsbeläge

Leistung	
• *Geschwindigkeitsabhängiger Reibwert:*	Reibwertmessungen bei Abbremsung von 40 km/h → 5 km/h und 180 km/h → 150 km/h bei 40 bar, 100 °C; ausschlaggebendes Kriterium für die Gesamtbewertung.
• *Reibwertdifferenz:*	Reibwertmessungen bei Abbremsung von 40 km/h → 5 km/h und 180 km/h → 150 km/h bei 40 bar, 100 °C.
• *Autobahnbremsung:*	Reibwertmessungen bei Abbremsung von 180 km/h → 100 km/h.
• *Fading:*	Nachlassen der Bremswirkung bei hohen Temperaturen durch Beeinträchtigung der Reibwerte infolge chemischer Reaktionen; Messung bei Abbremsung von 0,9 v_{max} → 0,5 v_{max}.
• *Einlaufeigenschaften:*	Messung der Anzahl Bremsungen bis zur Stabilisierung des Reibwertes bei neuen Bremsbelägen.
• *Allgemeine Reibwerthöhe:*	Gemittelter Wert aus vergleichbaren Belägen von mehreren Herstellern.
Verschleiß	
• *Bremsbelag:*	Verschleiß in Millimeter Belagstärke bei 150 °C, 300 °C und 400 °C.
• *Bremsscheibe:*	Verschleiß in Gramm.
Optik nach Versuchsdurchführung	
• *Bremsbelag:*	subjektive Beurteilung.
• *Bremsscheibe:*	subjektive Beurteilung.
Physikalische Daten	
• *Abscherwerte:*	Ausschlusskriterium; Messung der Minimal- und Maximalwerte in kN.
• *Kompressibilität:*	Komfort-Merkmal, Messung in µm.

Freigabe von Scheibenbremsbelägen

Ein Anforderungsprofil aus Fahrzeugdaten, Einsatzbedingungen und speziellen Kundenanforderungen führt zur Auswahl eines geeigneten Basismaterials. Im Prüfstandtest (AK-Master) wird der Bremsbelag auf Leistung, Komfort und Verschleiß geprüft. Ist der Prüfstandtest bestanden, dann folgt der Fahrzeugtest.

Dieser Fahrzeugtest umfasst eine Leistungsprüfung, eine Dauerlauferprobung auf Verschleiß, eine Extrembelastung mit Alpenfahrt und eine Komfortprüfung auf wahrnehmbare Vibrationen und Geräusche. Wenn alle Prüfungen erfolgreich verlaufen, wird der Bremsbelag freigegeben. Ist beim Fahrzeugtest nur die Geräuschentwicklung zu beanstanden, dann finden am unveränderten Bremsbelag Sekundärmaßnahmen wie Beschichtung mit Gummilack oder Befestigung von Dämpfungsblechen statt. Nach diesen Sekundärmaßnahmen durchläuft der Bremsbelag noch einmal den Prüfstandtest und den Fahrzeugtest.

Freigegebene Scheibenbremsbeläge sind auf der Belagoberfläche durch eine Benummerung gekennzeichnet (Bild 3).

Bremsgeräusche durch Scheibenbremsbeläge

Ungleichförmige Reibvorgänge zwischen Bremsbelag und Bremsscheibe erzeugen Schwingungen, deren Schallwellen je nach Frequenz vom Fahrer im Fahrzeuginnenraum wahrgenommen werden können. Dominante Einflussgrößen für Bremsgeräusche sind Bremsdruck, Bremsscheibentemperatur, Fahrzeuggeschwindigkeit und klimatische Bedingungen. Bei Bremsgeräuschen während der Bremsung unterscheidet man zwischen Geräuschen im Antritt, im Verlauf und im Auslauf. Tieffrequente Geräusche von 0 ... 500 Hz sind im Innenraum nicht wahrzunehmen. Geräusche von 500 ... 1500 Hz sind für den Fahrer noch nicht als Bremsgeräusche zu erkennen. Hochfrequente Geräusche von 1500 ... 15 000 Hz werden vom Fahrer als Bremsgeräusche erkannt.

Tabelle 2 enthält einen Fehlersuchplan für Bremsgeräusche mit Fehlerursachen und Abhilfemaßnahmen.

Tabelle 2

2 Fehlersuchplan für Bremsgeräusche bei Scheibenbremsbelägen

Fehlerursache	Abhilfemaßnahme
Abgenutzte bzw. falsche Beläge	Beläge achsweise erneuern
Neue, nicht eingebremste Beläge	Beläge auf Probefahrt einbremsen
Verölter Belag	Ölaustritt abdichten; neue Beläge einbauen
Abgenutztes Zubehör	Zubehör erneuern
Falsche Stellung des Scheibenbremszylinderkolbens	Scheibenbremszylinderkolben überprüfen und richtig einstellen
Zu großes Radlagerspiel	Radlagerspiel einstellen
Bremsscheibe schlägt ungleich	Bremsscheibe erneuern
Nasse, verschmutzte Bremsen	Bremsen reinigen und mit geeignetem Schmiermittel schmieren

3 Benummerung von Scheibenbremsbelägen

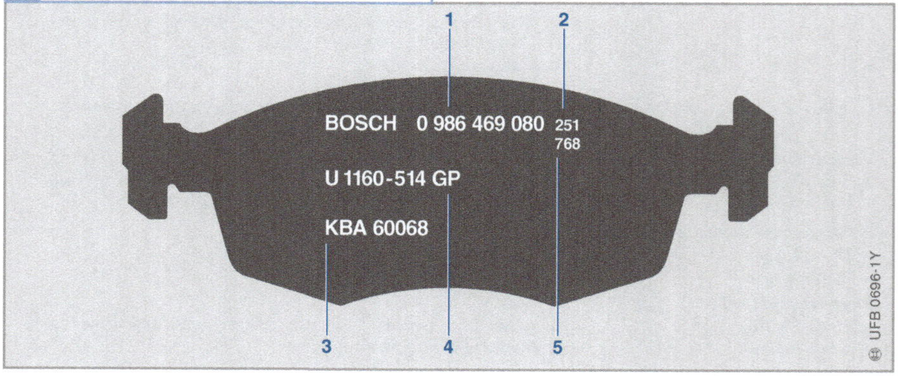

Bild 3
1 Zehnstellige Bosch-Bestellnummer
2 Bosch-Lieferwerknummer
3 KBA (Kraftfahrt-Bundesamt) Nummer
4 Nummer des Belagherstellers
5 Bosch-Fertigungsdatum

Bremsscheiben

Bremsscheiben sind wie Bremstrommeln an den Radnaben befestigt und werden für die meisten Einsatzzwecke aus Grauguss oder Stahlguss in Topfform hergestellt. Verglichen mit einer Bremstrommel sind bei einer Bremsscheibe mit kleineren Bremsbelagflächen die Anpresskräfte größer. Dies führt zu einer höheren Wärmeentwicklung und einem schnelleren Verschleiß der Scheibenbremsbeläge gegenüber Trommelbremsbelägen. Eine Bremsscheibe wird weitgehend vom Fahrtwind umströmt und dadurch gut gekühlt.

Man unterscheidet zwischen massiven, außenbelüfteten und innenbelüfteten Ausführungen (Bild 4). Belüftete Bremsscheiben haben durch ihre größere Masse ein höheres Wärmespeichervermögen und kühlen dank der radial angeordneten, luftdurchströmten Kühlkanäle, die wie ein Ventilator wirken, schneller ab. Deshalb sind belüftete Bremsscheiben vorzugsweise an der Vorderachse angeordnet.

Ausblick

Um das Fahrzeuggewicht besonders bei Rennsport-Fahrzeugen zu verringern, wurden seit vielen Jahren Versuche mit Kohlenstofffasern als Material für Bremsscheiben gemacht. Völlig aus Kohlenstofffasern hergestellte innenbelüftete Bremsscheiben wurden bei Fahrzeugrennen erprobt.

Neueste Entwicklungen haben es möglich gemacht, Verbundbremsscheiben aus Keramikwerkstoffen herzustellen. Zusammen mit neu entwickelten Scheibenbremsbelägen sollen dann diese neuen Bremsscheiben ebenso lange wie das Fahrzeug halten. Da die Keramikbremsscheiben nur halb so schwer wie die herkömmlichen Graugussbremsscheiben sind, sinkt durch das verringerte Fahrzeuggewicht der Kraftstoffverbrauch. Gleichzeitig verbessert sich das Ansprechverhalten der Stoßdämpfer durch die verringerten ungefederten Fahrzeugmassen.

4 Bremsscheiben

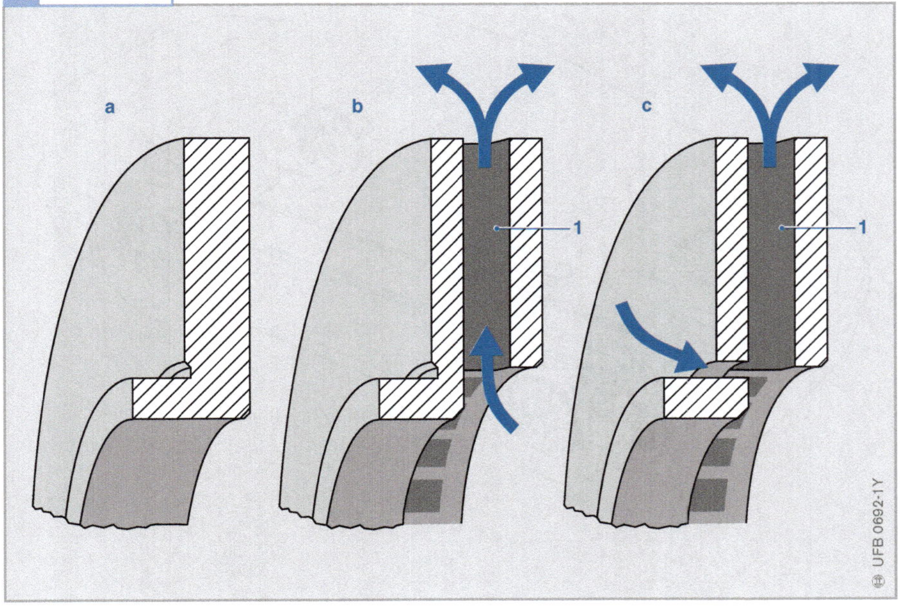

Bild 4
a Massiv
b innenbelüftet
c außenbelüftet

1 Kühlkanal

Antiblockiersystem ABS

Bei kritischen Fahrverhältnissen kann es während des Bremsvorgangs zum Blockieren der Räder kommen. Ursachen dafür können z. B. nasse oder glatte Fahrbahnen sowie eine schreckhafte Reaktion des Fahrers (unvorhergesehenes Hindernis) sein. Das Fahrzeug kann dadurch lenkunfähig werden, es kann ins Schleudern geraten und/oder von der Fahrbahn abkommen. Das Antiblockiersystem (ABS) erkennt beim Bremsen frühzeitig die Blockierneigung eines oder mehrerer Räder und sorgt dann sofort dafür, dass der Bremsdruck konstant gehalten oder verringert wird. So blockieren die Räder nicht und das Fahrzeug folgt der Lenkung. Damit lässt sich ein Auto sicher und schnell abbremsen bzw. zum Stillstand bringen.

Systemübersicht

Die ABS-Bremsanlage baut auf den Komponenten des konventionellen Bremssystems auf. Das sind

- das Bremspedal (Bild 1, Pos. 1),
- der Bremskraftverstärker (2),
- der Hauptzylinder (3),
- der Ausgleichsbehälter (4),
- die Bremsleitungen (5) und Bremsschläuche (6) sowie
- die Radbremsen mit den Radzylindern (7).

Hinzu kommen weitere Komponenten:

- die Raddrehzahlsensoren (8),
- das Hydroaggregat (9) und
- das ABS-Steuergerät (10).

Die Kontrollleuchte (11) zeigt dem Fahrer an, wenn das ABS-System abgeschaltet ist.

1 Systembild einer Bremsanlage mit Antiblockiersystem

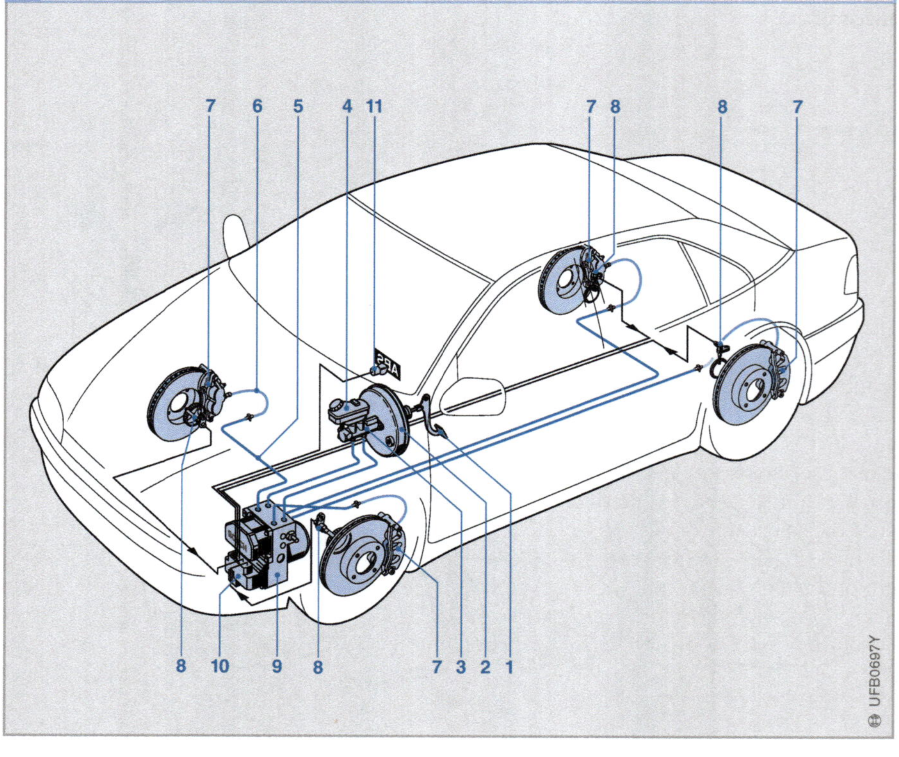

Bild 1
1 Bremspedal
2 Bremskraftverstärker
3 Hauptzylinder
4 Ausgleichsbehälter
5 Bremsleitung
6 Bremsschlauch
7 Radbremse mit Radzylinder
8 Raddrehzahlsensor
9 Hydroaggregat
10 ABS-Steuergerät (hier als Anbausteuergerät am Hydroaggregat)
11 ABS-Kontrollleuchte

Raddrehzahlsensoren

Wichtige Eingangsgrößen für die Bremsenregelung mit dem ABS sind die Raddrehzahlen. Raddrehzahlsensoren erfassen die Umdrehungsgeschwindigkeiten der Räder und leiten die elektrischen Signale an das Steuergerät weiter.

Je nach Ausführung des Systems werden im Pkw drei oder vier Raddrehzahlsensoren eingesetzt (ABS-Systemvarianten). Mithilfe der Drehzahlsignale kann der Schlupf zwischen Rad und Fahrbahn berechnet und so die Blockierneigung einzelner Räder erkannt werden.

Steuergerät

Das Steuergerät verarbeitet die Informationen der Sensoren nach festgelegten mathematischen Rechenvorgängen (Steuer- und Regelalgorithmen). Als Ergebnis dieser Berechnungen entstehen die Ansteuersignale für das Hydroaggregat.

Hydroaggregat

Im Hydroaggregat sind Magnetventile integriert, die die hydraulischen Leitungen zwischen dem Hauptzylinder (Bild 2, Pos. 1) und den Radzylindern (4) durchschalten oder unterbrechen können. Außerdem kann eine Verbindung zwischen den Radzylindern und der Rückförderpumpe (6) hergestellt werden. Zur Anwendung kommen Magnetventile mit zwei hydraulischen Anschlüssen und zwei Ventilstellungen (2/2-Magnetventile). Das Einlassventil (7) zwischen dem Haupt- und dem Radzylinder sorgt für den Druckaufbau, das Auslassventil (8) zwischen Radzylinder und der Rückförderpumpe für den Druckabbau. Für jeden Radzylinder ist solch ein Magnetventilpaar vorhanden.

Im Normalzustand befinden sich die Magnetventile des Hydroaggregats in Stellung „Druckaufbau". Das Einlassventil ist in Durchlassstellung. Das Hydroaggregat bildet eine durchgängige Verbindung zwischen dem Hauptzylinder und den Radzylindern. Damit wird der im Hauptzylinder aufgebaute Bremsdruck beim Bremsvorgang an die Radzylinder der verschiedenen Räder direkt übertragen.

Mit zunehmendem Bremsschlupf infolge einer Bremsung auf rutschiger Fahrbahn oder Vollbremsung erhöht sich die Blockiergefahr der Räder. Die Magnetventile werden in Stellung „Druck halten" gebracht. Die Verbindung zwischen Haupt- und Radzylinder ist getrennt (Einlassventil sperrt), sodass eine weitere Druckerhöhung im Hauptzylinder keine Erhöhung des Bremsdrucks zur Folge hat.

Kommt es trotz dieser Maßnahme zu einer weiteren Erhöhung des Schlupfs, muss der Druck im betreffenden Radzylinder reduziert werden. Hierzu schalten die Magnetventile in die Stellung „Druckabbau". Das Einlassventil sperrt weiterhin, über das Auslassventil wird nun mit der im Hydroaggregat integrierten Rückförderpumpe Bremsflüssigkeit kontrolliert abgepumpt. Der Bremsdruck im Radzylinder sinkt und das Rad blockiert nicht.

2 Prinzip des Hydroaggregats mit 2/2-Magnetventilen (Schema)

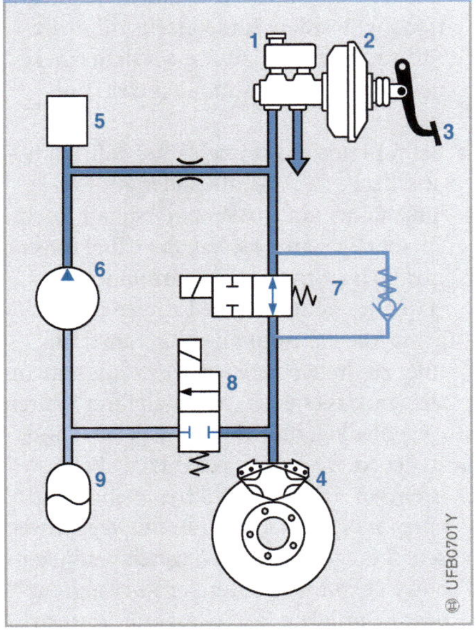

Bild 2
1 Hauptzylinder mit Ausgleichsbehälter
2 Bremskraftverstärker
3 Bremspedal
4 Radbremse mit Radzylinder

Hydroaggregat mit
5 Dämpferkammer
6 Rückförderpumpe
7 Einlassventil
8 Auslassventil
9 Speicher für Bremsflüssigkeit

Einlassventil: in Durchlassbetrieb
Auslassventil: in Sperrbetrieb

Anforderungen an das ABS

Das ABS muss umfangreiche Anforderungen erfüllen, insbesondere alle Sicherheitsanforderungen der Bremsdynamik und der Bremsgerätetechnik:

Fahrstabilität und Lenkbarkeit

- Die Bremsregelung soll Stabilität und Lenkbarkeit bei allen Fahrbahnbeschaffenheiten (von der trockenen, griffigen Fahrbahn bis hin zum Glatteis) sicherstellen.
- Das ABS soll die Haftreibungszahl zwischen den Rädern und der Fahrbahn beim Bremsen maximal ausnutzen, wobei Fahrstabilität und Lenkbarkeit Vorrang vor einer Verkürzung des Bremswegs haben. Dabei darf es keine Rolle spielen, ob der Fahrer abrupt auf die Bremse tritt oder den Bremsdruck langsam bis zur Blockiergrenze steigert.
- Die Bremsregelung muss sich Änderungen der Fahrbahngriffigkeit schnell anpassen, z. B. muss auf einer trockenen Fahrbahn mit örtlich begrenzten Eisflächen das mögliche Blockieren der Räder auf so kurze Zeiten beschränkt sein, dass Fahrstabilität und Lenkbarkeit nicht beeinträchtigt werden. Andererseits muss die Ausnutzung der Haftung auf dem trockenen Teil der Fahrbahn möglichst groß sein.
- Beim Bremsen auf ungleicher Fahrbahnoberfläche (z. B. rechte Räder auf Eis, linke Räder auf trockenem Asphalt, auch „µ-split“ genannt) sollen die dabei unvermeidlich auftretenden Giermomente (Drehmomente um die Fahrzeughochachse, die das Auto quer zur Fahrtrichtung zu drehen versuchen) so langsam ansteigen, dass sie der „Normalfahrer“ durch Gegenlenken mühelos ausgleichen kann.
- In der Kurve muss das Fahrzeug beim Bremsen stabil und lenkbar bleiben und einen möglichst kurzen Bremsweg aufweisen, solange die Fahrzeuggeschwindigkeit ausreichend weit unter der Kurvengrenzgeschwindigkeit liegt (unter der Kurvengrenzgeschwindigkeit versteht man die Geschwindigkeit des Fahrzeugs, mit der es eine Kurve von gegebenem Radius antriebslos gerade noch durchfahren kann, ohne von der Fahrbahn abzukommen).
- Auch auf welliger Fahrbahn gilt bei beliebig starker Bremsung die Forderung nach Fahrstabilität, Lenkbarkeit und bestmöglicher Abbremsung.
- Die Bremsregelung muss Aquaplaning (Aufschwimmen der Räder bei wasserbedeckter Fahrbahn) erkennen und darauf geeignet reagieren. Stabilität und Geradeauslauf des Fahrzeugs müssen dabei erhalten bleiben.

Regelbereich

- Die Bremsregelung muss im gesamten Geschwindigkeitsbereich eines Fahrzeugs bis hinunter zur Schrittgeschwindigkeit arbeiten (untere Geschwindigkeitsgrenze bei ca. 2,5 km/h). Blockieren bei dieser geringen Geschwindigkeit die Räder, ist der restliche Weg des Fahrzeugs bis zum Stillstand unkritisch.

Zeitverhalten

- Die Anpassung an Bremshysterese (Nachbremsen nach Lösen der Radbremse) und Einflüsse des Motors (wenn eingekuppelt gebremst wird) müssen möglichst schnell ablaufen.
- Ein Aufschaukeln des Fahrzeugs durch Schwingungen der Radaufhängung muss vermieden werden.

Zuverlässigkeit

- Eine Überwachungsschaltung muss ständig die einwandfreie Funktion des ABS kontrollieren. Wenn diese einen Fehler erkennt, der das Bremsverhalten beeinträchtigen könnte, schaltet das ABS ab. Eine Informationslampe muss dem Fahrer anzeigen, dass nur noch die Basis-Bremsanlage ohne ABS zur Verfügung steht.

Dynamik des gebremsten Rades

Die Bilder 1 und 2 zeigen physikalische Abhängigkeiten bei Bremsvorgängen mit ABS, wobei die ABS-Regelbereiche als blaue Fläche eingezeichnet sind.

Die Kurven 1, 2 und 4 in Bild 1 zeigen Fahrbahnzustände, bei denen mit steigendem Bremsdruck die Haftreibung und damit auch die Bremswirkung bis auf einen Höchstwert ansteigt.

Den Bremsdruck bei einem Fahrzeug ohne ABS über diesen Haftreibungshöchstwert hinaus zu steigern bedeutet, das Fahrzeug zu überbremsen. Dabei vergrößert sich mit der Verformung des Reifens der „rutschende“ Teil der Reifenaufstandsfläche („Kontaktfläche zur Fahrbahn“) soweit, dass die Haftreibung sinkt und die Gleitreibung wächst.

Der Bremsschlupf λ ist ein Maß für den Anteil der Gleitreibung: bei $\lambda = 100\ \%$ blockiert das Rad und es herrscht nur Gleitreibung.

Der Bremsschlupf

$$\lambda = \frac{(v_F - v_R)}{v_F} \cdot 100\,\%$$

gibt an, in welchem Maße die Radumfangsgeschwindigkeit v_R gegenüber der Fahrzeuggeschwindigkeit v_F nacheilt.

Aus dem Verlauf (Bild 1) der Kurven 1 (Trockenheit), 2 (Nässe) und 4 (Glatteis) ist ersichtlich, dass mit dem ABS kürzere Bremswege erzielt werden als bei einer Vollbremsung mit blockierten Rädern (Bremsschlupf $\lambda = 100\,\%$). Bei Kurve 3 (Schnee) sorgt ein Schneekeil für zusätzliche Bremswirkung bei blockierten Rädern; hier liegt der Vorteil des ABS im Erhalten der Fahrstabilität und der Lenkbarkeit.

Wie die beiden Kurven für Haftreibungszahl μ_{HF} und Seitenkraftbeiwert μ_S in Bild 2 zeigen, muss für den großen Schräglaufwinkel $\alpha = 10°$ (d. h. hohe Seitenkraft infolge hoher Querbeschleunigung des Fahrzeugs) im Vergleich zum Schräglaufwinkel $\alpha = 2°$ der ABS-Regelbereich ausgedehnt werden:

1 Haftreibungszahl μ_{HF} in Abhängigkeit vom Bremsschlupf λ

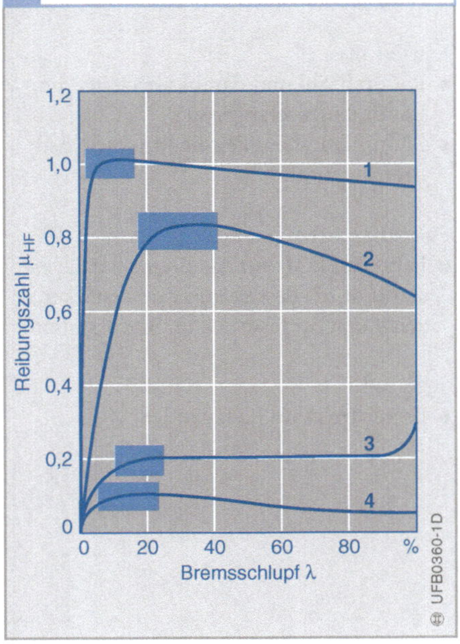

2 Haftreibungszahl und Seitenkraftbeiwert μ_S in Abhängigkeit von Bremsschlupf λ und Schräglaufwinkel

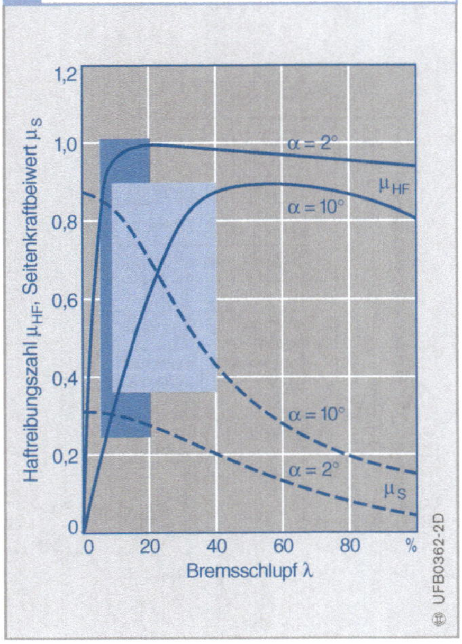

Bild 1
1 Radialreifen auf trockenem Beton
2 Diagonal-Winterreifen auf nassem Asphalt
3 Radialreifen auf lockerem Schnee
4 Radialreifen auf nassem Glatteis
Blaue Flächen: ABS-Regelbereiche.

Bild 2
μ_{HF} Haftreibungszahl
μ_S Seitenkraftbeiwert
α Schräglaufwinkel
Blaue Flächen: ABS-Regelbereiche

Bremst man in einer Kurve mit großer Querbeschleunigung voll an, so greift das ABS frühzeitig ein und lässt anfangs z. B. einen Bremsschlupf von 10 % zu. Bei $\alpha = 10°$ wird zunächst nur eine Haftreibungszahl von $\mu_{HF} = 0{,}35$ erreicht, während der Seitenkraftbeiwert mit $\mu_S = 0{,}80$ noch fast sein Maximum aufweist.

In dem Maße, wie während der Kurvenbremsung Geschwindigkeit und damit Querbeschleunigung abnehmen, erlaubt das ABS zunehmend größere Schlupfwerte, sodass die Verzögerung zunimmt, während der Seitenkraftbeiwert entsprechend der abnehmenden Querbeschleunigung geringer wird.

Bei der Kurvenbremsung wachsen die Bremskräfte so schnell an, dass der gesamte Bremsweg nur wenig länger ist als bei einer Bremsung bei Geradeausfahrt unter gleichen Bedingungen.

1 ABS-Regelkreis

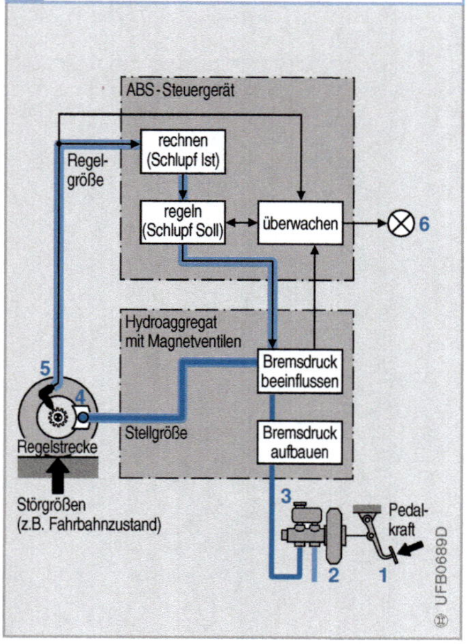

Bild 1
1 Bremspedal
2 Bremskraftverstärker
3 Hauptzylinder mit Ausgleichsbehälter
4 Radzylinder
5 Raddrehzahlsensor
6 Kontrollleuchte

ABS-Regelkreis

Übersicht

Der ABS-Regelkreis (Bild 1) besteht aus:

Regelstrecke
- Fahrzeug mit Radbremse,
- Rad und Reibpaarung aus Reifen und Fahrbahn.

Störgrößen im Regelkreis
- Änderungen des Kraftschlusses zwischen Reifen und Fahrbahn wegen unterschiedlicher Fahrbahnoberflächen und durch Veränderung der Radlasten, z. B. bei Kurvenfahrt,
- Fahrbahnunebenheiten, die Rad- und Achsschwingungen hervorrufen,
- Unrundheit der Reifen, geringer Reifendruck, abgefahrenes Profil, unterschiedliche Radumfänge, z. B. beim Notrad,
- Hysterese und Fading der Bremsen,
- unterschiedliche Drücke im Hauptzylinder für die beiden Bremskreise.

Regler
- Raddrehzahlsensor und
- ABS-Steuergerät.

Regelgrößen
- Raddrehzahl und daraus abgeleitet die Radumfangsverzögerung,
- Radumfangsbeschleunigung sowie der Bremsschlupf.

Führungsgröße
- Fahrerfußkraft auf das Bremspedal, verstärkt durch den Bremskraftverstärker, erzeugt den Bremsdruck im Bremssystem.

Stellgröße
- Bremsdruck im Radzylinder.

Regelstrecke

Die Datenverarbeitung im ABS-Steuergerät geht von folgender vereinfachter Regelstrecke aus:

- ein nicht angetriebenes Rad,
- ein Viertel der Fahrzeugmasse, die diesem Rad zugeordnet wird,
- die Radbremse
  und – stellvertretend für die Reibpaarung aus Reifen und Fahrbahn –
- eine idealisierte Haftreibungszahl-Schlupf-Kurve (Bild 2).

Diese Kurve unterteilt sich in einen stabilen Bereich mit linearem Anstieg und einen instabilen Bereich mit konstantem Verlauf (μ_{HFmax}). Als weitere Vereinfachung liegt außerdem ein Anbremsvorgang bei Geradeausfahrt zugrunde, was einer Panikbremsung entspricht.

Bild 3 zeigt die Zusammenhänge zwischen Bremsmoment M_B (Moment, das die Bremse über den Reifen aufbringen kann) bzw. Fahrbahn-Reibmoment M_R (Moment, das über die Reibpaarung Fahrbahn/Reifen auf das Rad zurückwirkt) und der Zeit t sowie die Zusammenhänge zwischen der Radumfangsverzögerung $(-a)$ und der Zeit t: Das Bremsmoment erhöht sich linear mit der Zeit. Das Fahrbahn-Reibmoment folgt dem Bremsmoment mit einem geringen Zeitverzug T nach, solange der Bremsvorgang im stabilen Bereich der Haftreibungszahl-Schlupf-Kurve verläuft. Nach etwa 130 ms ist das Maximum (μ_{HFmax}) und damit der instabile Bereich der Haftreibungszahl-Schlupf-Kurve erreicht. Während das Bremsmoment M_B unvermindert weiter ansteigt, kann gemäß der Haftreibungszahl-Schlupf-Kurve das Fahrbahn-Reibmoment M_R nicht weiter ansteigen, sondern bleibt konstant. In der Zeit zwischen 130 und 240 ms (hier blockiert das Rad) wächst die im stabilen Bereich kleine Momentendifferenz $M_B - M_R$ schnell auf große Werte an. Diese Momentendifferenz ist ein exaktes Maß für die Radumfangsverzögerung $(-a)$ des gebremsten Rades (Bild 3, unten). Im stabilen Bereich ist die Radumfangsverzögerung auf einen kleinen Wert begrenzt, während sie im instabilen Bereich betragsmäßig schnell ansteigt. Daraus ergibt sich ein gegensätzliches Verhalten im stabilen und im instabilen Bereich der Haftreibungszahl-Schlupf-Kurve. ABS nutzt diese gegensätzliche Charakteristik aus.

2 Idealisierte Haftreibungszahl-Schlupf-Kurve

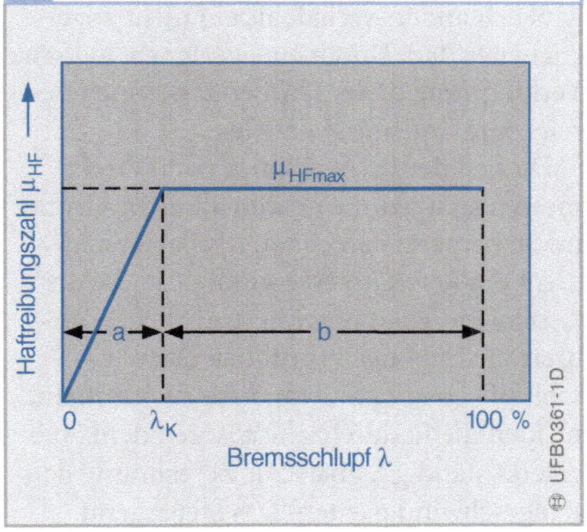

Bild 2
a Stabiler Bereich
b instabiler Bereich
λ_K bestmöglicher Bremsschlupf
μ_{HFmax} maximale Haftreibungszahl

3 Anbremsvorgang, vereinfachte Darstellung

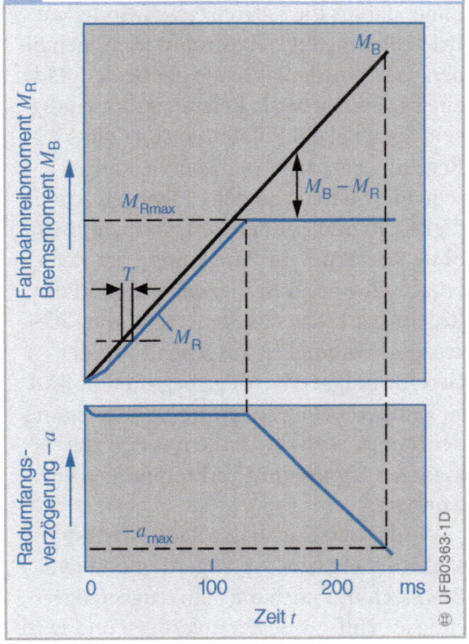

Bild 3
$(-a)$ Radumfangsverzögerung
$(-a_{max})$ maximale Radumfangsverzögerung
M_B Bremsmoment
M_R Fahrbahnreibmoment
M_{Rmax} maximales Fahrbahnreibmoment
T Zeitverzug

Regelgrößen

Wesentlich für die Güte der ABS-Regelung ist die Wahl der geeigneten Regelgrößen. Grundlage dafür sind die Signale der Raddrehzahlsensoren, aus denen im Steuergerät Radumfangsverzögerung und -beschleunigung, Bremsschlupf, Referenzgeschwindigkeit und Fahrzeugverzögerung berechnet werden. Für sich allein sind weder Radumfangsverzögerung/-beschleunigung noch Bremsschlupf als Regelgrößen geeignet, da sich ein angetriebenes Rad beim Bremsen gänzlich anders verhält als ein nicht angetriebenes Rad. Durch eine geeignete logische Verknüpfung dieser Größen lassen sich bereits gute Ergebnisse erzielen.

Da sich der Bremsschlupf nicht direkt messen lässt, wird eine ihm ähnliche Größe im Steuergerät berechnet. Als Basis dazu dient die Referenzgeschwindigkeit, die der Geschwindigkeit unter bestmöglichen Abbremsbedingungen (optimalem Bremsschlupf) entspricht. Um diese zu ermitteln, melden die Raddrehzahlsensoren dem Steuergerät ständig Signale zur Berechnung der Radgeschwindigkeiten. Das Steuergerät greift sich eine „Diagonale" (z. B. rechtes Vorderrad und linkes Hinterrad) heraus und bildet daraus die Referenzgeschwindigkeit. Bei Teilbremsungen bestimmt im Allgemeinen das schneller laufende der beiden Räder einer Diagonalen die Referenzgeschwindigkeit. Setzt bei einer Vollbremsung die ABS-Regelung ein, dann weichen die Radgeschwindigkeiten von der Fahrzeuggeschwindigkeit ab und können deshalb nicht mehr ohne Korrektur zur Berechnung der Referenzgeschwindigkeit dienen. Während der Regelphase bildet das Steuergerät die Referenzgeschwindigkeit ausgehend von der Geschwindigkeit bei Regelbeginn und lässt sie rampenförmig abnehmen. Die Steigung der Rampe wird durch die Auswertung logischer Signale und Verknüpfungen gewonnen.

Wird zusätzlich zu der Radumfangsbeschleunigung bzw. -verzögerung und dem Bremsschlupf noch die Fahrzeugverzögerung als Hilfsgröße herangezogen und wird die logische Schaltung im Steuergerät durch Rechenergebnisse beeinflusst, dann lässt sich eine ideale Bremsregelung erzielen. Dieses Konzept ist im Antiblockiersystem (ABS) von Bosch verwirklicht.

Regelgrößen für nicht angetriebene Räder

Radumfangsbeschleunigung und -verzögerung eignen sich im Allgemeinen als Regelgrößen für nicht angetriebene Räder und Antriebsräder, wenn der Fahrer ausgekuppelt bremst. Dies ist in dem gegensätzlichen Verhalten der Regelstrecke im stabilen und im instabilen Bereich der Haftreibungszahl-Schlupf-Kurve begründet.

Im stabilen Bereich kann die Radumfangsverzögerung nur begrenzte Werte annehmen. D. h., wenn der Fahrer stärker auf das Bremspedal tritt, bremst das Auto stärker ab, ohne dass die Räder blockieren.

Im instabilen Bereich dagegen genügt es, dass der Fahrer nur wenig fester auf das Bremspedal tritt, um die Räder augenblicklich blockieren zu lassen. Dieses Verhalten gestattet es sehr oft, mithilfe der Radumfangsverzögerung und -beschleunigung den Schlupf zur optimalen Bremsung zu erfassen.

Eine feste Schwelle der Radumfangsverzögerung zur Einleitung einer ABS-Regelung darf nur wenig über der maximal möglichen Fahrzeugverzögerung liegen. Dies ist besonders wichtig, wenn der Fahrer anfänglich nur leicht anbremst, dann aber zunehmend fester auf das Bremspedal tritt. Bei zu hoch angesetzter Schwelle könnten dann die Räder weit in den instabilen Bereich der Haftreibungszahl-Schlupf-Kurve gelangen, ohne dass das ABS die drohende Instabilität erkennt.

Wird während einer Vollbremsung zum ersten Mal die feste Schwelle der Radumfangsverzögerung erreicht, dann darf der Bremsdruck im betreffenden Rad nicht automatisch gesenkt werden, denn bei Reifen moderner Bauart ginge auf griffigem Untergrund gerade bei hoher Ausgangsgeschwindigkeit wertvoller Bremsweg verloren.

Regelgrößen für angetriebene Räder

Ist während des Bremsens der erste oder zweite Gang eingelegt, dann wirkt der Motor auf die Antriebsräder und erhöht deren wirksame Massenträgheitsmomente Θ_R beträchtlich. D. h., die Räder verhalten sich so, als seien sie erheblich schwerer. In gleichem Maße verringert sich die Empfindlichkeit der Radumfangsverzögerung auf Änderungen des Bremsmoments im instabilen Bereich der Haftreibungszahl-Schlupf-Kurve.

Das bei den nicht angetriebenen Rädern ausgeprägte gegensätzliche Verhalten zwischen stabilem und instabilem Bereich der Haftreibungszahl-Schlupf-Kurve wird stark geglättet, weil die Radumfangsverzögerung als Regelgröße hier oft nicht ausreicht, um den Bremsschlupf mit größtmöglicher Reibung zu erfassen. Es ist vielmehr notwendig, zusätzlich eine dem Bremsschlupf ähnliche Größe als Regelgröße heranzuziehen und mit der Radumfangsverzögerung in geeigneter Weise zu kombinieren.

Bild 4 zeigt zum Vergleich einen Anbremsvorgang für ein nicht angetriebenes Rad und für ein mit dem Motor gekoppeltes Antriebsrad. Die Motorträgheit vergrößert bei diesem Beispiel das wirksame Radträgheitsmoment um das Vierfache. Beim nicht angetriebenen Rad wird eine bestimmte Schwelle der Radumfangsverzögerung $(-a)_1$ schon frühzeitig beim Verlassen des stabilen Bereichs der Haftreibungszahl-Schlupfkurve überschritten. Wegen des um den Faktor 4 größeren Radträgheitsmoments beim angetriebenen Rad muss sich erst die vierfache Momentdifferenz

$$\Delta M_2 = 4 \cdot \Delta M_1$$

einstellen, bevor die Schwelle $(-a)_2$ überschritten wird. Das angetriebene Rad kann sich dann schon weit im instabilen Bereich der Haftreibungszahl-Schlupf-Kurve befinden, worunter die Fahrzeugstabilität leidet.

Regelgüte

Leistungsfähige Antiblockiersysteme müssen folgende Kriterien zur Regelgüte erfüllen:

- Erhaltung der Fahrstabilität durch Bereitstellung ausreichender Seitenführungskräfte an den Hinterrädern,
- Erhaltung der Lenkbarkeit durch Bereitstellung ausreichender Seitenführungskräfte an den Vorderrädern,
- Bremswegverkürzungen gegenüber Blockierbremsungen durch optimale Ausnutzung des Kraftschlusses zwischen Reifen und Fahrbahn,
- schnelle Anpassung des Bremsdrucks an unterschiedliche Haftreibungszahlen, z. B. beim Überfahren von Pfützen oder Schnee- und Eisplatten,
- Gewährleistung kleiner Regelamplituden des Bremsmoments zur Vermeidung von Fahrwerkschwingungen und
- hoher Komfort durch kleine Pedalrückwirkungen („Pedalstottern") und niederes Geräuschniveau der Aktoren (Magnetventile und Rückförderpumpe des Hydroaggregats).

Die genannten Kriterien können aber nicht einzeln, sondern nur in der Gesamtheit optimiert werden. Dabei kommt der Fahrstabilität und der Lenkbarkeit ein hoher Stellenwert zu.

4 Anbremsvorgang für ein nicht angetriebenes Rad und für ein mit dem Motor gekoppeltes Antriebsrad

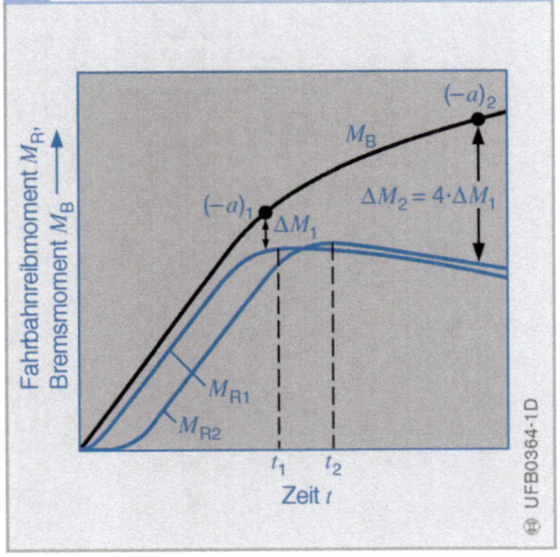

Bild 4

Index 1: nicht angetriebenes Rad

Index 2: angetriebenes Rad (Radträgheitsmoment bei diesem Beispiel um Faktor 4 höher)

$(-a)$ Schwelle der Radumfangsverzögerung

M Momentdifferenz $M_B - M_R$

Typische Regelzyklen

Bremsregelung auf griffiger Straße (große Haftreibungszahl)

Wenn die Bremsregelung auf griffiger Straße (Straßenoberfläche mit großer Haftreibungszahl) eingeleitet ist, dann muss der anschließende Druckaufbau um den Faktor 5...10 langsamer erfolgen als in der Anbremsphase, um störende Achsresonanzen zu vermeiden. Aus diesen Bedingungen ergibt sich der in Bild 1 dargestellte Verlauf der Bremsregelung bei großen Haftreibungszahlen.

Beim Anbremsen steigen der Bremsdruck im Radzylinder und die Radumfangsverzögerung (negative Beschleunigung). Am Ende der Phase 1 überschreitet die Radumfangsverzögerung die fest vorgegebene Schwelle $(-a)$. Dadurch schaltet das betreffende Magnetventil in die Stellung „Druckhalten". Der Bremsdruck darf jetzt noch nicht abgebaut werden, weil die Schwelle $(-a)$ schon im stabilen Gebiet der Haftreibungszahl-Schlupf-Kurve überschritten werden könnte und damit Bremsweg „verschenkt" würde. Gleichzeitig vermindert sich die Referenzgeschwindigkeit v_{Ref} nach einer vorgegebenen Rampe. Aus der Referenzgeschwindigkeit wird der Wert für die Schlupfschaltschwelle λ_1 abgeleitet.

Am Ende der Phase 2 unterschreitet die Radumfangsgeschwindigkeit v_R die λ_1-Schwelle. Daraufhin schalten die Magnetventile in die Stellung „Druckabbau", sodass

1 Bremsregelung bei großen Haftreibungszahlen

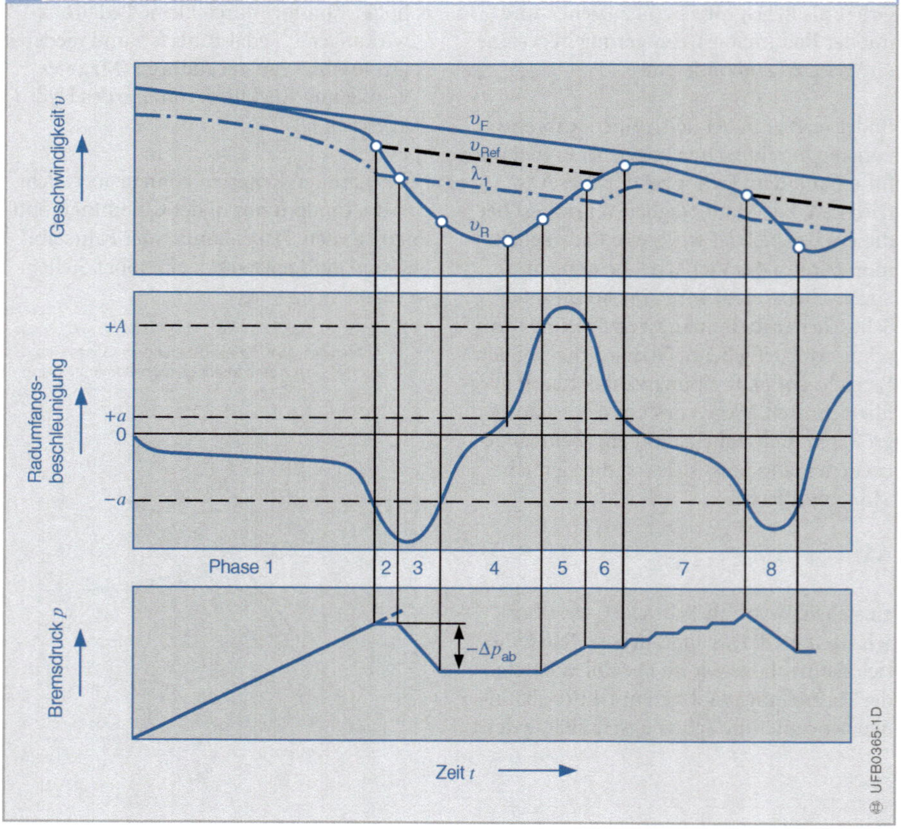

Bild 1

v_F Fahrzeuggeschwindigkeit
v_{Ref} Referenzgeschwindigkeit
v_R Radumfangsgeschwindigkeit
λ_1 Schlupfschaltschwelle
Schaltsignale:
$+A$, $+a$ Schwellen der Radumfangsbeschleunigung
$-a$ Schwelle der Radumfangsverzögerung
$-\Delta p_{ab}$ Bremsdruckabnahme

2 Bremsvorgang ohne ABS

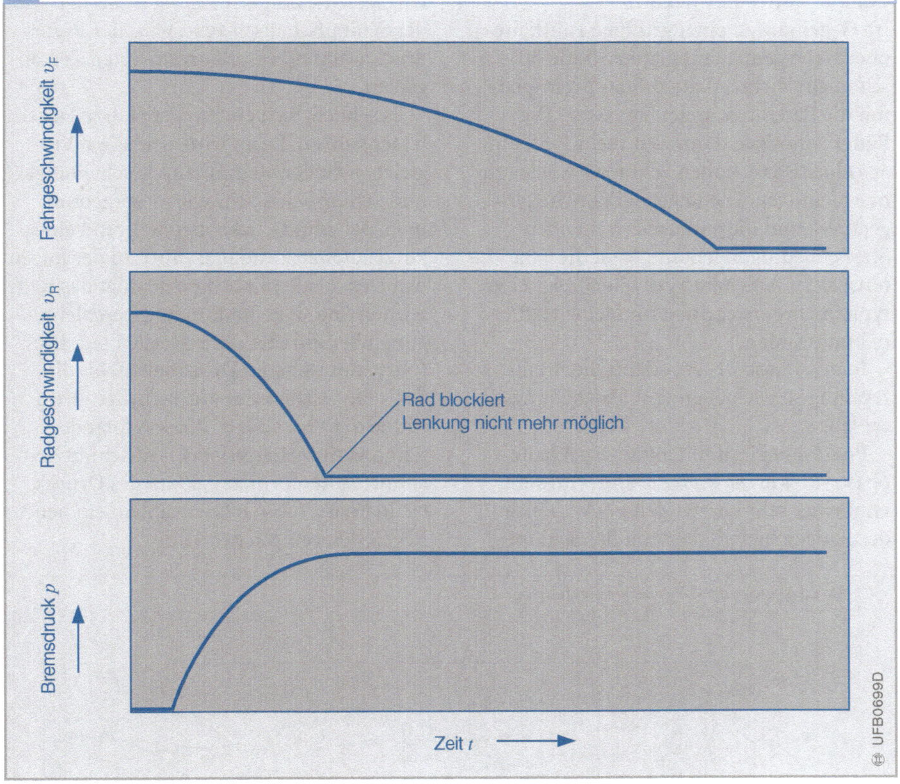

der Bremsdruck sinkt, und zwar so lange, wie die Radumfangsverzögerung die Schwelle $(-a)$ überschritten hat.

Am Ende der Phase 3 wird die Schwelle $(-a)$ wieder unterschritten, und eine Druckhaltephase bestimmter Dauer schließt sich an. Innerhalb dieser Zeit hat die Radumfangsbeschleunigung so stark zugenommen, dass die Schwelle $(+a)$ überschritten wird. Der Druck bleibt weiterhin konstant.

Am Ende der Phase 4 überschreitet die Radumfangsbeschleunigung die verhältnismäßig große Schwelle $(+A)$. Der Bremsdruck steigt daraufhin so lange an, wie die Schwelle $(+A)$ überschritten bleibt.

In der Phase 6 wird der Bremsdruck wiederum konstant gehalten, weil die Schwelle $(+a)$ überschritten ist. Am Ende dieser Phase unterschreitet die Radumfangsbeschleunigung die Schwelle $(+a)$. Dies ist ein Hinweis darauf, dass das Rad in den stabilen Bereich der Haftreibungszahl-Schlupf-Kurve eingelaufen und etwas unterbremst ist.

Der Bremsdruck wird nun in Stufen aufgebaut (Phase 7), und zwar so lange, bis die Radumfangsverzögerung die Schwelle $(-a)$ unterschreitet (Ende der Phase 7). Diesmal wird der Bremsdruck sofort abgebaut, ohne dass ein λ_1-Signal erzeugt wird.

Im Vergleich zum ABS-Bremsvorgang zeigt Bild 2 die Verhältnisse bei einer Vollbremsung ohne ABS.

Bremsregelung auf glatter Straße (kleine Haftreibungszahl)

Im Gegensatz zu einer griffigen Fahrbahnoberfläche genügt auf glatter Straße oft schon ein leichter Tritt auf das Bremspedal, um die Räder blockieren zu lassen. Die Räder benötigen dann weit mehr Zeit, um aus einer Phase hohen Schlupfes wieder zu beschleunigen. Die Regellogik im Steuergerät erkennt die jeweils herrschenden Straßenbedingungen und passt die Charakteristik des ABS daran an. Bild 3 zeigt eine typische Bremsregelung für kleine Haftreibungszahlen.

In den Phasen 1...3 verläuft die Bremsregelung so wie bei großen Haftreibungszahlen.

Phase 4 beginnt mit einer Druckhaltephase von kurzer Dauer. Dann wird während einer sehr kurzen Zeit ein Vergleich der Radgeschwindigkeit mit der Schlupfschaltwelle λ_1 durchgeführt. Da die Radumfangsgeschwindigkeit kleiner ist als der Wert der Schlupfschaltschwelle, wird der Bremsdruck während einer kurzen, festen Zeit abgebaut.

Es schließt sich eine weitere kurze Druckhaltephase an. Dann wird erneut ein Vergleich zwischen Radumfangsgeschwindigkeit und Schlupfschaltschwelle λ_1 vorgenommen, der zum Druckabbau während einer kurzen, festen Zeitdauer führt. In der folgenden Druckhaltephase beschleunigt das Rad wieder, und seine Radumfangsbeschleunigung überschreitet die Schwelle $(+a)$. Dies führt zum weiteren Druckhalten, bis die Schwelle $(+a)$ wieder unterschritten wird (Ende der Phase 5). In Phase 6 folgt der schon vom vorhergehenden Abschnitt bekannte stufenförmige Aufbau des Drucks, bis in Phase 7 durch Druckabbau ein neuer Regelzyklus eingeleitet wird.

3 Bremsregelung bei kleinen Haftreibungszahlen

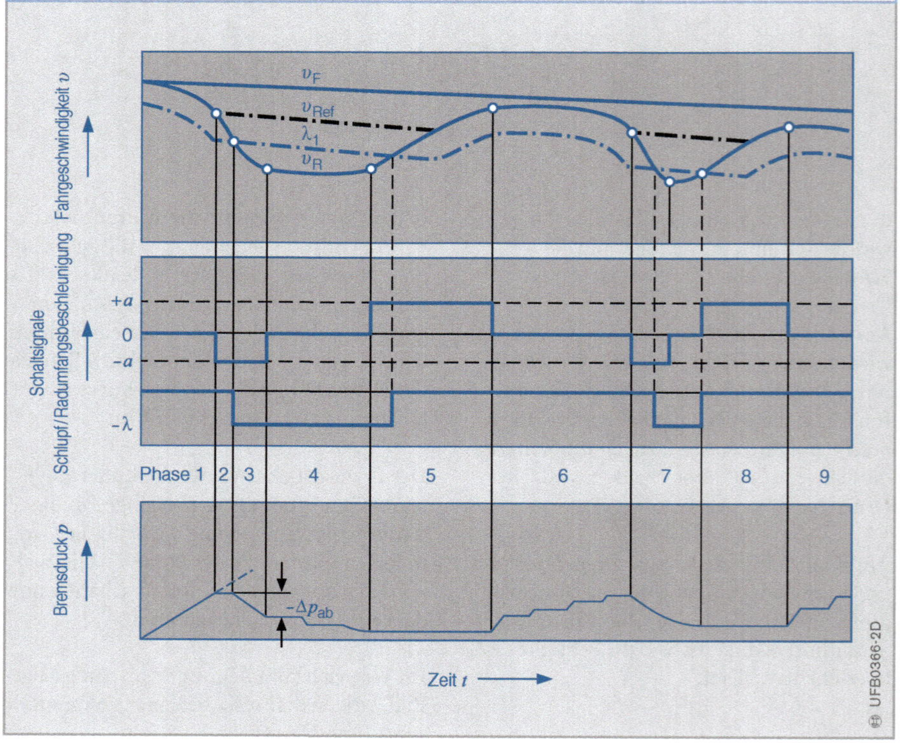

Bild 3

- v_F Fahrzeuggeschwindigkeit
- v_{Ref} Referenzgeschwindigkeit
- v_R Radumfangsgeschwindigkeit
- λ_1 Schlupfschaltschwelle.

Schaltsignale:

- $+a$ Schwelle der Radumfangsbeschleunigung
- $-a$ Schwelle der Radumfangsverzögerung
- $-p_{ab}$ Bremsdruckabnahme

Im vorher beschriebenen Zyklus hat die Reglerlogik erkannt, dass nach dem Druckabbau – ausgelöst durch das Signal $(-a)$ – noch zwei weitere Druckabbaustufen notwendig waren, um das Rad wieder zu beschleunigen. Das Rad läuft verhältnismäßig lange im Bereich größeren Schlupfes, was für Fahrstabilität und Lenkbarkeit nicht günstig ist.

Um beide zu verbessern, wird in diesem und auch in den folgenden Regelzyklen der Vergleich zwischen der Radumfangsgeschwindigkeit und der Schlupfschaltschwelle λ_1 kontinuierlich durchgeführt. Dies hat zur Folge, dass in Phase 6 der Bremsdruck stetig abgebaut wird, bis in Phase 7 die Radumfangsbeschleunigung die Schwelle $(+a)$ überschreitet. Wegen des stetigen Druckabbaus läuft das Rad nur kurzzeitig mit größerem Schlupf, sodass Fahrstabilität und Lenkbarkeit gegenüber dem ersten Regelzyklus erhöht sind.

4 Giermomentaufbau bei stark unterschiedlichen Haftreibungszahlen

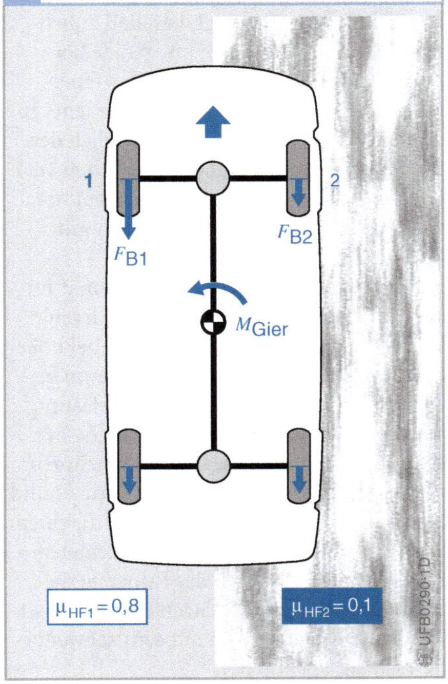

Bremsregelung mit Giermomentaufbauverzögerung

Beim Anbremsen auf ungleichen Fahrbahnoberflächen („µ-split“-Bedingungen) – z. B. die linken Räder auf trockenem Asphalt, die rechten Räder auf Eis – entstehen an den Vorderrädern sehr unterschiedliche Bremskräfte (Bild 4). Diese unterschiedlichen Bremskräfte bewirken ein Drehmoment um die Fahrzeughochachse (Giermoment). Weiterhin führen sie auch zu Lenkradrückwirkungen, abhängig vom Lenkrollhalbmesser. Bei positiven Werten des Lenkrollhalbmessers wird das Gegenlenken erschwert, während bei negativen Werten dies zu stabilisierendem Verhalten führt.

Schwere Pkw weisen einen relativ großen Radstand und ein großes Fahrzeug-Trägheitsmoment um die Hochachse auf. Bei diesen Fahrzeugen erfolgt das Gieren so langsam, dass der Fahrer die Gierbewegung beim Bremsen mit ABS durch Gegenlenken hinreichend schnell ausgleichen kann. Kleinere Pkw mit geringem Radstand und geringem Fahrzeug-Trägheitsmoment benötigen jedoch neben dem ABS eine zusätzliche Giermomentaufbauverzögerung (GMA), um auch diese Fahrzeuge bei Panikbremsungen auf ungleichen Fahrbahnoberflächen gut beherrschbar zu machen. Eine Verzögerung des Giermomentaufbaus kann dadurch erreicht werden, dass an dem Vorderrad, das auf der Fahrbahnseite mit der größeren Haftreibungszahl läuft („High“-Rad), ein zeitlich verzögerter Druckaufbau im Radzylinder vorgenommen wird.

Bild 5 (nächste Seite) verdeutlicht das Prinzip der Giermomentaufbauverzögerung: Kurve 1 zeigt den Bremsdruck p im Hauptzylinder. Ist keine Giermomentaufbauverzögerung vorhanden, dann weist nach kurzer Zeit das Rad auf Asphalt den Druck p_{high} (Kurve 2), das Rad auf Eis den Druck p_{low} (Kurve 5) auf; jedes Rad bremst mit der jeweils möglichen maximalen Verzögerung (Individualregelung).

Bild 4
M_{Gier} Giermoment
F_B Bremskraft
1 „High“-Rad
2 „Low“-Rad

System GMA 1

Bei Fahrzeugen mit weniger kritischem Fahrverhalten setzt man das System GMA 1 ein. Hierbei wird in der Anbremsphase der Bremsdruck am „High"-Rad in Stufen aufgebaut (Kurve 3), sobald das „Low"-Rad infolge einer Blockiertendenz seinen ersten Druckabbau erfährt. Wenn der Bremsdruck des „High"-Rads sein Blockierniveau erreicht hat, wird er nicht mehr von den Signalen des „Low"-Rades beeinflusst, sondern individuell geregelt, sodass an diesem Rad die maximal mögliche Bremskraft genutzt wird. Diese Maßnahme sichert für die erwähnte Fahrzeugart ein zufrieden stellendes Lenkverhalten bei Panikbremsungen auf ungleichen Fahrbahnoberflächen. Da sich der maximale Bremsdruck am „High"-Rad in relativ kurzer Zeit (750 ms) einstellt, ist die Bremswegverlängerung, verglichen mit Fahrzeugen ohne Giermomentaufbauverzögerung, gering.

5 Bremsdruck-/Lenkwinkelverlauf bei Giermomentaufbauverzögerung

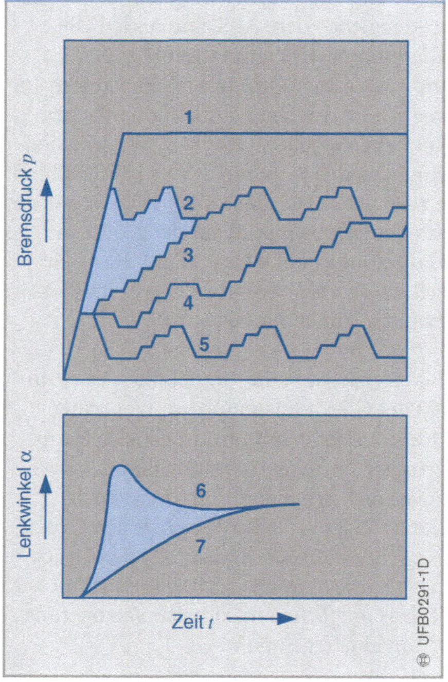

Bild 5
1 Druck p_{Hz} im Hauptzylinder
2 Bremsdruck p_{high} ohne GMA
3 Bremsdruck p_{high} mit GMA 1
4 Bremsdruck p_{high} mit GMA 2
5 Bremsdruck p_{low}
6 Lenkwinkel α ohne GMA
7 Lenkwinkel α mit GMA

System GMA 2

Das System GMA 2 wird bei Fahrzeugen mit besonders kritischem Fahrverhalten eingesetzt. Sobald hier der Bremsdruck am „Low"-Rad abgebaut wird, erfolgt das Ansteuern der ABS-Magnetventile am „High"-Rad mit einer bestimmten Druckhalte- und -abbauzeit (Bild 5, Kurve 4). Der erneute Druckaufbau am „Low"-Rad löst dann einen stufenförmigen Druckaufbau am „High"-Rad aus, wobei die Druckaufbauzeiten um einen bestimmten Faktor länger sind als beim „Low"-Rad. Diese Druckzumessung erfolgt nicht nur im ersten Regelzyklus, sondern während der gesamten Bremsung.

Die Auswirkung des Giermoments auf das Lenkverhalten ist umso kritischer, je größer die Fahrzeuggeschwindigkeit beim Anbremsen ist. Bei der GMA 2 wird die Fahrzeuggeschwindigkeit in vier Bereiche eingeteilt. In diesen sind Giermomentaufbauverzögerungen unterschiedlicher Stärke wirksam. In den Bereichen mit großer Geschwindigkeit werden die Druckaufbauzeiten am „High"-Rad zunehmend verkürzt, während die Druckaufbauzeiten am „Low"-Rad zunehmend verlängert werden, um gerade bei hohen Fahrzeuggeschwindigkeiten einen verlangsamten Aufbau des Giermoments zu erreichen. Bild 5 unten zeigt zusätzlich den für einen Geradeauslauf erforderlichen Verlauf der Lenkwinkel beim Anbremsen sowohl ohne GMA (Kurve 6) als auch mit GMA (Kurve 7).

Ein weiterer wichtiger Gesichtspunkt für die Anwendung der GMA ist das Kurvenbremsverhalten. Bremst der Fahrer bei hoher Geschwindigkeit in der Kurve an, dann bewirkt die GMA eine dynamische Belastung der Vorderachse und eine dynamische Entlastung der Hinterachse. Dadurch nehmen die Seitenkräfte an den Vorderrädern zu und an den Hinterrädern ab. Dies führt zu einem nach der Innenseite der Kurve gerichteten Drehmoment, wodurch das Fahrzeug die Bahnkurve schleudernd nach innen verlässt und durch Gegenlenken nur sehr schwer beherrschbar ist (Bild 6a).

Um diesen kritischen Bremszustand zu vermeiden, enthält die GMA zusätzlich eine Berücksichtigung der Querbeschleunigung, die die GMA bei zunehmend starker Querbeschleunigung unwirksam werden lässt. Dadurch baut sich während des Anbremsens in der Kurve am äußeren Vorderrad eine große Bremskraft auf, die ein nach der Außenseite der Kurve gerichtetes Drehmoment bewirkt. Dieses Drehmoment gleicht das nach innen gerichtete Drehmoment der Seitenkräfte aus, sodass das Fahrzeug leicht untersteuert und damit gut beherrschbar bleibt (Bild 6b).

Die ideale Giermomentaufbauverzögerung ist ein Kompromiss zwischen gutem Lenkverhalten und angemessen kurzem Bremsweg; sie wird in Zusammenarbeit zwischen Bosch und den Fahrzeugherstellern für den jeweiligen Fahrzeugtyp ermittelt.

6 Kurvenbremsverhalten bei kritischen Geschwindigkeiten mit/ohne GMA

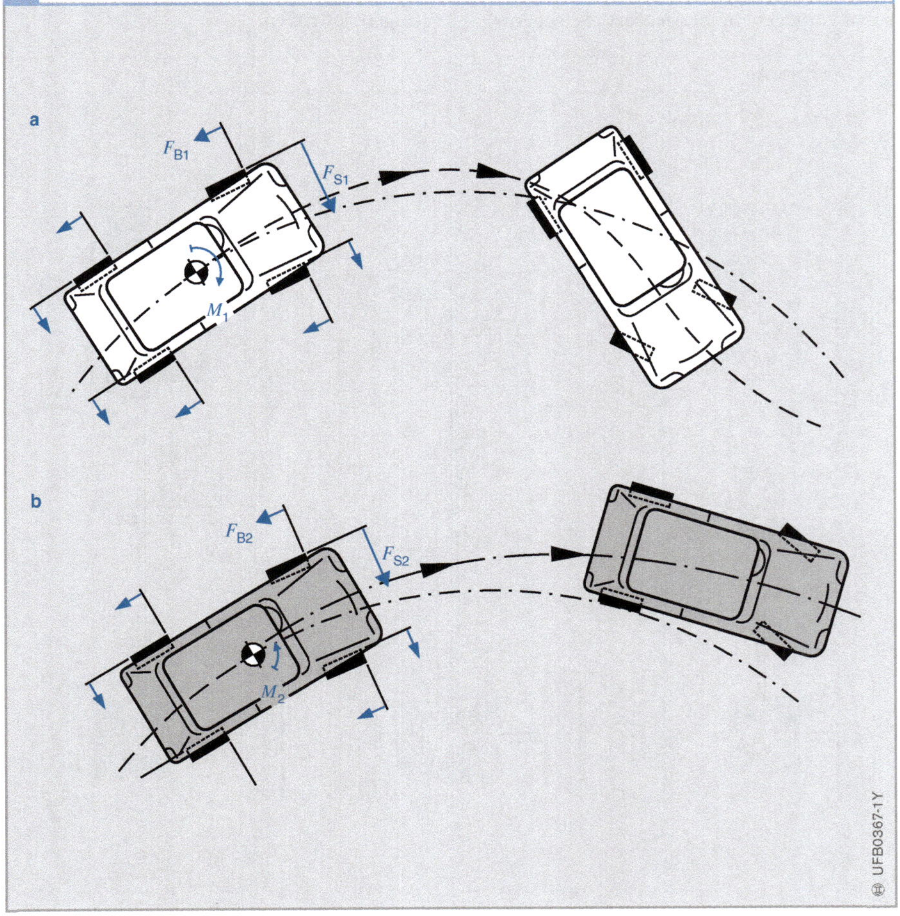

Bild 6
- a GMA eingeschaltet (keine Individualregelung): Fahrzeug übersteuert
- b GMA ausgeschaltet (Individualregelung): Fahrzeug leicht untersteuert
- F_B Bremskraft
- F_S Seitenkraft
- M Drehmoment

Bremsregelung für Allradantrieb

Die wichtigsten Kriterien für die Beurteilung der verschiedenen Allradantriebe (Bild 7) sind Traktion, Fahrdynamik und Bremsverhalten. Sobald die Differenzialsperren eingelegt sind, entstehen für die ABS-Bremsregelung Bedingungen, die bestimmte Zusatzmaßnahmen beim ABS erfordern.

Bei gesperrtem Hinterachsdifferenzial sind die Hinterräder stets gekoppelt, d. h. sie laufen mit derselben Drehzahl und verhalten sich bezüglich der beiden Bremsmomente (an den beiden Rädern) und der beiden Fahrbahnreibmomente (zwischen den beiden Rädern und der entsprechenden Fahrbahnoberfläche) wie ein starrer Körper. Die sonst vorgegebene Betriebsart „Select-low" an der Hinterachse (das Rad mit der kleineren Haftreibungszahl μ_{HF} bestimmt den gemeinsamen Bremsdruck beider Hinterräder) ist damit aufgehoben, und beide Hinterräder nutzen die Bremskräfte voll aus. Sobald die Längssperre eingeschaltet ist, erzwingt das System eine Übereinstimmung der gemittelten Drehzahl von beiden Vorder- und beiden Hinterrädern. Alle Räder sind dann dynamisch miteinander gekoppelt, und das Motorschleppmoment (Motorbremswirkung beim Gaswegnehmen) und die Motorträgheit wirken auf alle Räder ein.

Um die optimale ABS-Funktion auch bei diesen Bedingungen zu sichern, sind je nach Allradsystem (Bild 7) zusätzliche Vorkehrungen zu treffen:

7 Allradantriebe

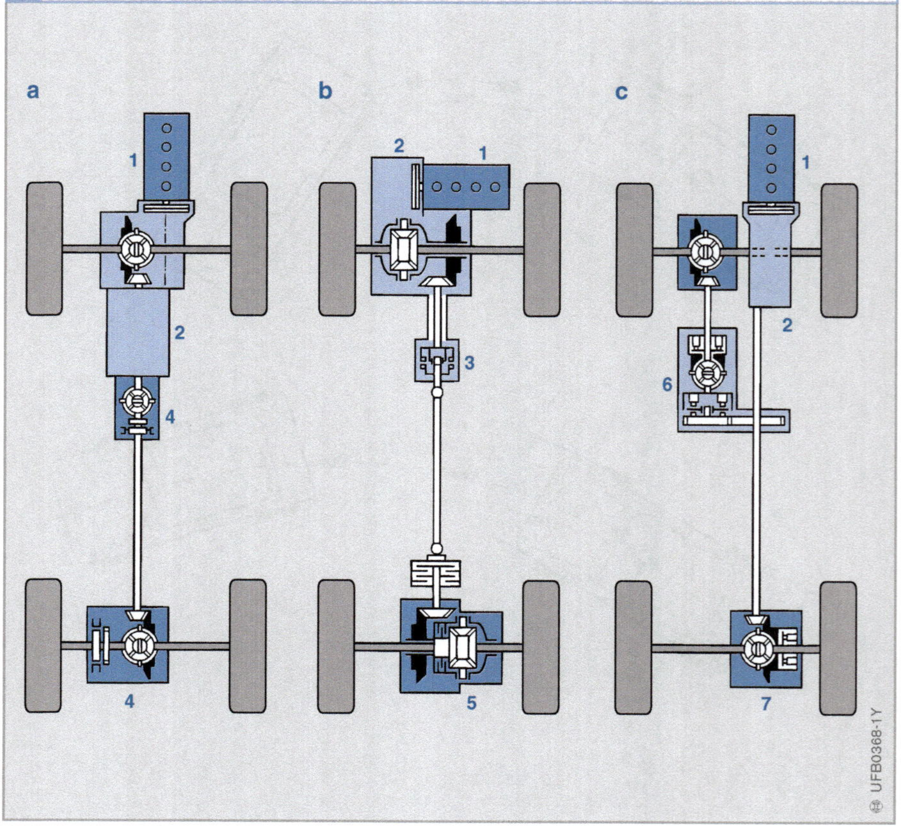

Bild 7
a Allradsystem 1
b Allradsystem 2
c Allradsystem 3

1 Motor
2 Getriebe
3 Freilauf und Visco-Kupplung

Ausgleichsgetriebe mit:
4 manuell schaltbarer Sperre oder Viskose-Sperre
5 prozentualer Sperre
6 automatischer Kupplung und automatischer Sperre
7 automatischer Sperre

Allradsystem 1

Beim Allradsystem 1 mit manuell schaltbaren Sperren oder permanent wirkenden Sperren (Viskose-Sperren) im Längsstrang und der Hinterachse sind die Hinterräder starr gekoppelt und die mittlere Drehzahl der Vorderräder ist dieselbe wie die der Hinterräder. Wie bereits erwähnt, bewirkt die Hinterachssperre, dass die „Select-low"-Betriebsart an den Hinterrädern nicht mehr wirksam ist, sondern dass an jedem Hinterrad die maximale Bremskraft ausgenutzt wird. Beim Bremsen auf ungleichen Fahrbahnoberflächen hat diese Bremskraftdifferenz an den Hinterrädern ein Giermoment zur Folge, das die Fahrstabilität in kritischer Weise beeinträchtigt. Wenn die maximale Bremskraftdifferenz auch an den Vorderrädern schnell aufgebaut würde, wäre es nicht möglich, das Fahrzeug stabil auf Kurs zu halten.

Dieser Vierradantrieb erfordert eine GMA an den Vorderrädern, um Fahrstabilität und Lenkbarkeit bei stark unterschiedlichen Fahrbahnverhältnissen an den rechten und linken Rädern zu sichern. Um die ABS-Funktionen auf glatter Fahrbahn aufrecht zu erhalten, muss das Motorschleppmoment, das bei Allradantrieb ja auf alle Räder wirkt, verringert werden. Dies geschieht durch eine Motorschleppmomentregelung, die gerade so viel Gas gibt, dass die zu starke Motorbremswirkung aufgehoben wird.

Auch die durch die wirksame Motorträgheit reduzierte Empfindlichkeit der Räder bei Änderungen der Fahrbahn-Reibmomente auf glatter Fahrbahn muss durch eine Verfeinerung der Bremsregelung ausgeglichen werden, um das Blockieren der Räder zu verhindern. Die dynamische Kopplung aller Räder mit der trägen Motormasse erfordert deshalb zusätzliche Differenzierungen bei der Signalaufbereitung und Logik des elektronischen Steuergeräts. Eine Berechnung der Fahrzeuglängsverzögerung macht es möglich, glatte Fahrbahnen mit μ_{HF} kleiner als 0,3 zu erkennen.

Bei der Auswertung einer Bremsung auf solchen Fahrbahnen wird die Ansprechschwelle ($-a$) der Radumfangsverzögerung halbiert und der kleiner werdende Anstieg der Referenzgeschwindigkeit auf bestimmte, verhältnismäßig kleine Werte beschränkt. Dadurch lässt sich die Blockierneigung der Räder frühzeitig und „feinfühlig" erfassen.

Bei allradangetriebenen Fahrzeugen kommt es beim „kräftigen Gasgeben" auf glatter Fahrbahn vor, dass alle Räder durchdrehen. In dieser Situation wird durch spezielle Maßnahmen in der Signalaufbereitung sichergestellt, dass die Referenzgeschwindigkeit nur entsprechend der maximal möglichen Fahrzeugbeschleunigung den durchdrehenden Rädern folgen kann. Bei einem sich anschließenden Bremsvorgang wird der erste ABS-Druckabbau durch ein Signal ($-a$) und eine bestimmte kleine Radgeschwindigkeitsdifferenz ausgelöst.

Allradsystem 2

Wegen der Möglichkeit des Durchdrehens aller Räder beim Allradsystem 2 (Visco-Kupplung mit Freilauf im Längsstrang, prozentuale Hinterachssperre) müssen die gleichen speziellen Maßnahmen für die Signalaufbereitung getroffen werden.

Weitere Maßnahmen zur Sicherung der ABS-Funktion sind nicht erforderlich, denn ein Freilauf entkoppelt die Räder beim Bremsen. Sie lässt sich jedoch durch die Motorschleppmomentregelung zusätzlich noch verbessern.

Allradsystem 3

Auch beim Allradsystem 3 (automatisch zuschaltbare Sperren) sind für den Fall des Durchdrehens aller Räder die oben genannten Maßnahmen für die Signalaufbereitung erforderlich. Hinzu kommt ein automatisches Lösen der Differenzialsperren bei jedem Bremsbeginn. Weitere Maßnahmen zur Sicherung der ABS-Funktion sind nicht erforderlich.

Raddrehzahlsensoren

Anwendung

Raddrehzahlsensoren dienen dazu, die Drehgeschwindigkeit von Fahrzeugrädern zu ermitteln (Raddrehzahl). Die Drehzahlsignale werden mittels Kabel an das ABS-, ASR- oder ESP-Steuergerät des Fahrzeugs weitergeleitet, das die Bremskraft je Rad individuell regelt. Diese Regelschleife verhindert ein Blockieren (bei ABS) oder Durchdrehen der Räder (bei ASR bzw. ESP) und sichert die Stabilität und Lenkbarkeit des Fahrzeugs.

Navigationssysteme benötigen ebenfalls die Raddrehzahlsignale, um daraus die gefahrene Wegstrecke zu errechnen (z. B. in Tunnels oder wenn keine Satellitensignale zur Verfügung stehen).

Aufbau und Arbeitsweise

Die Signale für den Raddrehzahlsensor werden mittels eines fest mit der Radnabe verbundenen Stahl-Impulsgebers (für passive Sensoren) oder Multipol-Magnetimpulsgebers (für aktive Sensoren) erzeugt. Dieser Impulsgeber weist die gleiche Umdrehungsgeschwindigkeit wie das Rad auf und bewegt sich berührungslos am sensitiven Bereich des Sensorkopfes vorbei. Der Sensor „liest" somit ohne direkten Kontakt über einen Luftspalt von bis zu 2 mm (Bild 2).

Der Luftspalt (mit engen Toleranzen) dient dazu, eine störungsfreie Signalerfassung zu gewährleisten. Mögliche Störungen wie z. B. Schwingungen im Bereich der Radbremse, Vibrationen, Temperatur, Feuchte, Einbauverhältnisse am Rad usw. werden dadurch eliminiert.

Seit 1998 werden statt den passiven (induktiven) Raddrehzahlsensoren bei Neuentwicklungen fast nur noch aktive Raddrehzahlsensoren eingesetzt.

Passiver (induktiver) Drehzahlsensor

Ein passiver (induktiver) Drehzahlsensor besteht aus einem Permanentmagneten (Bild 2, Pos. 1) und einem damit verbundenen weichmagnetischen Polstift (3), der in einer Spule (2) mit mehreren tausend Drahtwindungen steckt. Auf diese Weise wird ein konstantes Magnetfeld erzeugt.

Der Polstift befindet sich direkt über dem Impulsrad (4), einem fest mit der Radnabe verbundenen Zahnrad. Beim Drehen des Impulsrades wird das vorhandene, konstante Magnetfeld durch die ständig wechselnde Folge von Zahn und Lücke „gestört". Dadurch ändert sich der magnetische Fluss durch den Polstift und somit auch der magnetische Fluss durch die Spulenwicklung. Der Wechsel des Magnetfelds induziert in der Wicklung eine Wechselspannung, die an den Wicklungsenden abgegriffen wird.

Sowohl die Frequenz als auch die Amplitude der Wechselspannung sind proportional zur Raddrehzahl (Bild 3). Bei einem stillstehenden Rad ist somit die induzierte Spannung gleich null.

Zahnform, Luftspalt, Steilheit des Spannungsanstiegs und Eingangsempfindlichkeit des Steuergeräts bestimmen die kleinste noch messbare Fahrzeuggeschwindigkeit

1 Passive (induktive) Drehzahlsensoren

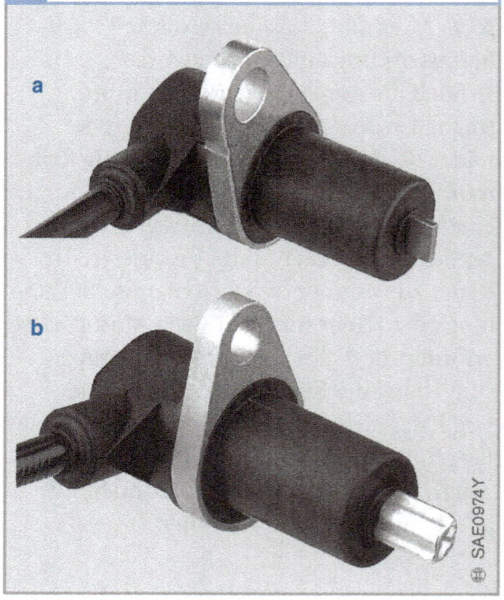

Bild 1
a Meißelpolstift (Flachpolstift)
b Rautenpolstift (Kreuzpolstift)

2 Prinzipskizze des passiven Drehzahlsensors

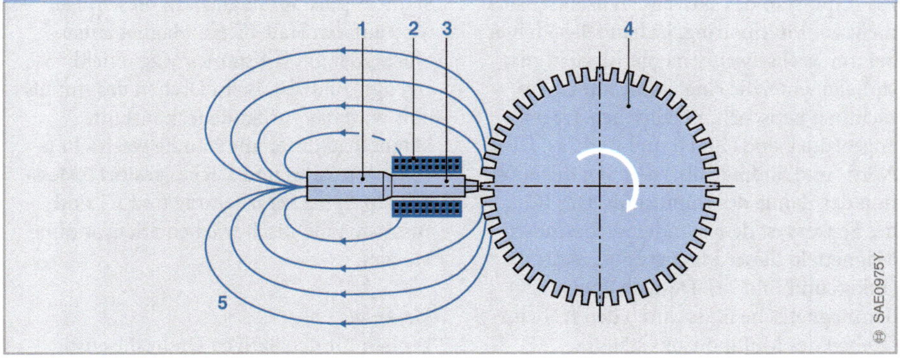

Bild 2
1 Permanentmagnet
2 Magnetspule
3 Polstift
4 Impulsrad aus Stahl
5 magnetische Feldlinien

und damit für die ABS-Anwendung minimal erreichbare Ansprechempfindlichkeit und Schaltgeschwindigkeit.

Da die Einbauverhältnisse am Rad nicht überall gleich sind, gibt es verschiedene Polstiftformen und unterschiedliche Einbauarten. Am weitesten verbreitet ist der Meißel-Polstift (Bild 1a, auch Flachpol genannt) und Rauten-Polstift (Bild 1b, auch Kreuzpol genannt). Beide Polstiftarten müssen beim Einbau genau zum Impulsrad ausgerichtet werden.

Aktiver Drehzahlsensor

Sensorelemente

In heutigen, modernen Bremssystemen werden fast ausschließlich nur noch aktive Drehzahlsensoren eingesetzt (Bild 4). Diese bestehen üblicherweise aus einem hermetisch mit Kunststoff vergossenen Silizium-IC, der im Sensorkopf sitzt.

Neben magnetoresistiven ICs (Änderung des elektrischen Widerstands bei Magnetfeldänderung) werden mittlerweile bei Bosch in der Mehrzahl nur noch Hall-Sensorelemente verwendet, die schon auf kleinste Änderungen des magnetischen Feldes reagieren und deshalb größere Luftspalte gegenüber den passiven Drehzahlsensoren zulassen.

3 Signalausgangsspannung des passiven Drehzahlsensors

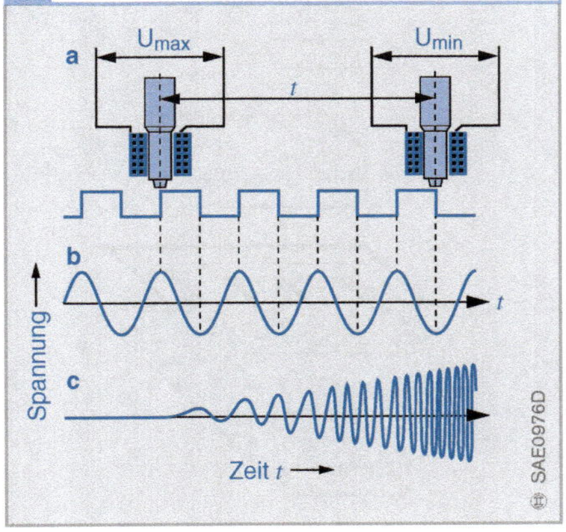

4 Aktiver Drehzahlsensor

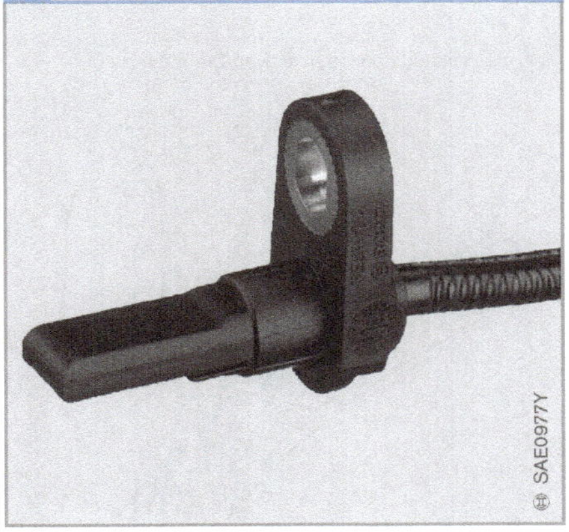

Bild 3
a Passiver Drehzahlsensor mit Impulsrad
b Sensorsignal bei konstanter Raddrehzahl
c Sensorsignal bei steigender Raddrehzahl

Impulsräder

Als Impulsrad des aktiven Drehzahlsensors dient ein Multipolring. Es handelt sich hierbei um wechselweise magnetisierte Kunststoffelemente, die ringförmig auf einem nichtmagnetischen metallischen Träger angeordnet sind (Bild 6 und Bild 7a). Diese Nord- und Südpole übernehmen die Funktion der Zähne des Impulsrads. Der IC des Sensors ist dem ständig wechselnden Magnetfeld dieser Magnete ausgesetzt (Bild 6 und Bild 7a). Deshalb ändert sich der magnetische Fluss durch den IC beim Drehen des Multipolrings ständig.

Alternativ zum Multipolring ist auch ein Stahl-Impulsrad möglich. In diesem Fall wird auf den Hall-IC ein Magnet aufgebracht, der ein konstantes Magnetfeld erzeugt (Bild 7b). Beim Drehen des Impulsrads wird das vorhandene, konstante Magnetfeld durch die ständig wechselnde Folge von Zahn und Lücke „gestört". Messprinzip, Signalverarbeitung und IC sind ansonsten identisch wie beim Sensor ohne Magnet.

Merkmale

Typisch für den aktiven Drehzahlsensor ist die Integration von Hall-Messelement, Signalverstärker und Signalaufbereitung in einem IC (Bild 8). Die Drehzahlinformation wird als eingeprägter Strom in Form von Rechteckimpulsen übertragen (Bild 9). Die Frequenz der Stromimpulse ist proportional zur Raddrehzahl und eine Detektion ist fast bis zum Radstillstand (0,1 km/h) möglich.

Die Versorgungsspannung liegt zwischen 4,5 und 20 Volt. Der Rechteck-Ausgangssignalpegel liegt bei 7 mA (low) und 14 mA (high).

5 Explosionsskizze mit Multipol-Impulsgeber

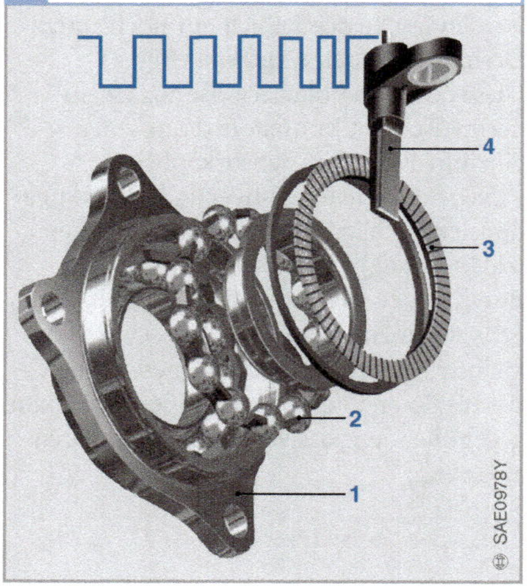

Bild 5
1 Radnabe
2 Kugellager
3 Multipolring
4 Raddrehzahlsensor

6 Schnittbild durch den aktiven Drehzahlsensor

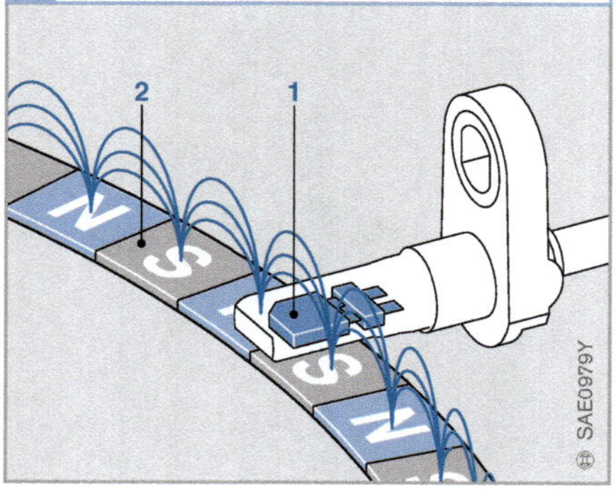

Bild 6
1 Sensorelement
2 Multipolring mit abwechselnder Nord- und Süd-magnetisierung

7 Prinzipskizzen für Drehzahlerfassung

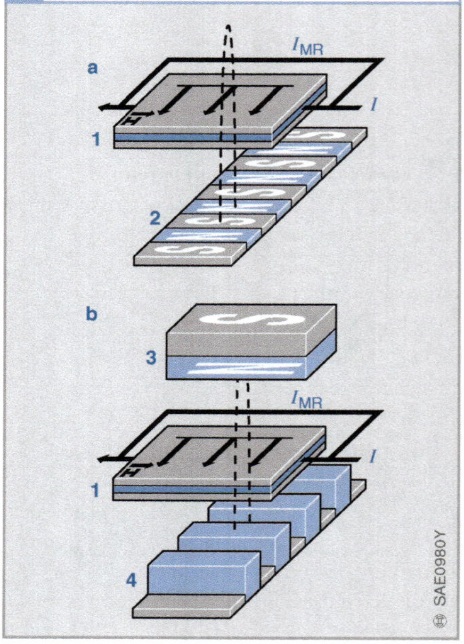

Bild 7
a Hall-IC mit Multipol-Impulsgeber
b Hall-IC mit Stahl-Impulsrad und Magnet im Sensor

1 Sensorelement
2 Multipolring
3 Magnet
4 Stahl-Impulsrad

Bei dieser Übertragungsform mit den digitalen Signalen sind z. B. induktive Störspannungen unwirksam im Vergleich zum passiven, induktiven Sensor. Ein zweiadriges Kabel stellt die Verbindung zum Steuergerät her.

8 Blockschaltbild des Hall-IC

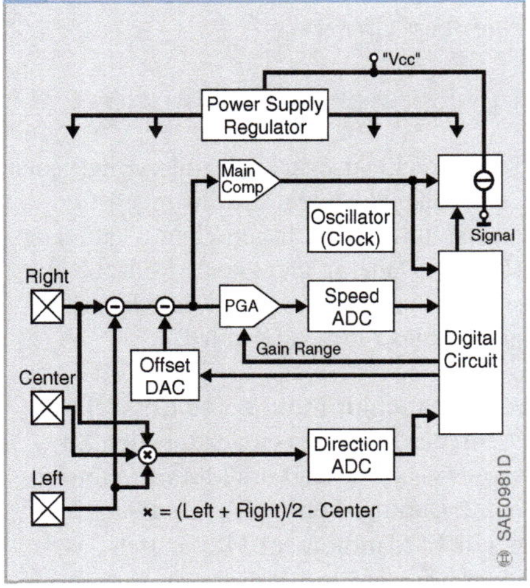

9 Signalumwandlung im Hall-IC

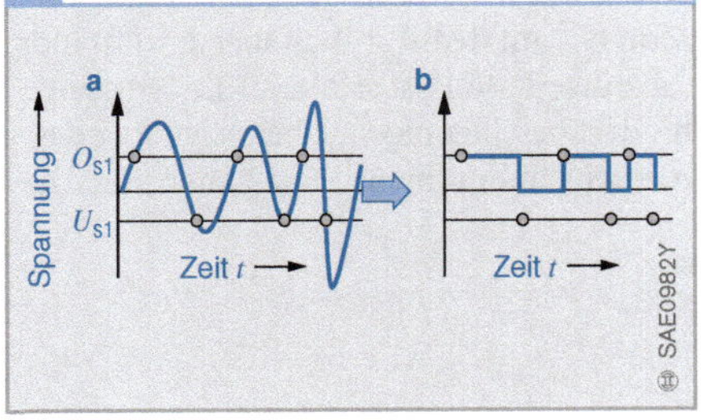

Bild 9
a Rohsignal
b Ausgangssignal

O_{S1} Obere Schaltschwelle
U_{S1} Untere Schaltschwelle

10 Radlager mit Drehzahlsensor

Bild 10
1 Drehzahlsensor

Das kleine Bauvolumen und das geringe Gewicht erlauben es, den aktiven Drehzahlsensor am oder im Radlager eines Fahrzeugs einzubauen (Bild 10). Hierzu sind verschiedene Standard-Sensorkopfformen geeignet.

Die digitale Signalaufbereitung ermöglicht es, codierte Zusatzinformationen mittels eines pulsweitenmodulierten Ausgangssignals zu übertragen (Bild 11):

- Drehrichtungserkennung der Räder: Dies wird insbesondere für die Funktion „Hill Hold Control" benötigt, die ein Zurückrollen des Fahrzeugs während des Anfahrens am Berg durch gezieltes Abbremsen verhindert. Die Drehrichtungserkennung wird auch für die Fahrzeugnavigation herangezogen.
- Stillstandserkennung: Auch diese Information kann bei der Funktion „Hill Hold Control" ausgewertet werden. Eine weitere Verwertung der Information liegt in der Eigendiagnose.
- Signalqualität des Sensors: Im Signal kann eine Informationen zur Signalqualität des Sensors übermittelt werden. Dadurch kann der Fahrer im Fehlerfall aufgefordert werden, rechtzeitig den Kundendienst aufzusuchen.

11 Codierte Informationsübertragung mit pulsweitenmodulierten Signalen

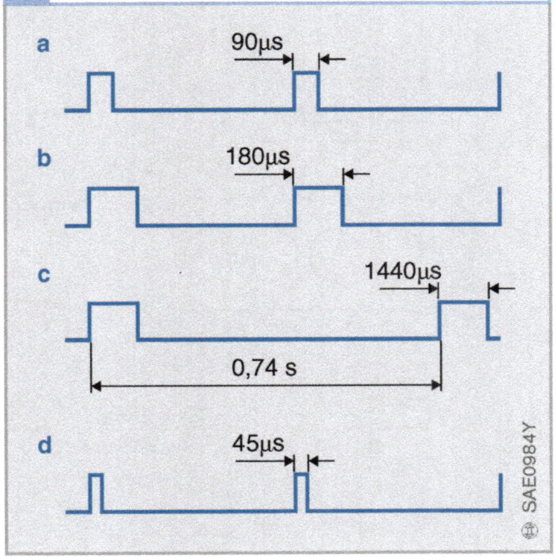

Bild 11
a Geschwindigkeitssignal bei Rückwärtsfahrt
b Geschwindigkeitssignal bei Vorwärtsfahrt
c Signal bei Fahrzeugstillstand
d Signalqualität des Sensors, Eigendiagnose

Antriebsschlupfregelung ASR

Kritische Fahrsituationen können nicht nur beim Bremsen, sondern allgemein in allen Fällen auftreten, in denen große Längskräfte an der Kontaktfläche zwischen Reifen und Untergrund abgesetzt werden sollen. Der Grund dafür ist, dass hierdurch die absetzbaren Seitenkräfte reduziert werden. Dies trifft also auch auf das Anfahren und Beschleunigen, insbesondere auf glatter Fahrbahn, am Berg und bei Kurvenfahrt zu. Solche Situationen können den Autofahrer überfordern und zu Fehlreaktionen sowie instabilem Fahrzeugverhalten führen. Diese Probleme löst die Antriebsschlupfregelung (ASR), sofern die physikalischen Grenzen nicht überschritten werden.

Aufgaben

Während das Antiblockiersystem (ABS) das Blockieren der Räder im Bremsfall durch Absenken der Radbremsdrücke verhindert, verhindert ASR im Antriebsfall das Durchdrehen der Räder durch Reduktion des wirksamen Antriebsmoments an jedem einzelnen Antriebsrad. ASR stellt damit eine konsequente Erweiterung des ABS für den Antriebsfall dar.

Neben dieser sicherheitsrelevanten Aufgabe, beim Beschleunigen Stabilität und Lenkfähigkeit des Fahrzeugs zu gewährleisten, sorgt die ASR außerdem für eine Verbesserung des Traktionsverhaltens durch Einregeln des „optimalen“ Schlupfes (vgl. μ-Schlupf-Kurve in Kapitel „Grundlagen der Fahrphysik“). Naturgemäß stellt die Traktionsanforderung des Fahrers hierfür eine obere Grenze dar.

Funktionsbeschreibung

Soweit nicht ausdrücklich anders angegeben, gelten alle folgenden Ausführungen zunächst für ein einachsgetriebenes Fahrzeug (Bild 1). Dabei spielt es keine Rolle, ob es sich hierbei um ein vorder- oder hinterradgetriebenes Fahrzeug handelt.

Antriebsschlupf und seine Entstehung

Wenn der Fahrer im eingekuppelten Zustand Gas gibt, steigt das Motordrehmoment. Damit erhöht sich auch das antreibende Kardanmoment M_{Kar}. Durch das Querdifferenzial wird dieses im Verhältnis 50 : 50 auf die beiden angetriebenen Räder verteilt (Bild 1). Kann sich dieses erhöhte Moment auf dem Fahrbahnbelag vollständig „abstützen“, so lässt sich das Fahrzeug ungehindert beschleunigen. Übersteigt aber das Antriebsdrehmoment $M_{Kar}/2$ an einem An-

1 Antriebskonzept eines einachsgetriebenen Fahrzeugs mit ASR

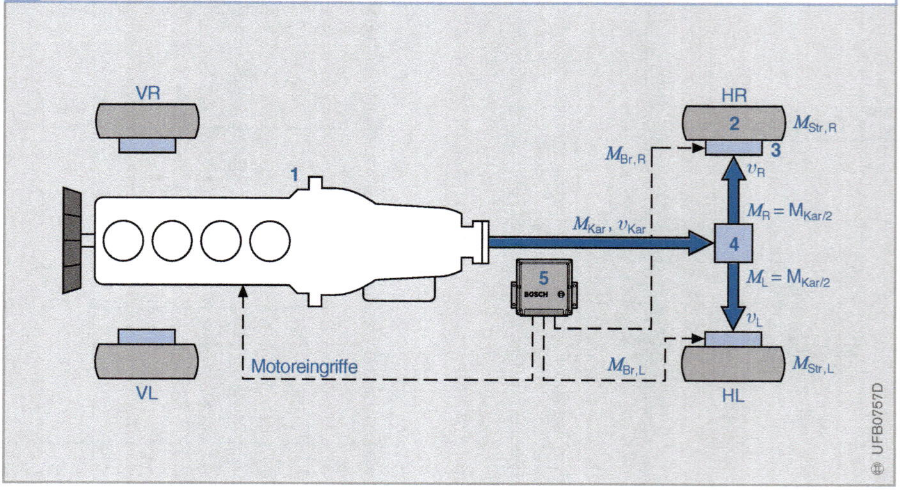

Bild 1
1 Motor mit Getriebe
2 Rad
3 Radbremse
4 Querdifferenzial
5 Steuergerät mit ASR-Funktionalität

Motor, Getriebe, Übersetzungsverhältnis des Differenzials sowie deren Verluste sind zu einer Einheit zusammengefasst

M_{Kar} antreibendes Kardanmoment
v_{Kar} Kardangeschwindigkeit
M_{Br} Bremsmoment
M_{Str} auf die Straße übertragenes Moment
v Radgeschwindigkeit
R rechts
L links
V vorne
H hinten

triebsrad das physikalisch maximal übertragbare Antriebsdrehmoment, so dreht dieses Rad durch. Dadurch reduziert sich die übertragbare Antriebskraft und das Fahrzeug wird durch den Verlust an Seitenführungskraft instabil.

Die ASR regelt den Schlupf der Antriebsräder schnellstmöglich auf den optimalen Wert. Hierzu wird zunächst ein Sollwert für den Schlupf bestimmt. Dieser ist von einer Vielzahl an Faktoren, die die aktuelle Fahrsituation bestmöglich repräsentieren sollen, abhängig. Unter anderem sind dies:

- Grundkennlinie für den ASR-Sollschlupf (orientiert sich am Schlupfbedarf eines Reifens beim Beschleunigen),
- ausgenutzter Reibwert,
- äußerer Fahrwiderstand (Tiefschnee, Schlechtweg usw.),
- Giergeschwindigkeit, Querbeschleunigung und Lenkwinkel des Fahrzeugs.

ASR-Stelleingriffe

Die gemessenen Radgeschwindigkeiten und damit der jeweilige Antriebsschlupf können durch eine Änderung der Momentenbilanz M_{Ges} an jedem Antriebsrad beeinflusst werden. Die Momentenbilanz M_{Ges} an jedem angetriebenen Rad ergibt sich dabei aus Antriebsmoment $M_{Kar}/2$ an diesem Rad, dem jeweiligen Bremsmoment M_{Br} und dem Straßenmoment M_{Str} (Bild 1).

$$M_{Ges} = M_{Kar}/2 + M_{Br} + M_{Str}$$

(M_{Br} und M_{Str} sind hierin negativ zu zählen.)

Offensichtlich kann diese Bilanz durch das vom Motor gelieferte Antriebsmoment M_{Kar} sowie durch das Bremsmoment M_{Br} beeinflusst werden. Diese beiden Größen stellen somit die Stellgrößen der ASR dar, über die diese den Schlupf an jedem einzelnen Rad auf den Sollschlupf regelt.

Die Steuerung des Antriebsmoments M_{Kar} kann bei Fahrzeugen mit Ottomotor grundsätzlich über die folgenden Motoreingriffe geschehen:

- Drosselklappe (Drosselklappenverstellung),
- Zündanlage (Zündwinkelverstellung),
- Einspritzanlage (Ausblendung einzelner Einspritzimpulse).

Die letzteren beiden Eingriffe zählen zu den „schnellen", der erste zu den „langsamen" Eingriffsmöglichkeiten (Bild 2). Welche dieser Eingriffsmöglichkeiten jeweils zur Verfügung stehen, ist hersteller- und motorabhängig.

Bei Fahrzeugen mit Dieselmotor wird das Antriebsmoment M_{Kar} von der Elektronischen Dieselregelung (EDC) beeinflusst (Reduzierung der Einspritzmenge).

Eine Steuerung des Bremsmoments M_{Br} über die Bremsanlage kann radweise erfolgen. Wegen der Notwendigkeit des aktiven Druckaufbaus setzt die ASR-Funktion aber eine Erweiterung der ursprünglichen ABS-Hydraulik voraus (siehe auch Kapitel „Hydroaggregat").

Bild 2 vergleicht die Reaktionszeiten bei verschiedenen ASR-Eingriffen. Die Darstellung lässt erkennen, dass eine ausschließliche Steuerung des Antriebsmoments mit der Drosselklappe wegen der relativ langsamen Reaktionszeit zu einem unbefriedigenden Ergebnis führen kann.

2 Vergleich der Reaktionszeiten bei verschiedenen ASR-Eingriffen

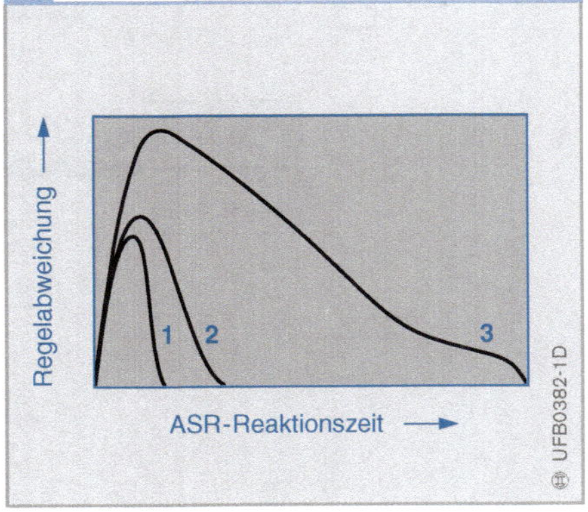

Bild 2
1 Drosselklappen-/Radbremseneingriff
2 Drosselklappen-/Zündungseingriff
3 Drosselklappeneingriff

Struktur der ASR

Die erweiterte ABS-Hydraulik ermöglicht sowohl symmetrische Bremseingriffe, d. h. Bremseingriffe, die an beiden angetriebenen Rädern gleich sind, als auch radindividuelle Bremseingriffe. Dies ist der Schlüssel zu einer weiteren Strukturierung der ASR, nicht nach Stellglied (Motor/Bremse), sondern nach zu regelnder Größe („Regelgröße").

Kardanregler

Über Motoreingriffe kann die Kardangeschwindigkeit v_{Kar} bzw. das Antriebsmoment M_{Kar} beeinflusst werden. Symmetrische Bremseingriffe beeinflussen ebenfalls die Kardangeschwindigkeit v_{Kar} und wirken sich in den Momentenbilanzen der einzelnen Räder wie eine Reduzierung des Antriebsmoments M_{Kar} aus. Mit dem Ziel, auf diese Weise die Kardangeschwindigkeit zu regeln, ergibt sich der *Kardanregler.*

Quersperrenregler

Über unsymmetrische Bremseingriffe (Bremseingriffe an nur einem angetriebenen Rad) wird hingegen primär die Differenzgeschwindigkeit an der angetriebenen Achse $v_{Dif} = v_L - v_R$ geregelt. Dies ist die Aufgabe des *Differenzdrehzahlreglers.* Unsymmetrische Bremseingriffe an nur einem Antriebsrad machen sich zunächst auch nur in der Momentenbilanz dieses Rades bemerkbar. Sie wirken sich primär genau so aus wie ein unsymmetrisches Aufteilungsverhältnis des Querdifferenzials (allerdings angewendet auf ein um das unsymmetrische Bremsmoment reduziertes Antriebsmoment M_{Kar}). Wegen dieser Möglichkeit, mit dem Differenzdrehzahlregler gewissermaßen das Aufteilungsverhältnis des Querdifferenzials zu beeinflussen, d. h. die Wirkung einer Differenzialsperre nachzubilden, wird der Differenzdrehzahlregler auch als *Quersperrenregler* bezeichnet.

Kardanregler und Quersperrenregler bilden zusammen die ASR (Bild 3): Der Kardanregler regelt über die Kardangeschwindigkeit v_{Kar} das vom Motor abgegebene Antriebsmoments M_{Kar}. Der Quersperrenregler wirkt primär wie ein Regler, der über die Differenzgeschwindigkeit v_{Dif} das Teilungsverhältnis M_L zu M_R des Querdifferenzials und damit die Aufteilung des Antriebsmoments M_{Kar} auf die angetriebenen Räder regelt.

3 Reglerkonzept ASR für ein einachsgetriebenes Fahrzeug (Beispiel Heckantrieb)

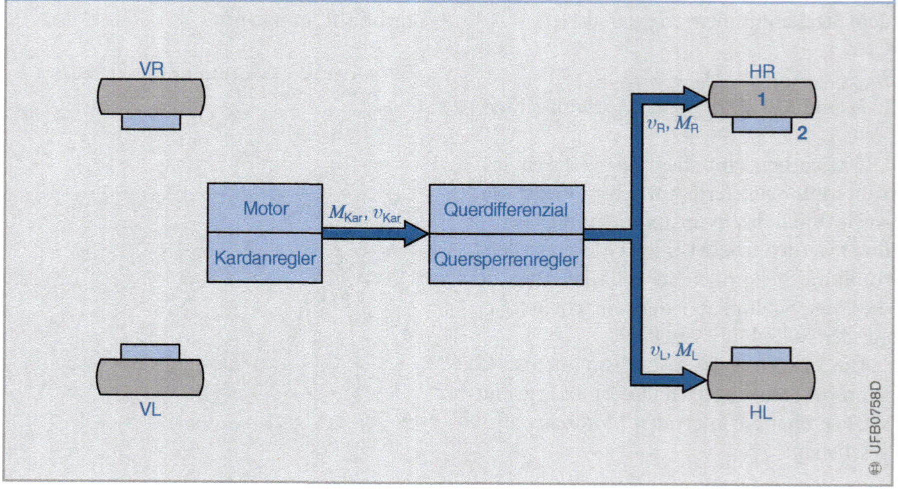

Bild 3
1 Rad
2 Radbremse

v_R, v_L Radgeschwindigkeiten
v_{Kar} Kardangeschwindigkeit
M_{Kar} antreibendes Kardanmoment
V vorne
H hinten
R rechts
L links

Typische Regelsituationen

μ-Split: Quersperrenregler

Bild 4 zeigt eine typische Situation („μ-Split"), bei der der Quersperrenregler der ASR beim Anfahren aus dem Stand aktiv wird. Die linke Fahrzeugseite steht auf glattem Untergrund mit einer niedrigen Haftreibungszahl μ_l („l" für low), die rechte auf trockenem Asphalt mit einer deutlich höheren Haftreibungszahl μ_h („h" für high).

Ohne den Bremseingriff des Quersperrenreglers könnte wegen der Eigenschaft des Differenzials, das Antriebsmoment auf beide Seiten gleich aufzuteilen, auf beiden Seiten nur die Vortriebskraft F_l abgesetzt werden. Ein gegebenenfalls darüber hinaus gehendes Antriebsmoment M_{Kar} veranlasst das Rad auf der Seite mit μ_l durchzudrehen und führt damit zu einer Differenzgeschwindigkeit $v_{Dif} > 0$ (siehe auch Bild 5). Das „überschüssige" Antriebsmoment geht in diesem Fall als Verlustmoment in Differenzial, Motor und Getriebe verloren.

Um nun das Rad auf der Seite mit μ_l bei zu hohem Antriebsmoment am Durchdrehen zu hindern, wird dort die Bremskraft F_{Br} aufgebracht (Bild 4, siehe auch Bild 5). Auf diese Seite kann das Differenzial nun die Kraft $F_{Br} + F_l$ übertragen (bzw. ein dieser Kraft entsprechendes Moment), wobei F_{Br} weggebremst wird. Es verbleibt wie bisher die Vortriebskraft F_l. Auf die Seite mit μ_h wird ebenfalls die Kraft $F_{Br} + F_l$ übertragen (Eigenschaft des Differenzials). Da hier nicht gebremst wird, kann die gesamte Kraft als Vortriebskraft $F_{Br}{}^* + F_l$ genutzt werden ($F_{Br}{}^*$ ergibt sich aus F_{Br} unter Berücksichtigung der unterschiedlichen Wirkradien). Insgesamt erhöht sich also die abgesetzte Vortriebskraft um $F_{Br}{}^*$ (Voraussetzung hierfür ist natürlich ein entsprechend erhöhtes Antriebsmoment M_{Kar}). Hierin zeigt sich die traktionserhöhende Wirkung des Quersperrenreglers als Teil der ASR.

Das Antriebsmoment kann auf eine maximal mögliche Vortriebskraft eingeregelt werden. Der Wert von μ_h stellt dabei eine physikalische Obergrenze dar.

Laufen beide Antriebsräder wieder synchron ($v_{Dif} = 0$), wird die einseitige Bremskraft F_{Br} bzw. das entsprechende Bremsmoment M_{Br} wieder abgebaut (Bild 5).

Der exakte Verlauf des Auf- und Abbaus von M_{Br} hängt von der internen Realisierung des Quersperrenreglers ab (PI-Regler-artiges Verhalten!).

Niedrig-μ: Kardanregler

Stehen beim Anfahren beide angetriebenen Räder auf glattem Untergrund mit einer niedrigen Haftreibungszahl (Fahrzeug steht z. B. auf Eis), so ist dies eine typische Situation, in der der Kardanregler der ASR aktiv wird.

4 Sperrdifferenzialwirkung durch unsymmetrischen Bremseingriff

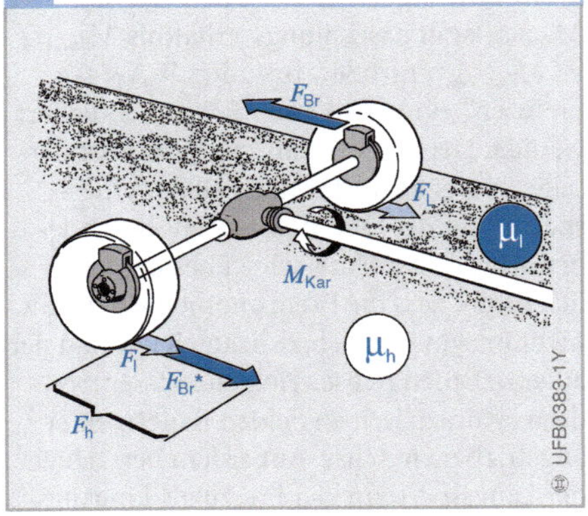

5 Typische Radgeschwindigkeits- und Bremsmomentenverläufe beim Anfahren auf μ-Split

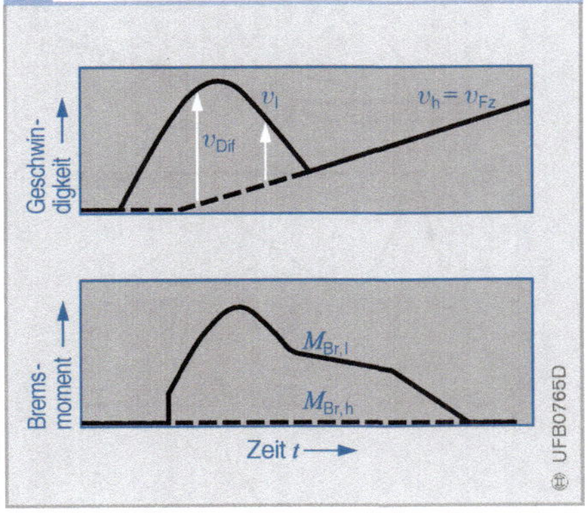

Bild 4
- M_{Kar} Antriebsmoment
- F_{Br} Bremskraft
- $F_{Br}{}^*$ Bremskraft, bezogen auf Wirkradien
- μ_l niedrige Haftreibungszahl
- μ_h hohe Haftreibungszahl
- F_l übertragbare Antriebskraft auf μ_l
- F_h übertragbare Antriebskraft auf μ_h

Bild 5
- v Radgeschwindigkeit
- M_{Br} Bremsmoment
- l Niedrig-μ-Rad
- h Hoch-μ-Rad
- v_{Fz} Fahrzeuggeschwindigkeit
- v_{Dif} Differenzgeschwindigkeit

Erhöht der Fahrer das Fahrervorgabemoment $M_{FahVorga}$, so erhöht sich zunächst auch fast zeitgleich das Antriebsmoment M_{Kar}. Dies führt dazu, dass beide Antriebsräder mit nahezu gleicher Geschwindigkeit durchdrehen. Die Differenzgeschwindigkeit $v_{Dif} = v_L - v_R$ ist ungefähr 0, während die Kardangeschwindigkeit $v_{Kar} = (v_L + v_R)/2 = v_L = v_R$ auf Grund der durchdrehenden Antriebsräder deutlich größer ist als ein vernünftiger, von der ASR ermittelter Sollwert v_{SoKar}. Der Kardanregler reagiert hierauf mit einer Reduzierung des Antriebsmomentes M_{Kar} unterhalb der Fahrervorgabe $M_{FahVorga}$ und einem kurzzeitigen symmetrischen Bremseingriff $M_{Br,\,Sym}$ (Bild 6). Als Resultat verringert sich die Kardangeschwindigkeit v_{Kar} und mit ihr die Geschwindigkeit der durchdrehenden Räder. Das Fahrzeug beginnt zu beschleunigen. Da man sich ohne diese Eingriffe der ASR nicht im „optimalen" Punkt der μ-Schlupf-Kurve (vgl. Kapitel „Grundlagen der Fahrphysik") befände, würde der Beschleunigungsvorgang bei durchdrehenden Rädern langsamer und mit deutlich weniger Seitenstabilität stattfinden.

Der exakte Verlauf von M_{Kar} und $M_{Br,\,Sym}$ hängt wiederum von der internen Realisierung des Kardanreglers ab (PID-Regler-artiges Verhalten!).

6 Typische Radgeschwindigkeits-, Motor- und Bremsmomentenverläufe beim Anfahren auf niedrig-μ

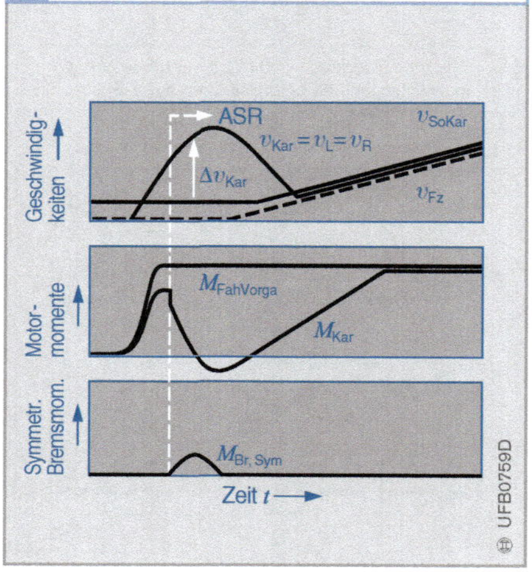

Bild 6
- v Radgeschwindigkeit
- v_{Fz} Fahrzeuggeschwindigkeit
- v_{Kar} Kardangeschwindigkeit
- v_{SoKar} Sollwert Kardangeschwindigkeit
- $M_{Br,\,Sym}$ symmetrisches Bremsmoment
- $M_{FahVorga}$ Antriebsmoment Fahrervorgabe (durch Gaspedalstellung)
- L links
- R rechts

ASR für allradgetriebene Fahrzeuge

In den letzten Jahren erfreut sich die Gruppe der allradgetriebenen Fahrzeuge einer stetig steigenden Beliebtheit. Das Hauptaugenmerk liegt dabei auf der Teilgruppe der „Sport Utility Vehicle" (SUV). Hierbei handelt es sich um Straßenfahrzeuge mit Geländeeigenschaften.

Sollen alle vier Räder eines Fahrzeugs angetrieben werden, ist außer einem zweiten Querdifferenzial zusätzlich noch ein Längsdifferenzial (auch Zentral- oder Mittendifferenzial) erforderlich bzw. üblich (Bild 7). Dieses dient zum einen dem Ausgleich von Differenzen zwischen der Kardangeschwindigkeit der Vorder- und der Hinterachse $v_{Kar,\,VA}$ bzw. $v_{Kar,\,HA}$. Eine starre Verbindung hätte hier Verspannungen zwischen Vorder- und Hinterachse zur Folge. Zum anderen dient das Längsdifferenzial einer möglichst sinnvollen Verteilung des Antriebsmomentes M_{Kar} auf die beiden Achsen $M_{Kar,\,VA}$ bzw. $M_{Kar,\,HA}$.

Kostengünstige SUVs besitzen häufig ein Längsdifferenzial mit einem fest eingestellten Aufteilungsverhältnis. Anders als bei einem Querdifferenzial sind hier jedoch auch andere feste Teilungsverhältnisse als 50 : 50 sinnvoll – z. B. 60 : 40 für eine heckbetonte Auslegung. Durch Bremseingriffe der ASR kann dann die Wirkungsweise einer Längsdifferenzialsperre (kurz: Längssperre) nachgebildet werden.

Durch „Wegbremsen" eines Teils von $M_{Kar,\,VA}$ kann das Teilungsverhältnis $M_{Kar,\,HA}$ zu $M_{Kar,\,VA}$ vergrößert bzw. durch „Wegbremsen" eines Teils von $M_{Kar,\,HA}$ verkleinert werden. Der Wirkungsmechanismus ist derselbe, wie er zuvor für den Fall der Quersperre bzw. des Querdifferenzials beschrieben wurde. Der Unterschied besteht lediglich darin, dass die Bremsmomente der ASR nicht unsymmetrisch, d. h. an einem Rad der angetriebenen Achse erfolgen müssen, sondern symmetrisch an beiden Rädern einer angetriebenen Achse. Außerdem betrachtet der Längssperrenregler hierzu als Eingangsgröße nicht die Geschwindigkeitsdifferenz des linken und rechten Rades der angetriebenen Achse (Quersperrenregler, s. o.), sondern die beiden achsweisen Kardangeschwindigkeiten $v_{\text{Kar, VA}}$ und $v_{\text{Kar, HA}}$.

Bild 8 zeigt die entsprechende Erweiterung des ASR-Konzepts aus Bild 3 für ein allradgetriebenes Fahrzeug: Der Kardanregler regelt – wie für ein einachsgetriebenes Fahrzeug – über die Kardangeschwindigkeit v_{Kar} das vom Motor abgegebene Antriebsmoment M_{Kar}. Wie bereits ausgeführt, verteilt der Längssperrenregler dieses Moment auf die Vorder- und Hinterachse ($M_{\text{Kar, VA}}$ bzw. $M_{\text{Kar, HA}}$). Wie bisher regelt der Quersperrenregler über die Differenzgeschwindigkeit $v_{\text{Dif, XA}}$ die Aufteilung des achsweisen Antriebsmoments $M_{\text{Kar, XA}}$ auf die angetriebenen Räder. Dies muss jetzt allerdings sowohl für die Vorder- wie auch die Hinterachse erfolgen („X“ = „V“ bzw. „X“ = „H“).

Elektronische Differenzialsperren, die als Teil der ASR-Software realisiert sind, besitzen den Vorteil, dass sie keine zusätzliche Hardware erfordern. Sie sind daher sehr

8 Reglerkonzept ASR für ein allradgetriebenes Fahrzeug

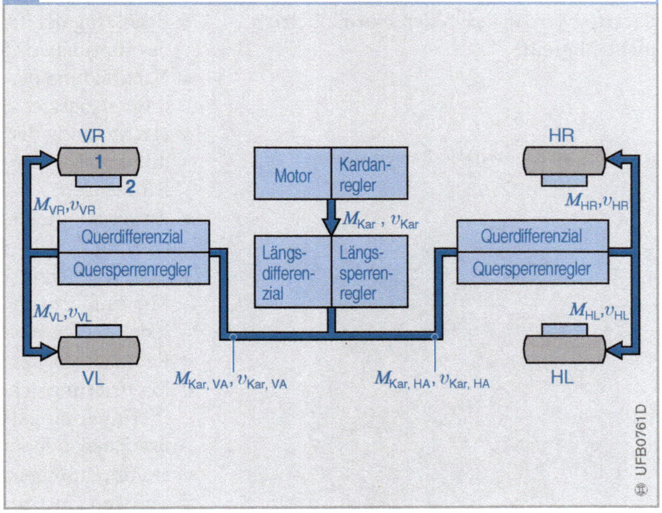

Bild 8
1 Rad
2 Radbremse

v Radgeschwindigkeit
v_{Kar} Kardan-geschwindigkeit
M_{Kar} antreibendes Kardanmoment
A Achse
V vorne
H hinten
R rechts
L links

7 Antriebskonzept eines allradgetriebenen Fahrzeugs mit ASR

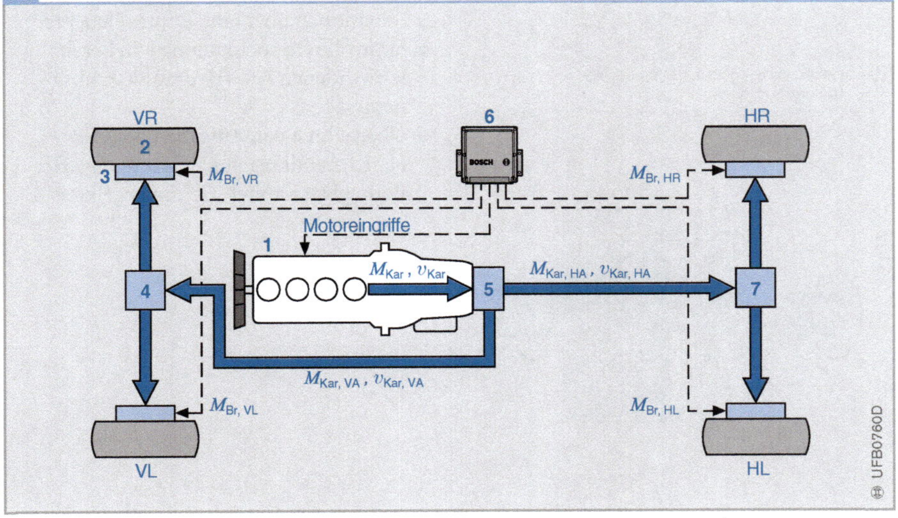

Bild 7
1 Motor mit Getriebe
2 Rad
3 Radbremse
4 Querdifferenzial
5 Längsdifferenzial
6 Steuergerät mit ASR-Funktionalität
7 Querdifferenzial

Motor, Getriebe, Übersetzungsverhältnisse der Differenziale sowie deren Verluste sind zu einer Einheit zusammengefasst

v Radgeschwindigkeit
v_{Kar} Kardan-geschwindigkeit
M_{Kar} antreibendes Kardanmoment
M_{Br} Bremsmoment
R rechts
L links
V vorne
H hinten
A Achse

kostengünstig. Ihr Einsatzgebiet ist insbesondere der Straßenbetrieb, der eher die Bestimmung der SUVs ist. Beim Einsatz in klassischen Offroad-Geländewagen erreichen sie ihre Grenze im schweren Gelände spätestens dann, wenn sich die Bremsen überhitzen. Fahrzeuge für diesen Einsatzbereich besitzen daher oft mechanische Sperren (Beispiele zeigen die Bilder 9 und 10). Die entsprechenden Sperrenregler der ASR-Software dienen dann nur noch als Backup-System, das in den Normalbetrieb nicht eingreift.

9 Klassische Lösung einer Differenzialsperre

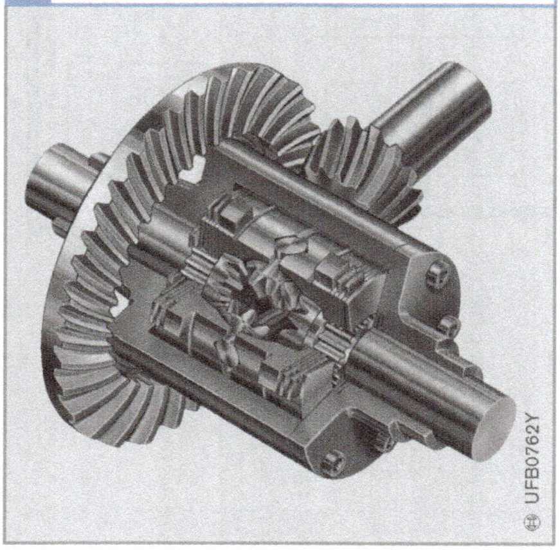

10 Elektronisch regelbare Differenzialsperre (Haldex-Kupplung)

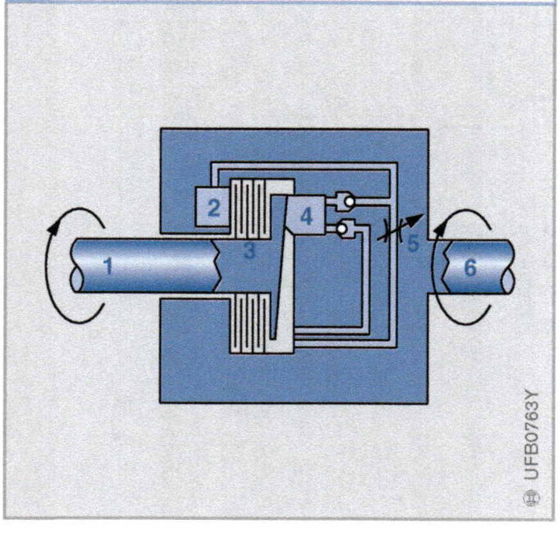

Bild 10
1 Ausgangswelle
2 Arbeitskolben
3 Lamellen
4 Axialkolbenpumpe
5 Regelventil
6 Eingangswelle

Zusammenfassung: Vorteile ASR

Abschließend seien noch einmal die Vorteile, wie sie sich bei Verwendung einer ASR durch das Verhindern des Durchdrehens der Antriebsräder beim Anfahren oder Beschleunigen auf einseitig oder beidseitig glatter Fahrbahn, beim Beschleunigen in der Kurve und beim Anfahren am Berg ergeben, zusammengefasst:

- Vermeidung instabiler Fahrzustände und dadurch Erhöhung der Fahrsicherheit.
- Erhöhung der Traktion durch Einregeln des „optimalen“ Schlupfes.
- Nachbildung der Funktion einer Querdifferenzialsperre.
- Nachbildung der Funktion einer Längsdifferenzialsperre bei allradgetriebenen Fahrzeugen.
- Automatische Regelung der Motorleistung.
- Kein „Radieren“ der Reifen bei enger Kurvenfahrt (im Gegensatz zu mechanischen Differenzialsperren).
- Reduzierung des Reifenverschleißes.
- Reduzierung des Verschleißes der Antriebsmechanik (Getriebe, Differenzial usw.) besonders auf μ-Split oder wenn ein durchdrehendes Rad schlagartig auf griffigen Untergrund kommt.
- Warnung des Fahrers bei den im physikalischen Grenzbereich liegenden Situationen über eine Kontrollleuchte.
- Sinnvolle Doppelnutzung von bereits vorhandenen ABS-Hydraulik-Komponenten.
- Übernahme von Aufgaben der ESP-Fahrdynamikregelung als unterlagerter Radregler (Kapitel „Gesamtregelkreis“).

Grundlagen der Regelungstechnik

Viele Teilsysteme eines Fahrsicherheitssystems (z. B. ESP) wirken auf die Fahrdynamik des Fahrzeugs in Form eines Reglers, d. h., sie bilden zusammen mit den betroffenen Komponenten des Fahrzeugs einen Regelkreis.

Regelkreis

Ein einfacher Standardregelkreis besteht aus Regler und Regelstrecke. Ziel der Regelung ist es, den Verlauf der Ausgangsgröße y_{ist} des zu regelnden Systems (auch: Regelgröße) durch den Regler so zu beeinflussen, dass er einem vorzugebenden Sollgrößenverlauf y_{soll} möglichst gut folgt. Hierzu wird die Regelgröße gemessen und dem Regler zur Verfügung gestellt. Durch Bilden der Regelabweichung $e = y_{soll} - y_{ist}$ wird der aktuelle Istwert der Regelgröße ständig mit dem aktuellen Sollwert verglichen.

Die Hauptaufgabe des Reglers besteht darin, zu jeder Regelabweichung e einen passenden Wert für die Stellgröße u zu bestimmen, sodass die Regelabweichung hierdurch in der Folgezeit verkleinert wird, d. h., $y_{ist} = y_{soll}$ wenigstens annähernd erreicht wird.

Erschwert wird diese Aufgabe durch eine ggf. unbekannte Eigendynamik der Regelstrecke sowie äußere Störungen z, die ebenfalls auf die Regelstrecke einwirken.

Beispiel: Quersperrenregler der ASR

Das Funktionsprinzip eines Regelkreises wird anhand des Quersperrenreglers der ASR deutlich: Die Differenzgeschwindigkeit der beiden Räder einer angetriebenen Achse stellt die Regelgröße $y_{ist} = v_{Dif}$ dar. Der Sollwert v_{SoDif} wird von der ASR selbstständig bestimmt und an die aktuelle Fahrsituation angepasst. Bei normaler Geradeausfahrt ist er typischerweise 0. Als Stellgröße zur Beeinflussung der Regelgröße dient das unsymmetrische Bremsmoment. Die Regelstrecke ist das Fahrzeug selbst, auf das äußere Störungen wie z. B. wechselnde Fahrbahnbeläge wirken.

Standardregelkreis am Beispiel des Quersperrenreglers der ASR

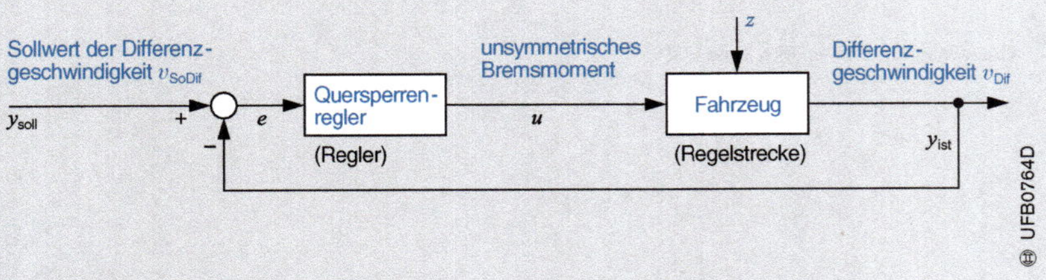

y_{ist} Regelgröße
y_{soll} Führungsgröße
e Regelabweichung $y_{soll} - y_{ist}$
u Stellgröße
z äußere Störgrößen

Standardregler

Als Regler kommen häufig **P**roportional-, **I**ntegral- und **D**ifferenzial-Glieder zum Einsatz. Die Stellgröße u ergibt sich aus der anstehenden Regelabweichung e nach folgendem Schema:

P-Regler	Multiplikation	$u(t) = K_P \cdot e(t)$
I-Regler	zeitl. Integration	$u(t) = K_I \cdot \int e(t)dt$
D-Regler	zeitl. Ableitung	$u(t) = K_D \cdot de(t)/dt$

Die Gegenreaktion dieser Regler ist damit umso größer, je größer die Regelabweichung ist (P-Regler), je länger diese Regelabweichung andauert (I-Regler) bzw. je größer die Änderungstendenz der Regelabweichung ist (D-Regler). Durch additive Kombination dieser Grundregler entstehen PI-, PD- sowie PID-Regler.

Der Quersperrenregler der ASR ist als PI-Regler aufgebaut, der nichtlineare Erweiterungen enthält.

Elektronisches Stabilitäts-Programm ESP

Ein hoher Anteil von Unfällen im Straßenverkehr ist auf personenbezogenes Fehlverhalten zurückzuführen. Durch äußere Umstände – wie z. B. ein plötzlich auftauchendes Hindernis – oder aber aufgrund von überhöhter Geschwindigkeit kann das Fahrzeug in den Grenzbereich gelangen, in dem es sich nicht mehr sicher beherrschen lässt. Die auf das Fahrzeug wirkenden Querbeschleunigungskräfte erreichen Werte, die den Fahrer überfordern. Elektronische Systeme können hier einen großen Beitrag zur Fahrsicherheit leisten.

Das Elektronische Stabilitäts-Programm (ESP) ist ein Regelsystem zur Verbesserung des Fahrverhaltens, das einerseits in das Bremssystem und andererseits in den Antriebsstrang eingreift. Durch die integrierte Funktionalität des ABS können die Räder beim Bremsen nicht blockieren, durch ASR können die Räder beim Anfahren nicht durchdrehen. ESP als Gesamtsystem verhindert darüber hinaus, dass das Fahrzeug beim Lenken „schiebt" oder instabil wird und seitlich ausbricht, solange die physikalischen Grenzen nicht überschritten werden.

Anforderungen

ESP verbessert die Fahrsicherheit in folgenden Punkten:

- Erweiterte Fahrstabilität; Spur- und Richtungstreue werden in allen Betriebszuständen wie Vollbremsung, Teilbremsung, Freirollen, Antrieb, Schub und Lastwechsel verbessert.
- Erweiterte Fahrstabilität auch im Grenzbereich, z. B. bei extremen Lenkmanövern (Angst- und Panikreaktionen), und damit Reduzierung der Schleudergefahr.
- In verschiedenen Situationen noch weiter verbesserte Nutzung des Kraftschlusspotenzials bei ABS/ASR-Funktionen und bei MSR-Funktionen (Motorschleppmomentregelung; automatische Anhebung der Motordrehzahl bei zu hohem Motorbremsmoment) und dadurch Bremsweg- und Traktionsgewinne sowie verbesserte Lenkbarkeit und Stabilität.

1 Querdynamik bei einem Pkw ohne ESP

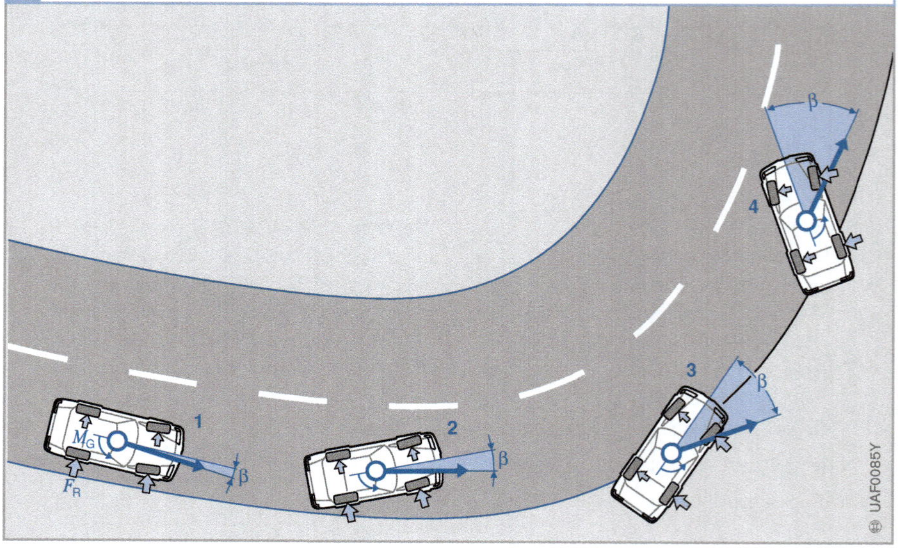

Bild 1
1 Fahrer lenkt, Seitenkraftaufbau
2 drohende Instabilität wegen zu großem Schwimmwinkel
3 Gegenlenken, Pkw gerät außer Kontrolle
4 Pkw ist nicht mehr beherrschbar

M_G Giermoment
F_R Radkräfte
β Fahrtrichtungsabweichung von der Fahrzeuglängsachse (Schwimmwinkel)

Aufgaben und Arbeitsweise

ESP ist ein System, das die Bremsanlage eines Fahrzeugs benutzt, um das Fahrzeug zu „lenken". Die eigentliche Aufgabe der Radbremsen, das Fahrzeug zu verzögern oder zum Stillstand zu bringen, wird durch das ESP noch mit der Funktion ergänzt, das Fahrzeug bei allen Fahrzuständen stabil in der Spur zu halten, soweit es die physikalischen Grenzen zulassen.

Das gezielte Bremsen einzelner Räder, z. B. des kurveninneren Hinterrades bei Untersteuerung oder des kurvenäußeren Vorderrades bei Übersteuerung (Bild 2), trägt dazu bei, dieses Ziel bestmöglich zu erfüllen. Zudem kann ESP die Antriebsräder durch bestimmte Motoreingriffe auch beschleunigen, um so die Stabilität des Fahrzeugs zu gewährleisten.

Mit dieser *Individualregelung* ist ein Fahrzeug dirigierbar, indem einzelne Räder gebremst (selektives Bremsen) oder die Antriebsräder beschleunigt werden. ESP mindert so in kritischen Situationen die Gefahr einer Kollision oder eines Überschlags; ein Abkommen von der Fahrbahn wird innerhalb der physikalischen Grenzen vermieden. Der Autofahrer kann damit gezielt unterstützt und die Sicherheit im Straßenverkehr gesteigert werden.

Zum Vergleich der Fahreigenschaften im Grenzbereich eines Fahrzeugs mit und eines Fahrzeugs ohne ESP sind nachfolgend vier Beispiele aufgeführt. Jedes der dargestellten Fahrmanöver wurde nach vorangegangenen Fahrversuchen mit einem Simulationsprogramm der Wirklichkeit nachempfunden. Weitere Fahrversuche haben die Ergebnisse bestätigt.

2 Querdynamik bei einem Pkw mit ESP

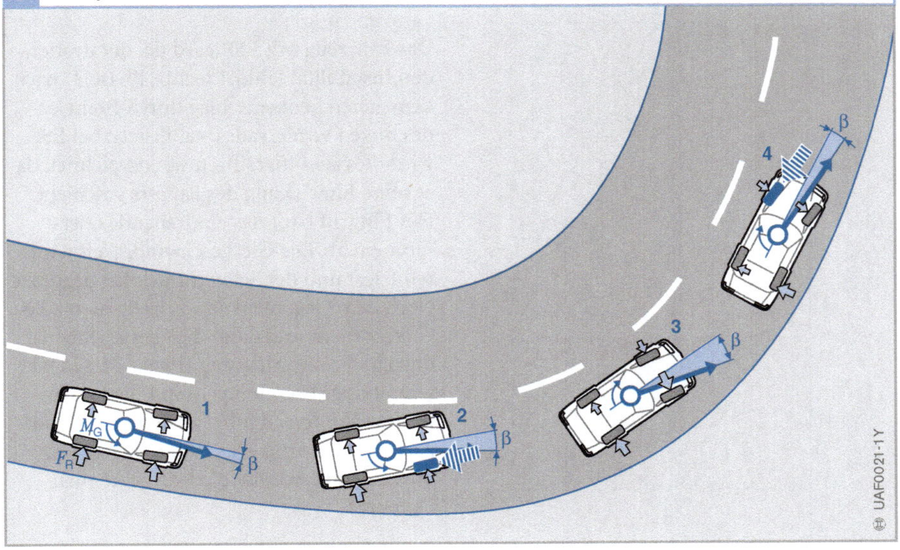

Bild 2
1 Fahrer lenkt, Seitenkraftaufbau
2 drohende Instabilität, ESP-Eingriff vorne rechts
3 Pkw bleibt unter Kontrolle
4 drohende Instabilität, ESP-Eingriff vorne links, vollständige Stabilisierung

M_G Giermoment
F_R Radkräfte.
β Fahrtrichtungsabweichung von der Fahrzeuglängsachse (Schwimmwinkel)
Bremskrafterhöhung

Fahrmanöver

Schnelles Lenken und Gegenlenken

Dieses Fahrmanöver ist einem Spurwechsel- oder einem schnellen Lenkmanöver vergleichbar,

- wie es z. B. bei einem zu schnellen Einfahren in eine enge Kurvenfolge auftreten kann,
- wie es vor einem plötzlich auftauchenden Hindernis auf einer Landstraße bei Gegenverkehr eingeleitet werden muss, oder
- wie es bei einem abrupt abgebrochenen Überholmanöver auf der Autobahn durchgeführt werden muss.

Die Bilder 3 und 4 zeigen das Fahrverhalten von zwei Fahrzeugen (mit und ohne ESP) beim Durchfahren einer Rechts-Links-Kurvenkombination mit schnellem Lenken und Gegenlenken

- auf griffiger Fahrbahn (Haftreibungszahl $\mu_{HF} = 1$),
- ohne Bremseingriff des Fahrers,
- mit einer Ausgangsgeschwindigkeit von 144 km/h.

Zunächst verhalten sich beide Fahrzeuge gleich. Sie fahren mit denselben Voraussetzungen auf die Kurvenfolge zu. Die Fahrer beginnen zu lenken (Phase 1).

Fahrzeug ohne ESP

Bereits nach dem ersten ruckartigen Lenkeinschlag droht das Fahrzeug ohne ESP instabil zu werden (Bild 4 links, Phase 2). An den Vorderrädern werden durch den Lenkeinschlag innerhalb kürzester Zeit sehr große Seitenkräfte erzeugt, an den Hinterrädern bauen sie sich dagegen erst verzögert auf. Das Fahrzeug dreht sich rechts um seine Hochachse herum (eindrehendes Giermoment). Auf das Gegenlenken (zweiter Lenkeinschlag, Phase 3) reagiert das ungeregelte Fahrzeug nicht, d. h., es ist nicht mehr beherrschbar. Die Giergeschwindigkeit und der Schwimmwinkel steigen stark an, das Fahrzeug schleudert (Phase 4).

Fahrzeug mit ESP

Das Fahrzeug mit ESP wird bei der drohenden Instabilität (Bild 4 rechts, Phase 2) nach dem ersten Lenkeinschlag durch Bremsen des linken Vorderrades stabilisiert: bei ESP wird dies als aktives Bremsen bezeichnet, da es ohne Einwirkung des Fahrers geschieht. Der Eingriff baut das eindrehende Giermoment ab. Die Giergeschwindigkeit wird reduziert und der Schwimmwinkel begrenzt. Nach dem Gegenlenken wechselt zuerst das Giermoment und dann die Giergeschwindigkeit die Wirkrichtung (Phase 3). Ein weiterer kurzer Bremseingriff in Phase 4 am rechten Vorderrad führt zu einer vollständigen Stabilisierung. Das Fahrzeug folgt der durch den Lenkradwinkel vorgegebenen Fahrspur.

3 Zeitverläufe fahrdynamischer Größen beim Durchfahren einer Rechts-Links-Kurvenfolge

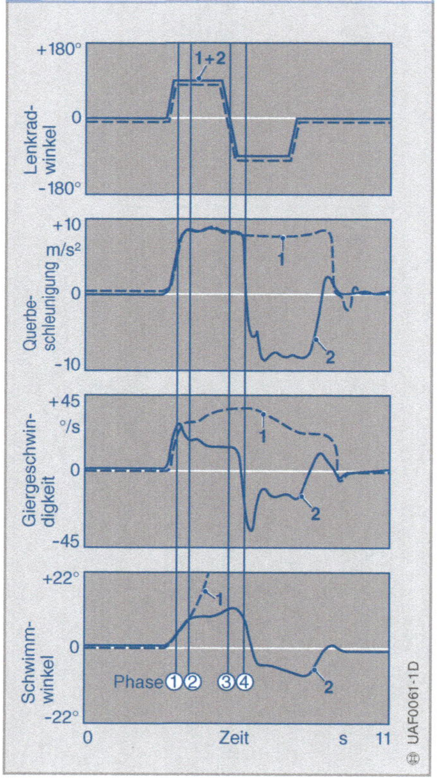

Bild 3
1 Fahrzeug ohne ESP
2 Fahrzeug mit ESP

4 Fahrspurverlauf beim Durchfahren einer Rechts-Links-Kurvenfolge

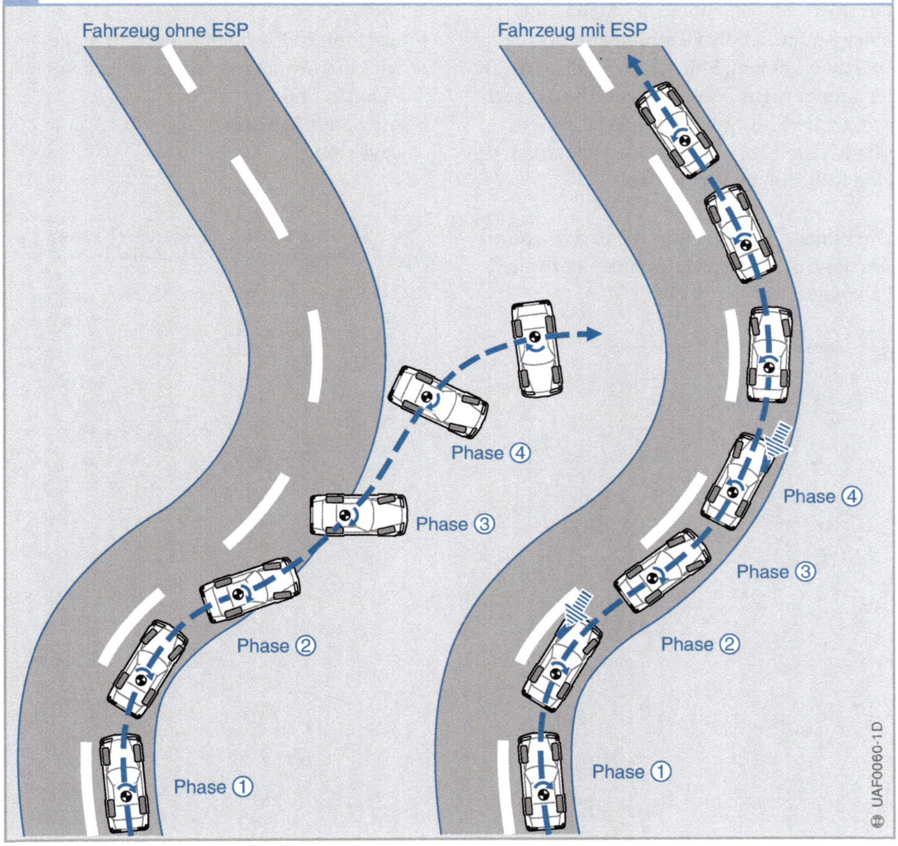

5 Über- und untersteuerndes Verhalten bei Kurvenfahrt

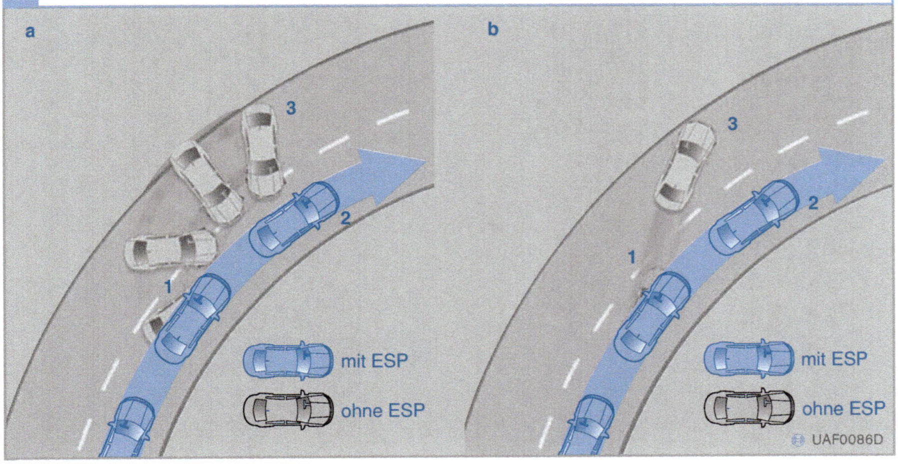

Bild 4

Bremskrafterhöhung

① Fahrer lenkt, Seitenkraftaufbau

② drohende Instabilität rechts: ESP-Eingriff vorne links

③ Gegenlenken links: Fahrzeug gerät außer Kontrolle rechts: Fahrzeug bleibt unter Kontrolle

④ links: Fahrzeug nicht mehr beherrschbar rechts: ESP-Eingriff vorne rechts, vollständige Stabilisierung

Bild 5

a Übersteuerndes Verhalten
1 Das Fahrzeug drängt mit dem Heck nach außen
2 ESP bremst das kurvenäußere Vorderrad ab und reduziert damit die Schleudergefahr
3 Das Fahrzeug ohne ESP schleudert

b Untersteuerndes Verhalten
1 Das Fahrzeug drängt mit der Front nach außen
2 ESP bremst das kurveninnere Hinterrad ab und reduziert damit die Untersteuergefahr
3 Das Fahrzeug ohne ESP verlässt untersteuernd die Fahrbahn

Fahrspurwechsel mit Vollbremsung

Befindet sich das Ende eines Staus hinter einer Kuppe, ist die Gefahrensituation sehr spät zu erkennen. Reicht eine Vollbremsung jetzt nicht mehr aus, um das Fahrzeug rechtzeitig zum Stillstand zu bringen, muss zusätzlich die Fahrspur gewechselt werden, um eine Kollision zu vermeiden.

Die Bilder 6 und 7 zeigen die Ergebnisse eines derartigen Ausweichmanövers zweier Fahrzeuge:

- eines mit dem Antiblockiersystem (ABS) und
- eines mit ESP, wobei beide Fahrzeuge
- mit einer Anfangsgeschwindigkeit von 50 km/h und
- auf glatter Fahrbahn ($\mu_{HF} = 0{,}15$) unterwegs sind.

6 Fahrspurwechsel mit Vollbremsung

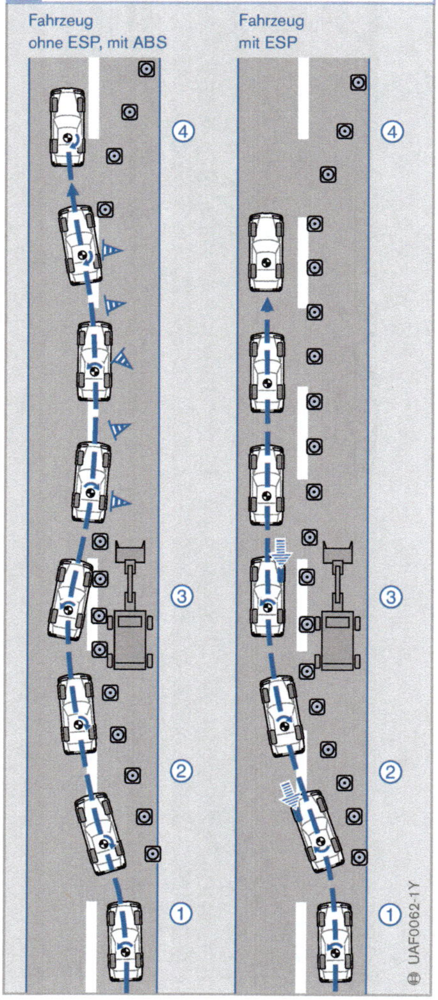

7 Zeitverläufe fahrdynamischer Größen bei einem Fahrspurwechsel mit Vollbremsung bei $v_0 = 50$ km/h und $\mu_{HF} = 0{,}15$

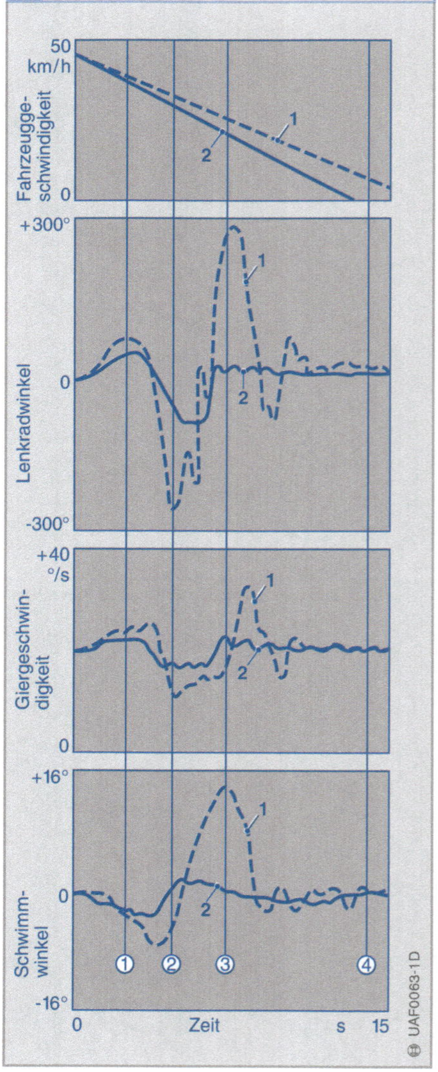

Bild 6
$v_0 = 50$ km/h
$\mu_{HF} = 0{,}15$

Bremsschlupferhöhung

Bild 7
$v_0 = 50$ km/h
$\mu_{HF} = 0{,}15$

1 Fahrzeug ohne ESP
2 Fahrzeug mit ESP

Fahrzeug mit ABS, aber ohne ESP

Schon nach dem ersten Lenkeinschlag werden Schwimmwinkel und Giergeschwindigkeit so groß, dass der Fahrer beim Bremsen gegenlenken muss (Bild 6, links). Durch diesen Fahrereingriff entsteht ein Schwimmwinkel in die Gegenrichtung (er ändert sein Vorzeichen) und nimmt sehr rasch zu. Der Fahrer ist gezwungen, wieder schnell gegenzulenken. Es gelingt ihm gerade noch, das Fahrzeug zu stabilisieren und auf der Fahrbahn zum Stehen zu bringen.

Fahrzeug mit ESP

Das mit ESP geregelte Fahrzeug bleibt stabil, da die Giergeschwindigkeit und der Schwimmwinkel auf leicht beherrschbare Werte reduziert werden. Der Fahrer kann sich ganz auf seine eigentliche Lenkaufgabe konzentrieren, weil er nicht durch ein instabiles Fahrverhalten überrascht wird.

Der Lenkaufwand und damit die Anforderungen an den Fahrer sind dank ESP deutlich geringer. Außerdem hat das Fahrzeug, das mit ESP ausgestattet ist, einen kürzeren Bremsweg als das Fahrzeug mit ABS.

9 Über- und Untersteuern in der Kurve

Bild 9
1 Fahrzeug mit ESP
2 übersteuerndes Fahrzeug ohne ESP
3 untersteuerndes Fahrzeug ohne ESP

8 Kritisches Ausweichmanöver mit und ohne ESP

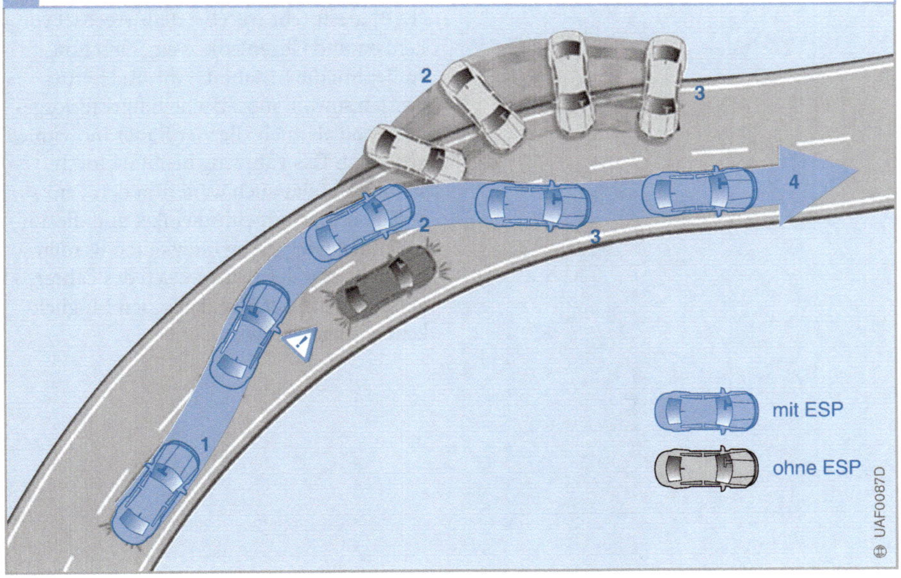

Bild 8

Fahrzeug ohne ESP
1 Fahrzeug fährt auf Hindernis zu
2 Fahrzeug bricht aus und folgt nicht den Lenkbewegungen des Fahrers
3 Fahrzeug rutscht unkontrolliert von der Straße

Fahrzeug mit ESP
1 Fahrzeug fährt auf Hindernis zu
2 Fahrzeug droht auszubrechen → ESP-Eingriff Fahrzeug folgt Lenkbewegungen
3 Fahrzeug droht beim Zurücklenken erneut auszubrechen → ESP-Eingriff
4 Fahrzeug ist stabilisiert

Mehrfaches Lenken und Gegenlenken mit zunehmendem Lenkradeinschlag

Beim Durchfahren mehrerer Links-Rechts-Kurvenfolgen, z. B. auf einer kurvigen Landstraße, befindet sich das Fahrzeug wie auf einem Slalomkurs. Bei solch einem hochdynamischen Fahrmanöver mit zunehmendem Lenkradwinkel zeigt sich die Wirkungsweise des ESP besonders gut.

Die Bilder 10 und 11 zeigen das Fahrverhalten zweier Fahrzeuge (einmal mit und einmal ohne ESP) bei einer solchen Fahrt

- auf einer schneebedeckten Fahrbahn ($\mu_{HF} = 0{,}45$),
- ohne Bremseingriff des Fahrers und
- mit einer konstanten Geschwindigkeit von 72 km/h.

10 Zeitverläufe fahrdynamischer Größen bei schnellem Lenken und Gegenlenken mit zunehmendem Lenkradeinschlag

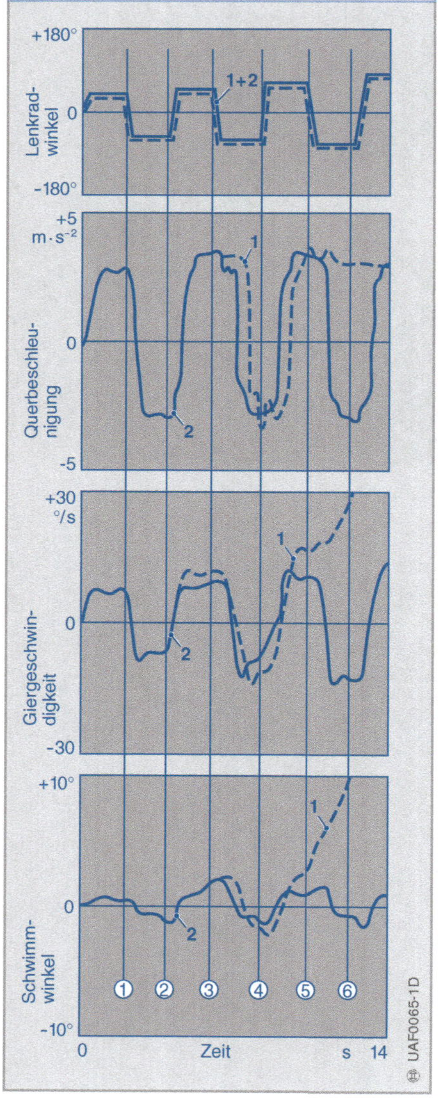

Bild 10
1 Fahrzeug ohne ESP
2 Fahrzeug mit ESP

Fahrzeug ohne ESP

Um eine konstante Geschwindigkeit zu halten, muss die Motorleistung kontinuierlich erhöht werden. Dadurch nimmt aber auch der Antriebsschlupf an den Antriebsrädern ständig zu. Sehr schnell wird beim Wechsel von Lenken und Gegenlenken mit einem Lenkradwinkel von 40° der Antriebsschlupf so groß, dass das ungeregelte Fahrzeug instabil wird. Bei einem nochmaligen Wechsel in die entgegengesetzte Richtung reagiert das Fahrzeug nicht mehr; es schleudert. Der Schwimmwinkel und die Giergeschwindigkeit steigen bei nahezu konstanter Querbeschleunigung stark an.

Fahrzeug mit ESP

Das Elektronische Stabilitäts-Programm (ESP) greift sehr früh bei dem Wechsel von Lenken und Gegenlenken ein, da schon zu Beginn die Instabilität droht. Hierbei werden sowohl motorische Eingriffe vorgenommen als auch alle vier Räder individuell gebremst. Das Fahrzeug bleibt dadurch stabil und folgt auch weiterhin den Lenkbefehlen. Der Schwimmwinkel und die auftretenden Giergeschwindigkeiten werden so geregelt, dass der Lenkwunsch des Fahrers entsprechend der physikalischen Möglichkeiten umgesetzt wird.

11 Fahrspurverlauf bei schnellem Lenken und Gegenlenken mit zunehmendem Lenkradeinschlag

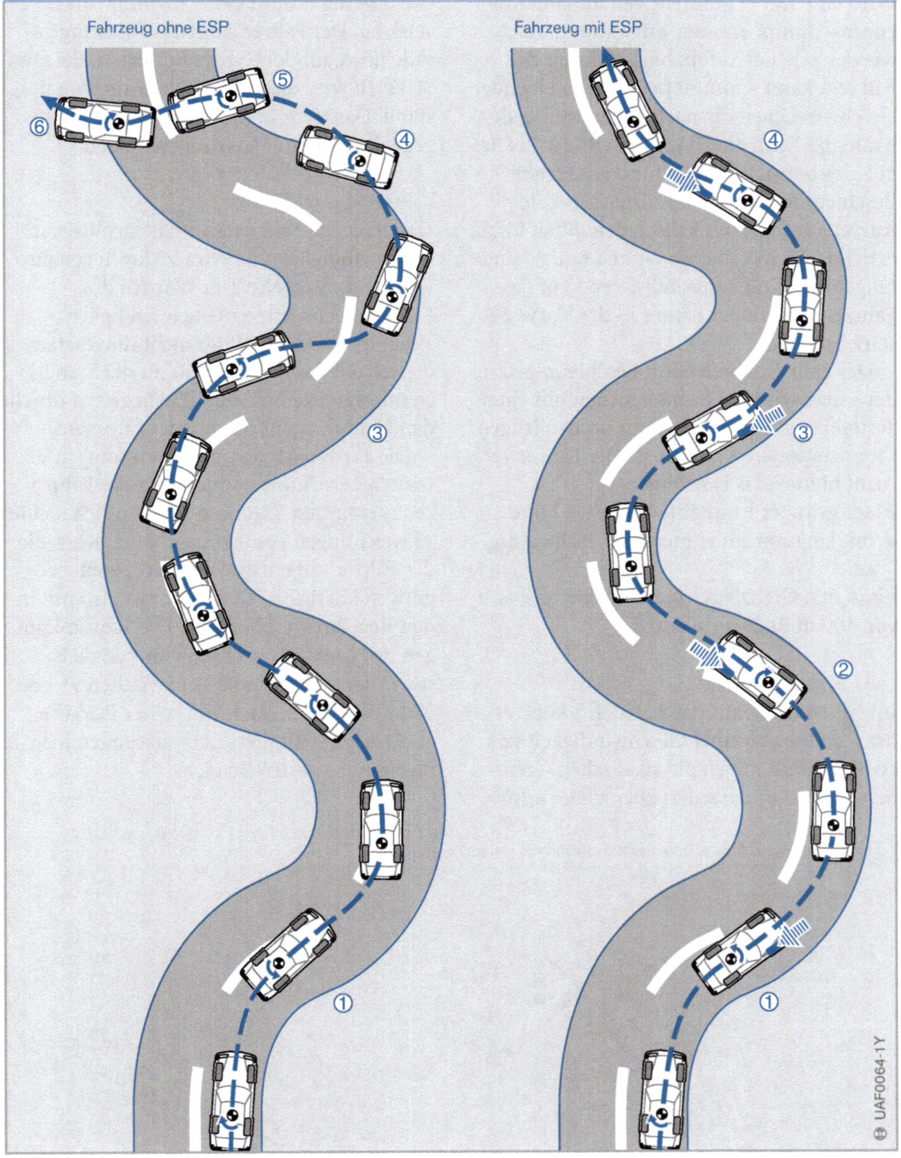

Bild 11
Bremskrafterhöhung

Beschleunigen/Verzögern in der Kurve

Wird eine Kurve in ihrem Verlauf langsam enger – nimmt also der Kurvenradius ab, wie das z. B. bei Autobahnausfahrten der Fall sein kann – nimmt bei gleich bleibender Geschwindigkeit die nach außen treibende Kraft, die Zentrifugalkraft, zu (Bild 12). Dies gilt gleichermaßen auch für das zu frühe Beschleunigen beim Ausfahren aus einer Kurve, was fahrphysikalisch denselben Effekt erzielt (Bild 13). Ebenso wirken radiale und tangentiale Kräfte instabilisierend auf das Fahrzeug, wenn der Fahrer in der Kurve zu stark bremst.

Das Fahrverhalten beim Beschleunigen in der Kurve wird bei Fahrversuchen mit einer Testfahrt auf einer Kreisbahn nachvollzogen (quasistationäre Kreisfahrt). Der Fahrer versucht hierbei das Fahrzeug

- auf griffiger Fahrbahn ($\mu_{HF} = 1{,}0$) und
- mit langsam zunehmender Geschwindigkeit

bis in den Grenzbereich auf einer Kreisbahn von 100 m Radius zu halten.

Fahrzeug ohne ESP

Im Fahrversuch auf der Kreisfahrt kommt das Fahrzeug ab einer Geschwindigkeit von etwa 95 km/h in den physikalischen Grenzbereich und untersteuert zuerst. Der erforderliche Lenkaufwand nimmt sehr stark zu. Gleichzeitig nimmt der Schwimmwinkel stark zu. Der Fahrer kann das Fahrzeug gerade noch auf der Kreisbahn halten. Bei etwa 98 km/h wird das ungeregelte Fahrzeug instabil. Das Heck bricht aus, der Fahrer muss gegenlenken und den Kreis verlassen.

Fahrzeug mit ESP

Das geregelte Fahrzeug verhält sich bis zur Geschwindigkeit von etwa 95 km/h genauso wie das ungeregelte. Der Wunsch des Fahrers nach weiterer Geschwindigkeitszunahme wird allerdings nicht umgesetzt, da sich das Fahrzeug bereits an der Stabilisierungsgrenze befindet. ESP begrenzt durch den Motoreingriff das Antriebsmoment.

Die aktiven Motor- und Bremseingriffe wirken der Untersteuertendenz des Fahrzeugs entgegen. Dadurch ergeben sich kleine Abweichungen vom vorgegebenen Kurs, die der Fahrer mit entsprechenden Lenkbewegungen korrigiert. Der Fahrer ist also mit in den Regelkreis einbezogen. Die Schwankungen des Lenkrad- und Schwimmwinkels sowie der Geschwindigkeit zwischen 95 und 98 km/h hängen auch von seiner Reaktion ab. Das ESP hält diese Schwankungen jedoch immer im stabilen Bereich.

12 Fahrspurverlauf bei verzögerter Kurvenfahrt mit festem Lenkradwinkel

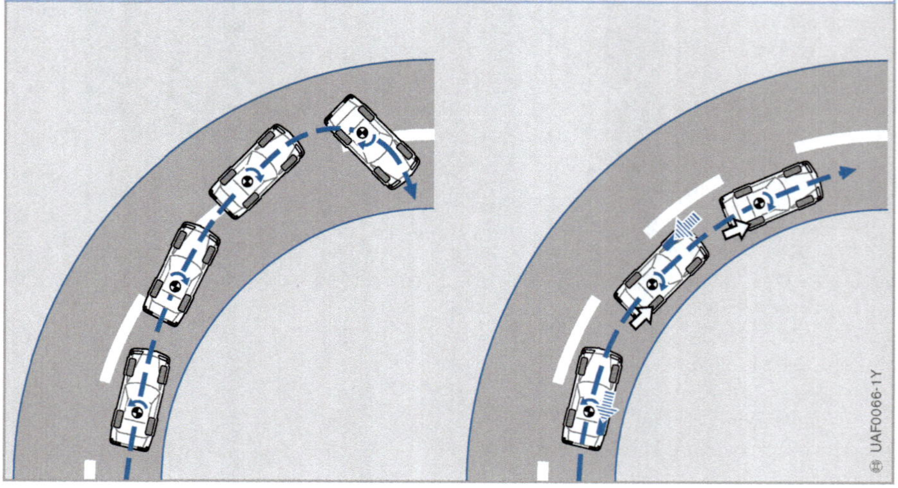

Bild 12
Bremskrafterhöhung
Bremskraftminderung

13 Fahrspurverlauf bei beschleunigter Kurvenfahrt

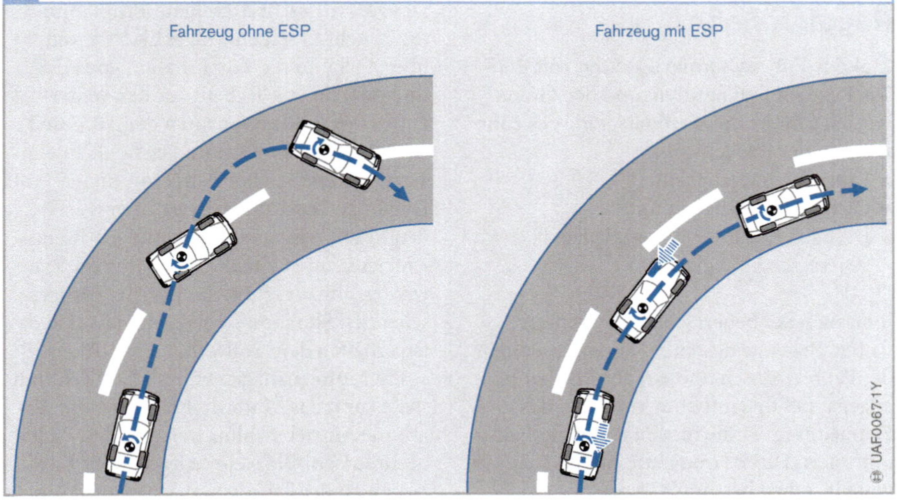

Bild 13
Bremskrafterhöhung

14 Vergleich einer Kurvenfahrt bei Fahrzeugen mit und ohne ESP

Gesamtregelkreis und Regelgrößen

Ziel der Fahrdynamikregelung mit ESP

Die Regelung im fahrdynamischen Grenzbereich soll die drei Freiheitsgrade des Fahrzeugs in der Ebene,

- Längsgeschwindigkeit,
- Quergeschwindigkeit und
- Drehgeschwindigkeit um die Hochachse (Giergeschwindigkeit),

innerhalb der beherrschbaren Grenzen halten. Bei angemessener Fahrweise werden der Fahrerwunsch und ein der Fahrbahn angepasstes dynamisches Verhalten des Fahrzeugs im Sinne maximaler Sicherheit optimiert. Hierzu muss, wie in Bild 1 dargestellt, zuerst bestimmt werden, wie sich das Fahrzeug im Grenzbereich dem Fahrerwunsch entsprechend verhalten soll (Sollverhalten) und wie es sich tatsächlich verhält (Istverhalten). Um den Unterschied zwischen Soll- und Istverhalten (Regelabweichung) zu verringern, müssen die Reifenkräfte indirekt über Stellglieder (Aktoren) beeinflusst werden.

System- und Regelungsstruktur

Das Elektronische Stabilitäts-Programm (ESP) geht in seinen Möglichkeiten weit über ABS und die Kombination von ABS und ASR hinaus. Es baut auf den weiterentwickelten Komponenten der ABS- und ABS/ASR-Systeme auf und ermöglicht ein aktives Bremsen aller Räder mit hoher Dynamik. Das Fahrzeugverhalten wird in den Regelkreis einbezogen, und die Brems-, Antriebs- und Seitenkräfte an den Rädern werden abhängig von der jeweilig vorherrschenden Situation so geregelt, dass sich das Istverhalten dem Sollverhalten annähert.

Ein Motormanagement mit CAN-Schnittstelle kann das Motordrehmoment und damit die Antriebsschlupfwerte an den Rädern beeinflussen. Die weiterentwickelten Komponenten der Fahrdynamikregelung können die längs- und querdynamischen Kräfte, die auf jedes einzelne Rad wirken, wahlweise und sehr präzise regeln.

Bild 2 zeigt das Regelsystem des ESP in einer schematischen Darstellung mit

- den Sensoren zur Bestimmung der Reglereingangsgrößen,
- dem ESP-Steuergerät mit dem in verschiedenen Ebenen strukturierten Regler (Reglerhierarchie), bestehend aus überlagertem Fahrdynamikregler und unterlagerten Schlupfreglern,
- den Stellgliedern (Aktoren) zur Beeinflussung der Brems-, Antriebs- und Seitenkräfte.

1 Prinzipielles Blockbild der Fahrdynamikregelung

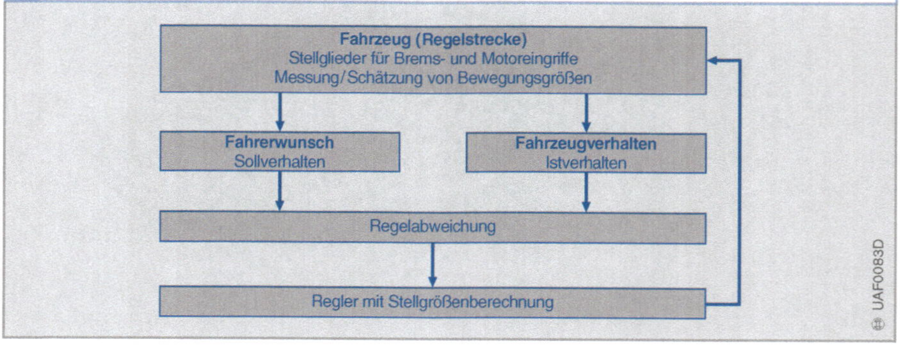

Hierarchische Reglerstruktur

Überlagerter Fahrdynamikregler

Aufgabe

Die Aufgabe des Fahrdynamikreglers besteht darin,

- das Istverhalten des Fahrzeugs aus dem Giergeschwindigkeitssignal und den im „Beobachter" geschätzten Schwimmwinkel zu ermitteln und dann
- das Fahrverhalten im fahrdynamischen Grenzbereich dem Verhalten im Normalbereich möglichst nahe kommen zu lassen (Sollverhalten).

Zur Bestimmung des Sollverhaltens werden Signale von folgenden Komponenten, die den Fahrerwunsch erfassen, ausgewertet:

- Motormanagementsystem (z. B. das Betätigen des Gaspedals),
- Vordrucksensor (z. B. das Betätigen der Bremse) oder
- Lenkradwinkelsensor (das Einschlagen des Lenkrads).

Der Fahrerwunsch ist damit als Sollwert definiert. Zusätzlich gehen in die Berechnung des Sollverhaltens die Haftreibungszahlen und die Fahrzeuggeschwindigkeit ein, die aus den Signalen der Sensoren für

- Raddrehzahl,
- Querbeschleunigung,
- Bremsdrücke und
- Giergeschwindigkeit im „Beobachter" geschätzt werden.

Das gewünschte Fahrverhalten wird durch Aufbringen eines Giermoments auf das Fahrzeug erreicht. Das gewünschte Giermoment wird durch Beeinflussung des Reifenschlupfes und damit der Längs- und Seitenkräfte erzeugt. Die Beeinflussung des Reifenschlupfes geschieht durch Änderungen der Sollschlupfvorgaben, die von den unterlagerten Brems- und Antriebsschlupfreglern eingestellt werden müssen.

Die Eingriffe werden dabei so vorgenommen, dass das vom Fahrzeughersteller vorgesehene Fahrverhalten sichergestellt und die Beherrschbarkeit gewährleistet wird.

2 Regelsystem der Fahrdynamikregelung im Fahrzeug

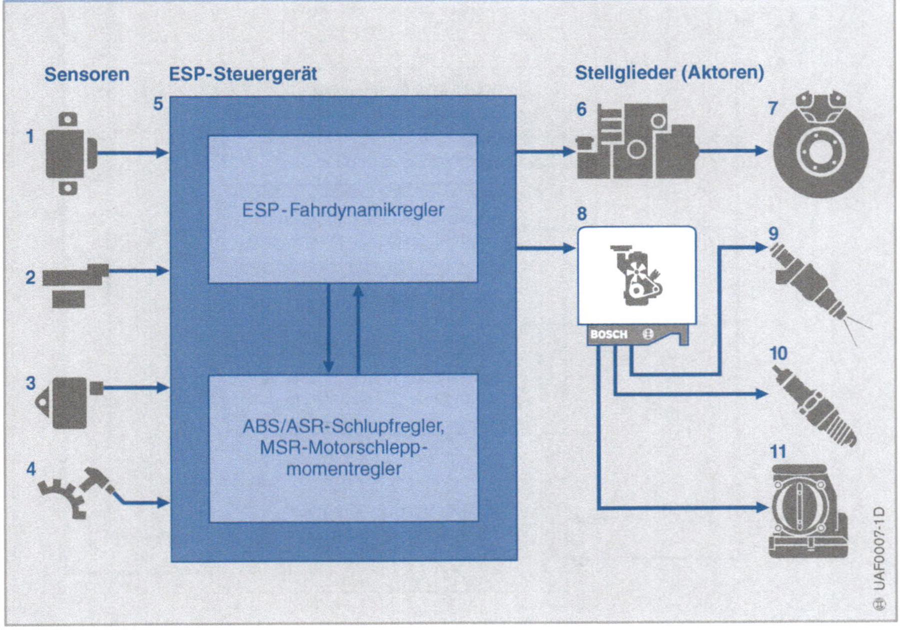

Bild 2

1 Drehratesensor mit Querbeschleunigungssensor
2 Lenkradwinkelsensor
3 Vordrucksensor
4 Drehzahlsensoren
5 ESP-Steuergerät
6 Hydroaggregat
7 Radbremsen
8 Steuergerät des Motormanagements
9 Kraftstoffeinspritzung

nur für Ottomotoren:
10 Zündwinkeleingriff
11 Drosselklappeneingriff (EGAS)

Um diesen Sollwert des Giermoments zu erzeugen, werden im Fahrdynamikregler die erforderlichen Sollwerte der Schlupfänderungen an den geeigneten Rädern ermittelt.

Die unterlagerten Brems- und Antriebsschlupfregler steuern die Aktoren der Bremshydraulik und des Motormanagements mit den ermittelten Werten an.

Aufbau

Bild 3 zeigt den Aufbau des Fahrdynamikreglers des ESP mit den Ein- und Ausgangsgrößen und dem Signalfluss in einem vereinfachten Blockbild. Aus den Größen

- Giergeschwindigkeit (Messgröße),
- Lenkradwinkel (Messgröße),
- Querbeschleunigung (Messgröße),
- Fahrzeuglängsgeschwindigkeit (Schätzgröße) und
- Reifenlängskräfte und Reifenschlupfwerte (Schätzgrößen)

ermittelt der Beobachter folgende Größen:

- Seitenkräfte am Rad,
- Schräglaufwinkel,
- Schwimmwinkel und
- Fahrzeugquergeschwindigkeit.

Die Sollwerte für den Schwimmwinkel und die Giergeschwindigkeit werden aus den

3 Vereinfachtes Blockschaltbild des Fahrdynamikreglers mit Ein- und Ausgangsgrößen

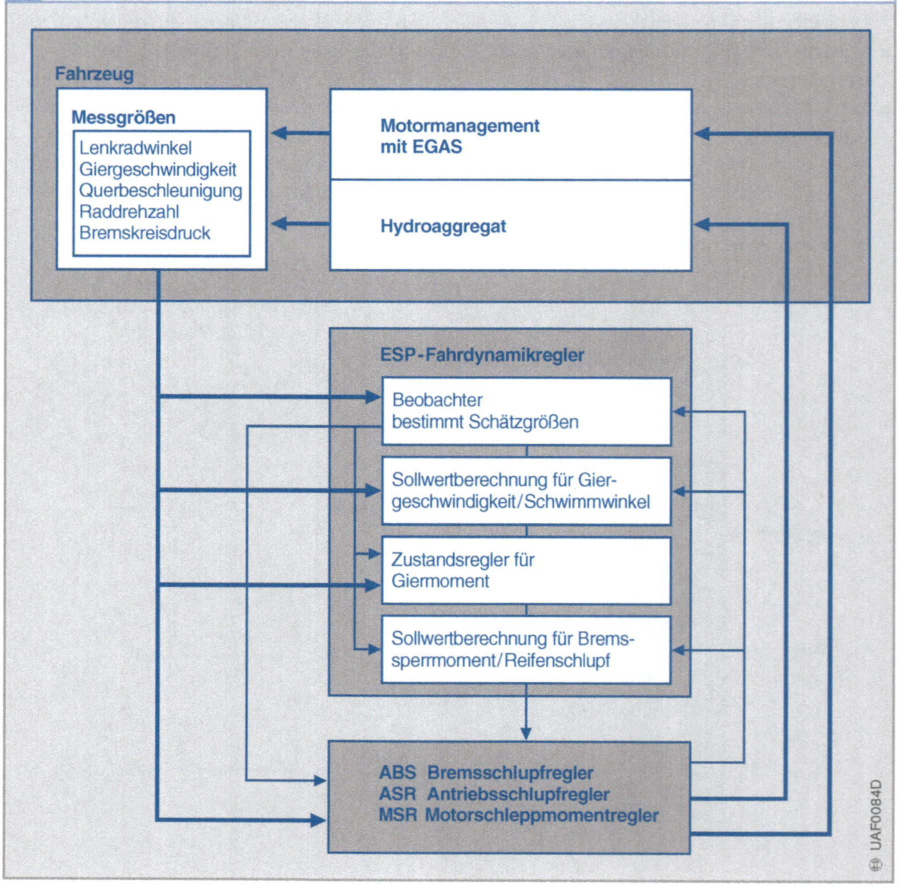

nachstehend aufgeführten Größen ermittelt, die vom Fahrer vorgegeben werden oder auf die der Fahrer einwirken kann:

- Lenkradwinkel,
- geschätzte Fahrzeuggeschwindigkeit,
- Haftreibungszahl, die aus der Längs- (Schätzgröße) und Querbeschleunigung (Messgröße) bestimmt wird, und
- Gaspedalstellung (Motormoment) oder Bremskreisdruck (Bremspedalkraft).

Dabei werden auch die speziellen Eigenschaften der Fahrzeugdynamik sowie besondere Situationen wie geneigte Fahrbahn oder „µ-split" (z. B. linke Fahrspur griffig, rechte Fahrspur glatt) berücksichtigt.

Arbeitsweise

Der Fahrdynamikregler regelt die beiden Zustandsgrößen Giergeschwindigkeit und Schwimmwinkel und berechnet das Giermoment, das benötigt wird, um die Istzustandsgrößen den Sollzustandsgrößen anzugleichen. Die Berücksichtigung des Schwimmwinkels im Regler nimmt mit steigenden Werten zu.

Dem Regelprogramm liegen die maximal mögliche Querbeschleunigung und andere fahrdynamisch wichtigen Größen zugrunde, die für jedes Fahrzeug im Versuch mit einer *stationären Kreisfahrt* ermittelt wurden. Der dabei ermittelte Zusammenhang zwischen Lenkwinkel sowie Fahrzeuggeschwindigkeit und Giergeschwindigkeit bildet sowohl bei gleichförmiger Fahrt als auch beim Bremsen und Beschleunigen die Grundlage für die Fahrzeugsollbewegung. Die Fahrzeugsollbewegung (Giersollgeschwindigkeit) ist als Einspurmodell in der Software gespeichert.

Die Giersollgeschwindigkeit muss entsprechend den Reibwertverhältnissen auf einen Wert begrenzt werden, der dem physikalisch noch „fahrbaren" Spurverlauf entspricht.

Wenn das Fahrzeug z. B. beim freien Rollen in einer Rechtskurve übersteuert und die Giersollgeschwindigkeit überschritten wird (das Fahrzeug will sich zu schnell um die eigene Hochachse drehen), dann erzeugt

▶ Einspurmodell

Bereiche der Querbeschleunigung

Pkw können Querbeschleunigungen bis zu 10 m/s² erreichen. Querbeschleunigungen im Kleinsignalbereich (0...0,5 m/s²) werden z. B. durch Straßenanregungen wie Spurrillen oder durch Seitenwind verursacht.

Der lineare Bereich reicht von 0,5...4 m/s². Typische querdynamische Manöver sind Fahrspurwechsel oder Lastwechselreaktionen in der Kurvenfahrt. Das hier auftretende Fahrzeugverhalten lässt sich durch das lineare Einspurmodell beschreiben.

Im Übergangsbereich (4...6 m/s²) verhalten sich einige Fahrzeuge noch linear, andere bereits nicht linear.

Der Grenzbereich oberhalb 6 m/s² wird nur in Extremsituationen, z. B. in unfallnahen Situationen, erreicht. Hier ist das Fahrzeugverhalten stark nicht linear.

Annahmen beim Einspurmodell

Wichtige Aussagen über das querdynamische Verhalten eines Fahrzeugs können über das lineare Einspurmodell gewonnen werden. In dem Einspurmodell werden die querdynamischen Eigenschaften einer Achse und deren Räder zu einem effektiven Rad zusammengefasst. In der einfachsten Version sind die berücksichtigten Eigenschaften linear angesetzt, sodass diese Modellversion als lineares Einspurmodell bezeichnet wird.

Die wichtigsten Modellannahmen sind:

- Kinematik und Elastokinematik der Achse werden nur linear berücksichtigt.
- Der Seitenkraftaufbau des Reifens ist linear und das Reifenrückstellmoment wird vernachlässigt.
- Die Schwerpunktshöhe befindet sich in Fahrbahnhöhe. Damit besitzt das Fahrzeug nur die Gierbewegung als rotatorischen Freiheitsgrad. Wanken, Nicken und Huben (translatorische Bewegung in z-Richtung) werden nicht berücksichtigt.

die Fahrdynamikregelung am linken Vorderrad einen Bremssollschlupf (das linke Vorderrad bremst). Dadurch entsteht eine nach links drehende Giermomentänderung auf das zum „Ausbrechen“ neigende Fahrzeug.

Wenn das Fahrzeug z. B. beim freien Rollen in einer Rechtskurve untersteuert und die Giersollgeschwindigkeit unterschritten wird (das Fahrzeug will sich zu langsam um die eigene Hochachse drehen), dann erzeugt die Fahrdynamikregelung am rechten Hinterrad einen Bremssollschlupf (das rechte Hinterrad bremst). Dadurch entsteht eine nach rechts drehende Giermomentenänderung auf das „über die Vorderachse schiebende“ Fahrzeug.

ESP-Reglerfunktionen bei ABS- und ASR-Betrieb

Um für die ABS- und ASR-Grundfunktionen den höchstmöglichen Kraftschluss zwischen Reifen und Fahrbahn in jeder Fahrsituation voll auszunutzen, werden alle vorliegenden Mess- und Schätzgrößen auch von den unterlagerten Reglern konsequent verwertet.

Im ABS-Betrieb (Neigung der Räder zum Blockieren) übergibt der Fahrdynamikregler an den unterlagerten Bremsschlupfregler folgende Werte:

- die Fahrzeugquergeschwindigkeit,
- die Giergeschwindigkeit,
- den Lenkradwinkel und
- die Radgeschwindigkeiten zur Einstellung des ABS-Sollschlupfs.

Im ASR-Betrieb (Neigung der Räder zum Durchdrehen beim Anfahren oder Beschleunigen) übergibt der Fahrdynamikregler an den unterlagerten Antriebsschlupfregler folgende Offset-Werte:

- Änderung des Sollwertes für den Antriebsschlupf,
- Änderung des Schlupftoleranzbandes und
- Änderung eines Wertes zur Beeinflussung der Momentenreduktion.

Unterlagerter Bremsschlupfregler (ABS)

Aufgabe

Der unterlagerte Bremsschlupfregler wird aktiv, sobald beim Bremsen der Sollschlupf überschritten wird und das ABS aktiviert werden muss. Die Regelung des Radschlupfes im ABS-Betrieb und im aktiven Bremsbetrieb muss für verschiedene fahrdynamische Eingriffe so exakt wie möglich geschehen. Um dabei einen vorgegebenen Sollwert zu erreichen, muss der Schlupf möglichst genau bekannt sein. Die Längsgeschwindigkeit des Fahrzeugs wird aber nicht direkt gemessen, sondern aus den Geschwindigkeiten der Räder bestimmt.

Aufbau und Arbeitsweise

Der Bremsschlupfregler „unterbremst“ kurzzeitig ein Rad, um die Geschwindigkeit des Fahrzeugs indirekt zu messen: die Schlupfregelung wird unterbrochen und das aktuelle Radbremsmoment definiert gesenkt und eine Zeit lang konstant gehalten. Unter der Annahme, dass das Rad gegen Ende dieser Zeit stabil läuft, kann die freirollende (schlupffreie) Radgeschwindigkeit berechnet werden.

Mit der Berechnung der Schwerpunktsgeschwindigkeit können die frei rollenden Radgeschwindigkeiten aller vier Räder ermittelt werden. Somit kann auch für die verbleibenden drei geregelten Räder der tatsächliche Schlupf berechnet werden.

Unterlagerter Motorschleppmomentregler (MSR)

Aufgabe

Die Trägheit der sich bewegenden Teile in einem Motor bewirken beim Zurückschalten oder abrupten Gaswegnehmen immer eine bremsende Kraft auf die Antriebsräder. Wird diese Kraft und damit das wirkende Moment zu hoch, kann es nicht mehr von den Reifen auf die Straße übertragen werden. In dieser Situation greift die Motorschleppmomentregelung (durch „leichtes Gasgeben“) ein.

Aufbau und Arbeitsweise
Neigen die Räder zum Blockieren, weil sich z. B. der Fahrbahnuntergrund ändert und deshalb das Motorbremsmoment zu hoch geworden ist, kann dieser Tendenz durch „leichtes Gasgeben" entgegengewirkt werden. Das heißt, das Steuergerät erhöht durch Ansteuern der entsprechenden Aktoren des Motormanagements mit EGAS-Funktion das Antriebsmoment. Das antreibende Rad wird in den erlaubten Grenzen mit dem Motoreingriff geregelt.

Unterlagerter Antriebsschlupfregler (ASR)

Aufgabe
Der unterlagerte Antriebsschlupfregler wird aktiv, sobald z. B. beim Anfahren oder Beschleunigen die Antriebsräder den Sollschlupf überschreiten und die ASR-Funktion aktiviert werden muss. Er hat u. a. die Aufgabe, das Motorsollmoment im Antriebsfall auf das auf die Fahrbahn übertragbare Antriebsmoment zu begrenzen, um damit ein Durchdrehen der Antriebsräder zu verhindern.

Eingriffe an den angetriebenen Rädern werden entweder durch Bremsen bzw. das Motormanagement eingesteuert. Beim Dieselmotor reduziert die Elektronische Dieselregelung (EDC) über die eingespritzte Kraftstoffmenge das Motormoment. Beim Ottomotor kann dies durch Verstellung der Drosselklappe (EGAS), aber auch über den Zündwinkel oder Einspritzausblendung vorgenommen werden.

Aktive Bremseingriffe an den nicht angetriebenen Rädern werden über den Bremsschlupfregler direkt eingesteuert. Abweichend vom ABS erhält ASR vom Fahrdynamikregler Werte für die Änderung des Sollschlupfes und der zulässigen Schlupfdifferenz der angetriebenen Achse(n). Diese Änderungen wirken in Form eines Offsets auf die im ASR ermittelten Grundwerte.

Aufbau
Die Sollwerte für die Kardanwellen- und Raddifferenzdrehzahl werden aus den Schlupfsollwerten und den frei rollenden Radgeschwindigkeiten gebildet. Die Regelgrößen Kardanwellen- und Raddifferenzdrehzahl werden aus den jeweiligen Radgeschwindigkeiten der Antriebsräder ermittelt.

Arbeitsweise
Das ASR-Modul berechnet die Bremssollmomente für die beiden Antriebsräder und den Sollwert für die Motormomentreduzierung über das Motormanagement.

Auf die Kardanwellendrehzahl wirkt das Trägheitsmoment des gesamten Antriebsstrangs (Motor, Getriebe, Kardanwelle und Antriebsräder). Die Kardanwellendrehzahl wird deshalb durch eine relativ große Zeitkonstante (geringe Dynamik) beschrieben. Dagegen ist die Zeitkonstante der Raddifferenzdrehzahl relativ klein, weil deren Dynamik fast ausschließlich durch die Trägheitsmomente der beiden Räder bestimmt wird. Außerdem wird die Raddifferenzdrehzahl im Gegensatz zur Kardanwellendrehzahl nicht vom Motor beeinflusst.

Kardanwellen- und Differenzsollmoment sind die Basis für die Zumessung der Stellkräfte bei den Aktoren. Das Differenzsollmoment wird durch den Bremsmomentunterschied zwischen linkem und rechtem Antriebsrad über eine entsprechende Ventilansteuerung im Hydroaggregat eingestellt.

Das Kardanwellensollmoment wird sowohl durch die Motoreingriffe als auch durch einen symmetrischen Bremseingriff erreicht. Der Drosselklappeneingriff beim Ottomotor ist nur mit relativ großer Verzögerung (Totzeit und Übergangsverhalten des Motors) wirksam. Als schneller Motoreingriff wird eine Zündwinkelspätverstellung und als weitere Möglichkeit eine zusätzliche Einspritzausblendung eingesetzt. Der symmetrische Bremseingriff dient dabei zur kurzfristigen Unterstützung der Motormomentreduzierung.

Mikromechanische Drehratesensoren

Anwendung

Mikromechanische Siliziumdrehrate- bzw. Giergeschwindigkeitssensoren (auch Gyrometer genannt) erfassen in Fahrzeugen mit Elektronischem Stabilitäts-Programm ESP zur Fahrdynamikregelung die Drehbewegungen eines Fahrzeugs um seine Hochachse, z. B. bei gewöhnlichen Kurvenfahrten, aber auch beim Ausbrechen oder Schleudern.

Diese Sensoren sind dabei, als kostengünstige, kompakt bauende Sensoren die bisher üblichen feinmechanischen Sensoren abzulösen.

1 Struktur des Drehratesensors MM1

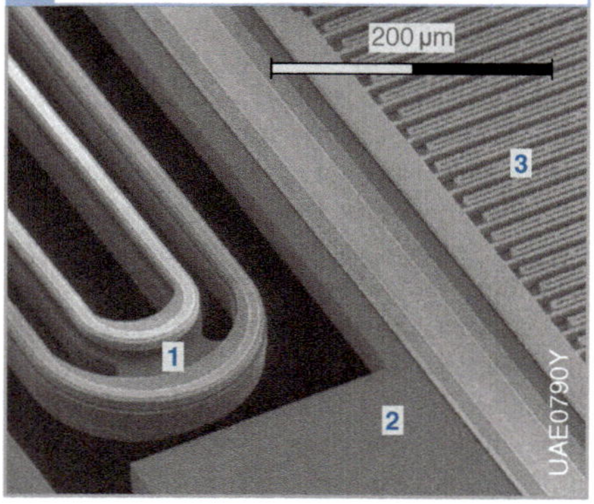

Bild 1
1 Halte-/Führungsfeder
2 Teil des Schwingkörpers
3 Coriolis-Beschleunigungssensor

Aufbau und Arbeitsweise

Mikromechanischer Drehratesensor MM1

Zur Erzielung der für Fahrdynamiksysteme erforderlichen hohen Genauigkeit wird eine Mischtechnologie eingesetzt: zwei dickere, mittels Bulk-Mikromechanik aus einem Wafer herausgearbeitete Masseplatten schwingen im Gegentakt in ihrer Resonanzfrequenz, die durch ihre Masse und ihre Koppelfedersteife bestimmt ist (>2 kHz). Sie tragen jede einen oberflächenmikromechanischen, kapazitiven Beschleunigungssensor kleinster Abmessung, der Coriolis-Beschleunigungen in der Waferebene senkrecht zur Schwingrichtung erfassen kann, wenn sich der Sensorchip mit der Drehrate Ω um seine Hochachse dreht (Bilder 1 und 2). Sie sind proportional zum Produkt aus der Drehrate und der elektronisch auf einen konstanten Wert geregelten Schwinggeschwindigkeit.

Zum Antrieb dient eine einfache, Strom führende Leiterbahn auf der jeweiligen Schwingplatte, die in einem dauermagnetischen Feld B senkrecht zur Chipfläche eine Lorentz-Kraft erfährt. Mittels eines ebenso einfachen, Chipfläche sparenden Leiters wird mit dem gleichen Magnetfeld auf induktive Weise direkt die Schwinggeschwindigkeit gemessen. Die unterschiedliche physikalische Natur von Antriebs- und Sensorsystem vermeidet unerwünschtes

2 Mikromechanischer Drehratesensor MM1 (Aufbau)

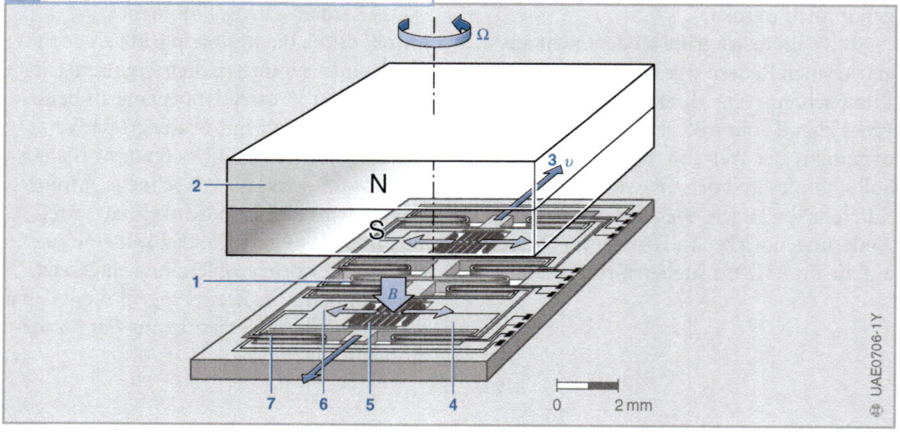

Bild 2
1 Frequenzbestimmende Koppelfeder
2 Dauermagnet
3 Schwingrichtung
4 Schwingkörper
5 Coriolis-Beschleunigungssensor
6 Richtung der Coriolis-Beschleunigung
7 Halte-/Führungsfeder

Ω Drehrate
v Schwinggeschwindigkeit
B dauermagnetisches Feld

Übersprechen zwischen beiden Teilen. Die beiden gegenläufigen Sensorsignale werden zur Unterdrückung externer Fremdbeschleunigungen (Gleichtaktsignal) voneinander subtrahiert (durch Summenbildung kann man jedoch auf vorteilhafte Weise auch die äußere Fremdbeschleunigung messen). Der präzise mikromechanische Aufbau hilft, den Einfluss hoher Schwingbeschleunigung gegenüber der um mehrere Zehnerpotenzen niedrigeren Coriolis-Beschleunigung zu unterdrücken (Querempfindlichkeit weit unter 40 dB). Antriebs- und Messsystem sind hier mechanisch und elektrisch strengstens entkoppelt.

Mikromechanischer Drehratesensor MM2

Wird der Si-Drehratesensor ganz in Oberflächenmikromechanik (OMM) hergestellt und gleichzeitig das magnetische Antriebs- und Regelsystem durch ein elektrostatisches ersetzt, so lässt sich die Entkopplung von Antriebs- und Messsystem weniger konsequent verwirklichen: Ein zentral gelagerter Drehschwinger wird von Kammstrukturen (Bilder 3 und 4) elektrostatisch zu einer Schwingung angetrieben, deren Amplitude mithilfe eines gleichartigen, kapazitiven Abgriffs konstant geregelt wird. Coriolis-Kräfte erzwingen eine gleichzeitige „out-of-plane"-Kippbewegung, deren Amplitude zur Drehrate Ω proportional ist und die von den unter dem Schwinger liegenden Elektroden kapazitiv detektiert wird. Um diese Bewegung nicht zu sehr zu bedämpfen, muss der Sensor in Vakuum betrieben werden. Zwar führt die geringere Chipgröße und der einfachere Herstellprozess zu einer deutlichen Kostenreduktion, doch verringert die Verkleinerung auch den ohnehin nicht großen Messeffekt und damit die erzielbare Genauigkeit. Sie stellt höhere Anforderungen an die Elektronik. Der Einfluss von seitlichen Fremdbeschleunigungen ist hier durch Lagerung in der Schwerpunktachse sowie hohe Biegesteifigkeit des Systems gegen Störbeschleunigungen vorteilhafterweise bereits mechanisch unterdrückt.

4 Struktur des Drehratesensors MM2

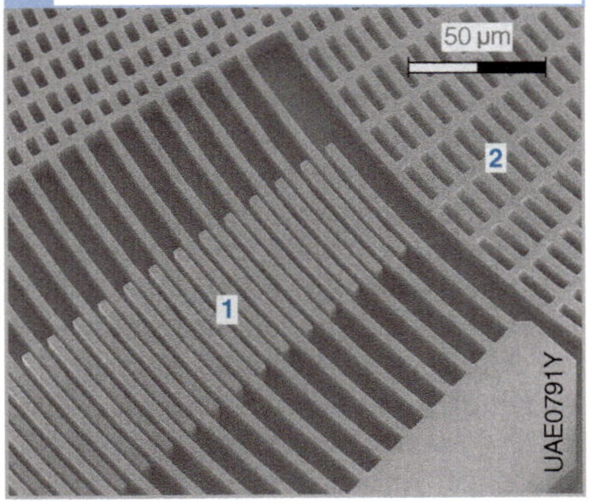

Bild 4
1 Kammstruktur
2 Drehschwinger

3 Oberflächenmikromechanischer Drehratesensor MM2 (Aufbau)

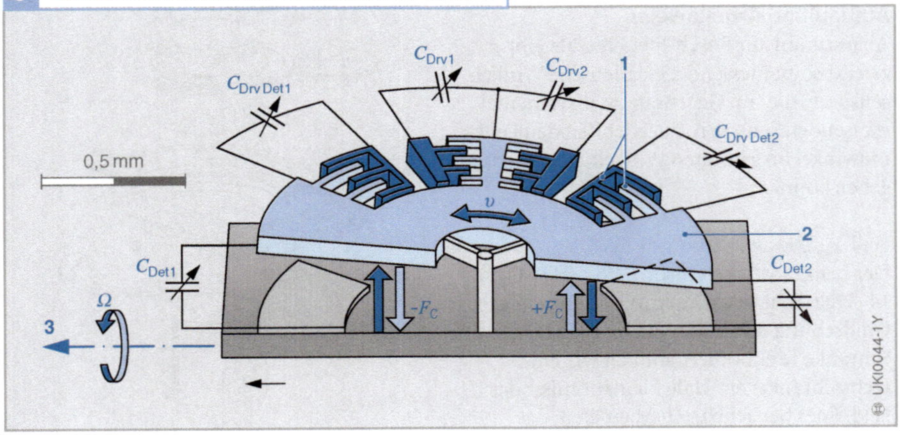

Bild 3
1 Kammstruktur
2 Drehschwinger
3 Messachse

C_{Drv} Antriebselektroden
C_{Det} kapazitiver Drehschwingabgriff
F_C Coriolis-Kraft
v Schwinggeschwindigkeit
$\Omega = \Delta C_{Det}$, zu messende Drehrate

Lenkradwinkelsensoren

Anwendung

Das Elektronische Stabilitäts-Programm (ESP) hat die Aufgabe, das Fahrzeug mit gezielten Bremseingriffen auf dem vom Fahrer vorgegebenen Sollkurs zu halten. Dazu werden in einem Steuergerät der eingestellte Lenkradwinkel und der eingegebene Bremsdruck mit der tatsächlichen Drehbewegung und der Geschwindigkeit des Fahrzeugs verglichen und bei Bedarf einzelne Räder abgebremst. Damit wird der „Schwimmwinkel" (Abweichung zwischen Fahrzeugachse und Fahrzeugbewegung) klein gehalten und ein Ausbrechen bis zum Erreichen der physikalischen Grenzen verhindert.

Zur Erfassung des Lenkradwinkels sind prinzipiell alle Arten von Winkelsensoren geeignet. Um die Sicherheit zu gewährleisten, werden aber Ausführungen benötigt, die entweder auf einfache Art auf Plausibilität geprüft werden können oder die sich idealerweise selbst überprüfen können. Eingesetzt werden Potentiometer, optische Code-Erfassung und magnetische Prinzipien. Bei den meisten verwendeten Sensoren ist allerdings eine ständige Registrierung und Speicherung der aktuellen Umdrehung des Lenkrads erforderlich, da gängige Winkelsensoren maximal 360° messen können, ein Pkw-Lenkrad aber einen Winkelbereich von ±720° (vier Umdrehungen insgesamt) hat.

Aufbau und Arbeitsweise

Abgestimmt auf Bosch-Steuergeräte gibt es zwei absolut messende, magnetische Winkelsensoren, die (im Gegensatz zu inkremental messenden Sensoren) zu jeder Zeit den Lenkradwinkel im gesamten Winkelbereich ausgeben können.

Hall-Lenkradwinkelsensor LWS1

Der Lenkradwinkelsensor LWS1 erfasst mit 14 „Hall-Schranken" den Winkel und die Umdrehung des Lenkrads. Eine Hall-Schranke funktioniert ähnlich wie eine Lichtschranke: ein Hall-Element misst das Feld eines benachbarten Magneten, das durch eine mit der Lenksäule drehbaren metallischen Codescheibe stark geschwächt oder abgeschirmt werden kann. Auf diese Weise ergibt sich mit neun Hall-IC der Winkel des Lenkrads als digitale Information. Die restlichen fünf Hall-Sensoren registrieren die Umdrehung, die durch eine Getriebeuntersetzung im Verhältnis 4:1 in den eindeutigen 360°-Bereich übertragen wird.

Die Explosionsdarstellung des Lenkradwinkelsensors LWS1 (Bild 1) zeigt oben die neun Magnete, die durch die darunter liegende weichmagnetische Codescheibe je nach Lenkradstellung einzeln abgeschirmt werden. Auf der Leiterplatte direkt darunter befinden sich Hall-Schalter (IC) und ein Mikroprozessor, in dem Plausibilitätstests ablaufen sowie die Winkelinformation dekodiert und für den CAN-Bus aufbereitet wird. Im unteren Bereich folgen das Getriebe und die weiteren fünf Hall-Schranken.

1 Explosionsdarstellung des digitalen Hall-Lenkradwinkelsensors LWS1

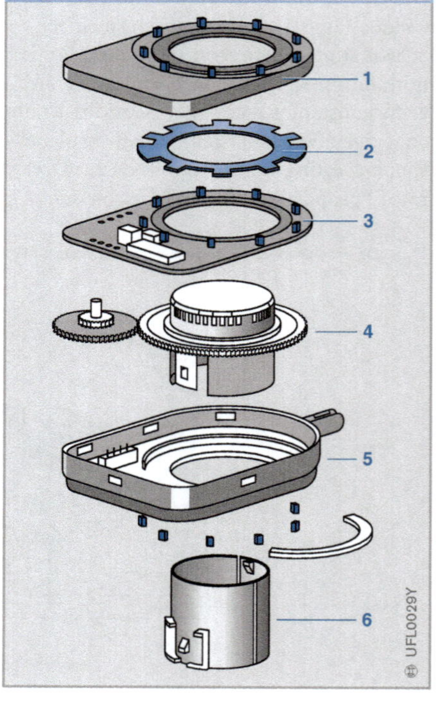

Bild 1
1 Gehäusedeckel mit neun äquidistant angeordneten Permanentmagneten
2 Codescheibe (weichmagnetisches Material)
3 Leiterplatte mit 9 Hall-Schaltern und Mikroprozessor
4 Getriebe
5 weitere fünf Hall-Schranken
6 Befestigungshülse für Lenksäule

Die hohe Zahl von Sensorelementen sowie die erforderliche äquidistante (in gleichen Abständen) und zu den Hall-IC fluchtende Anordnung der Magnete hat zu einer Ablösung des Lenkradwinkelsensors LWS1 durch den LWS3 geführt.

Magnetoresistiver Lenkradwinkelsensor LWS3

Auch der Lenkradwinkelsensor LWS3 arbeitet mit „Anisotrop magnetoresistiven Sensoren" (AMR), deren elektrischer Widerstand sich durch die Richtung eines äußeren Magnetfelds verändert. Die Winkelinformation über einen Bereich von vier vollen Umdrehungen ergibt sich dabei durch das Messen der Winkel zweier Zahnräder, die ein Zahnrad auf der Lenkwelle antreibt. Die beiden Zahnräder haben einen Zahn Differenz, wodurch zu jeder möglichen Stellung des Lenkrades ein eindeutiges Winkelwertepaar gehört.

Durch einen mathematischen Algorithmus (nach bestimmtem Schema ablaufender Rechenvorgang), der als modifiziertes Noniusprinzip bezeichnet wird, kann auf diese Weise der Lenkradwinkel in einem Mikroprozessor berechnet werden, wobei selbst Messungenauigkeiten der beiden AMR-Sensoren korrigiert werden können. Zusätzlich besteht die Möglichkeit einer Selbstkontrolle, sodass über den CAN-Ausgang ein sehr plausibler Messwert an das Steuergerät übermittelt werden kann.

Bild 2 zeigt den schematischen Aufbau des Lenkradwinkelsensors LWS3. Zu erkennen sind die beiden Zahnräder, in denen Magnete eingelassen sind. Darüber sind die Sensoren und die Auswerteelektronik angeordnet.

Auch bei dieser Ausführung zwingt der Kostendruck, neue Sensierungsmöglichkeiten zu untersuchen. Dabei wird geprüft, ob ein einzelner AMR-Winkelsensor (LWS4), der dann allerdings nur 360° eindeutig messen kann, am Wellenende der Lenkachse ausreicht, um die erforderliche Sicherheit für ESP gewährleisten zu können (Bild 4).

2 AMR-Lenkradwinkelsensor LWS3 (Prinzip)

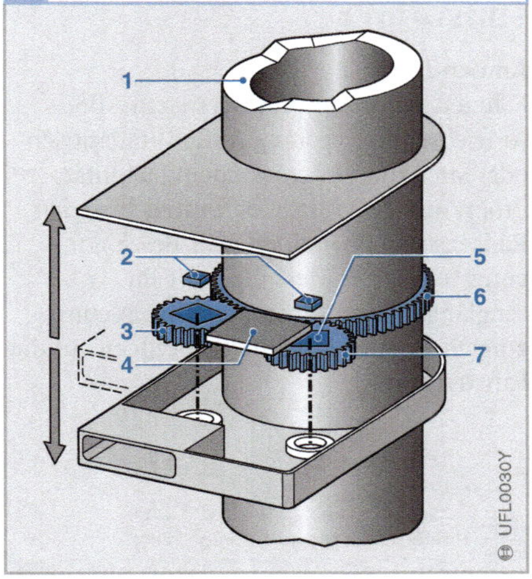

Bild 2
1 Lenkwelle
2 AMR-Messzellen
3 Zahnrad mit m Zähnen
4 Auswerteelektronik
5 Magnete
6 Zahnrad mit n > m Zähnen
7 Zahnrad mit m +1 Zähnen

3 AMR-Lenkradwinkelsensor LWS3 (Ansicht)

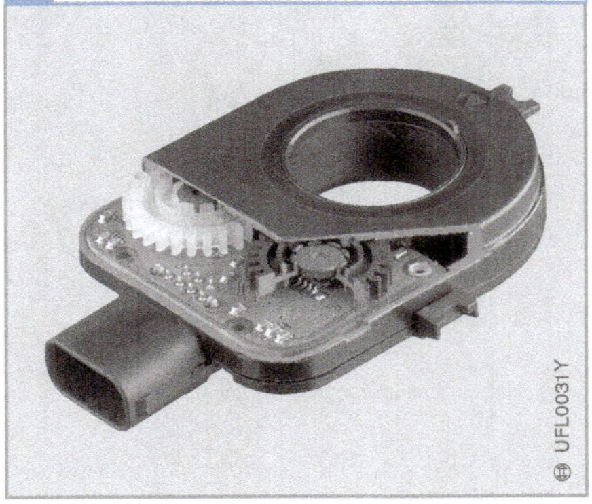

4 AMR-Lenkradwinkelsensor LWS4 zum Anbau an das Wellenende der Lenkachse

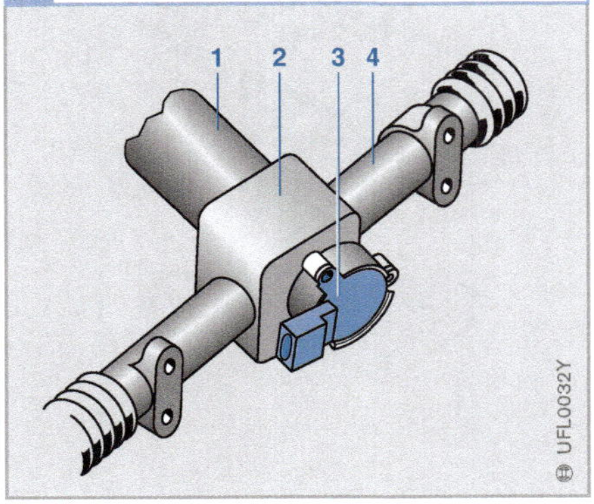

Bild 4
1 Lenksäule
2 Lenkgetriebe
3 Lenkwinkelsensor
4 Zahnstange

Hall-Beschleunigungssensoren

Anwendung

Fahrzeuge mit Antiblockiersystem ABS, Antriebschlupfregelung ASR, Allradantrieb oder auch mit Elektronischem Stabilitäts-Programm ESP verfügen zusätzlich zu den Radsensoren über einen Hall-Beschleunigungssensor zur Messung der Fahrzeuglängs- und Fahrzeugquerbeschleunigungen (je nach Einbaulage, bezogen auf die Fahrtrichtung).

1 Hall-Beschleunigungssensor (geöffnet)

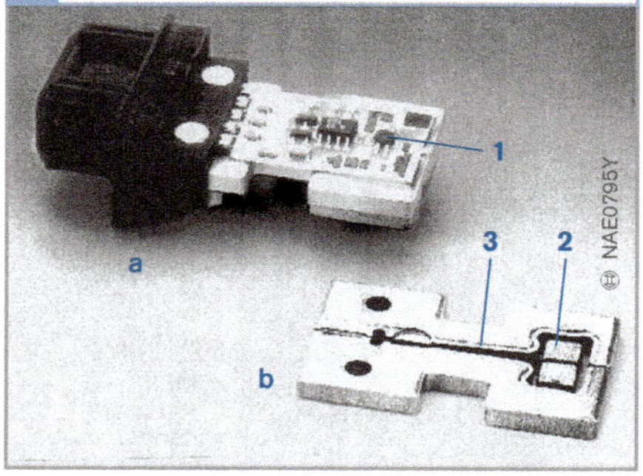

Bild 1
- a Elektronik
- b Feder-Masse-System
- 1 Hall-Sensor
- 2 Dauermagnet
- 3 Feder

2 Hall-Beschleunigungssensor (Schema)

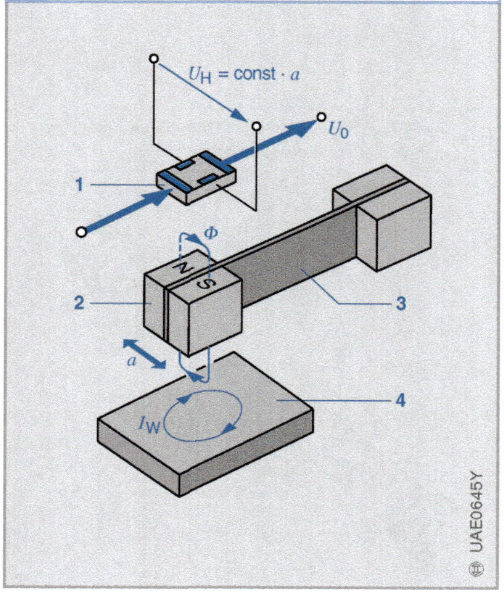

Bild 2
- 1 Hall-Sensor
- 2 Dauermagnet
- 3 Feder
- 4 Dämpferplatte
- I_W Wirbelstrom (Dämpfung)
- U_H Hall-Spannung
- U_0 Versorgungsspannung
- Φ magnetischer Fluss
- a aufgenommene (Quer-)Beschleunigung

Aufbau

Im Hall-Beschleunigungssensor kommt ein „elastisch" befestigtes Feder-Masse-System zur Anwendung (Bilder 1 und 2).

Es besteht aus einer hochkant gestellten bandförmigen Feder (3), die an einem Ende fest eingespannt ist. An ihrem freien Ende ist ein Dauermagnet (2) als seismische Masse aufgesetzt. Über dem Dauermagnet befindet sich der eigentliche Hall-Sensor (1) mit der Auswerteelektronik. Unter dem Magnet sitzt eine kleine Dämpferplatte (4) aus Kupfer.

Arbeitsweise

Unterliegt der Sensor einer quer zur Feder wirkenden Beschleunigung, so verändert das Feder-Masse-System seine Ruhelage. Die Auslenkung ist ein Maß für die Beschleunigung. Der vom bewegten Magneten ausgehende magnetische Fluss F erzeugt im Hall-Sensor die Hall-Spannung U_H. Die daraus abgeleitete Ausgangsspannung U_A der Auswerteelektronik steigt linear mit der Beschleunigung an (Bild 3, Messbereich ca. 1 g).

Der Sensor ist für eine geringe Bandbreite von einigen Hz ausgelegt und ist elektrodynamisch gedämpft.

3 Hall-Beschleunigungssensor (Kennlinie, Beispiel)

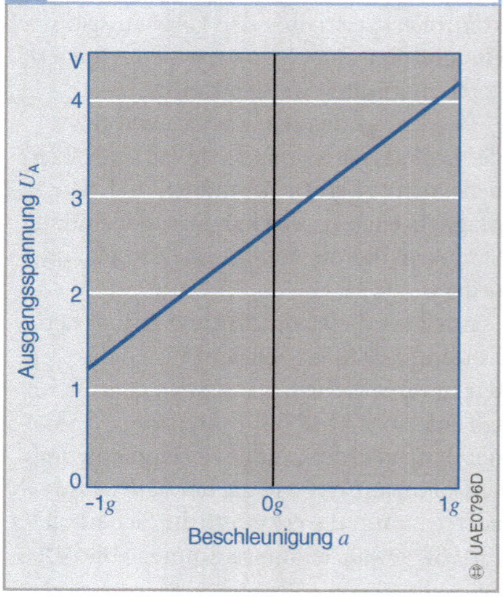

Miniaturen

Die Mikromechanik macht es möglich, Sensorfunktionen auf kleinstem Raum auszuführen. Die typischen mechanischen Dimensionen bewegen sich bis in den Bereich von Mikrometern. Speziell Silizium mit seinen besonderen Eigenschaften hat sich dabei als geeignetes Material zum Herstellen der sehr kleinen, oft filigranen mechanischen Strukturen herausgestellt. Seine Elastizität, kombiniert mit seinen elektrischen Eigenschaften, ist nahezu ideal für die Herstellung von Sensoren. Mit abgewandelten Prozessen der Halbleitertechnik können mechanische und elektronische Funktionen der Sensoren auf einem Chip oder auf andere Weise integriert werden.

1994 ging ein Ansaugdrucksensor zur Lasterfassung im Kfz als erstes Produkt mit einer mikromechanischen Messzelle von Bosch in Serie. Neuere Beispiele für die Miniaturisierung sind mikromechanische Beschleunigungs- und Drehratesensoren in Fahrsicherheitssystemen für den Insassenschutz und die Fahrdynamikregelung. Die untenstehenden Abbildungen veranschaulichen sehr gut die minimalen Größenverhältnisse.

Mikromechanischer Beschleunigungssensor

Schaltung

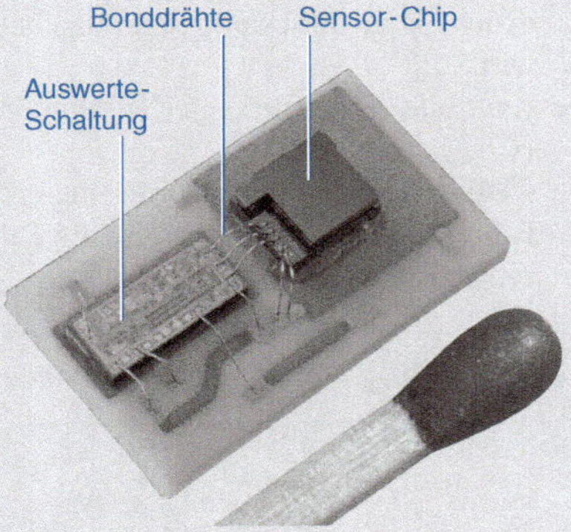

Kammstruktur im Vergleich zu einem Insekt

Mikromechanische Drehratesensoren

DRS-MM1 Fahrdynamikregelung

DRS-MM2 Überrollsensierung, Navigation

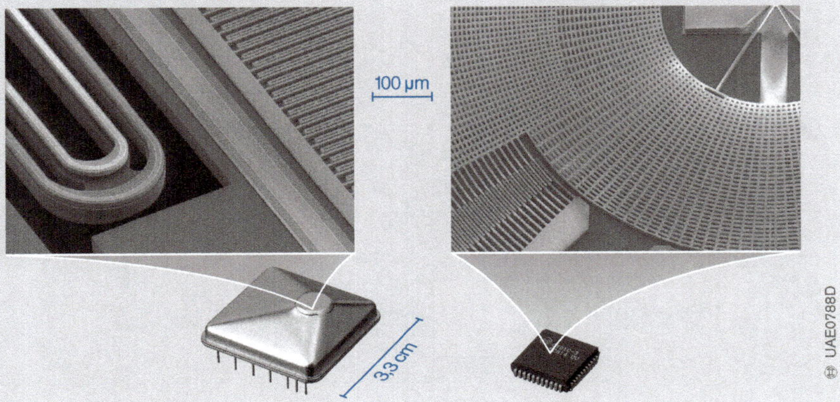

Automatische Bremsfunktionen

Die Möglichkeiten elektronischer Bremssysteme gehen heute weit über ihre ursprünglichen Aufgaben hinaus. Anfangs hatte das Antiblockiersystem (ABS) nur die Aufgabe, das Blockieren der Räder zu verhindern und damit die Lenkbarkeit des Fahrzeugs auch bei einer Vollbremsung zu gewährleisten. Heute übernimmt es auch die Funktion der Bremskraftverteilung. Das Elektronische Stabilitäts-Programm (ESP) bietet mit seiner Fähigkeit, unabhängig von der Bremspedalstellung Bremsdruck aufzubauen, eine Vielzahl von Möglichkeiten zum aktiven Bremseingriff. Ziel ist es, mit automatischen Bremseingriffen den Fahrer zu entlasten und damit mehr Komfort zu bieten. Einige Funktionen tragen aber auch zu mehr Sicherheit bei, da automatische Bremseingriffe im Notfall zu verkürzten Bremswegen führen.

Übersicht

Als Grundfunktion der elektronischen Bremssysteme hat sich die Elektronische Bremskraftverteilung (EBV) durchgesetzt, die die mechanischen Komponenten zur Bremskraftaufteilung zwischen Vorder- und Hinterachse ersetzt. Dadurch werden zum einen Kosten eingespart, zum anderen bietet die elektronische Verteilung der Bremskraft eine höhere Flexibilität.

Zusätzliche Funktionen werden schrittweise in die elektronischen Bremssysteme integriert. Derzeit stehen folgende Zusatzfunktionen zur Verfügung:

- *Hydraulic Brake Assist (HBA):*
  HBA erkennt Notbremssituationen und verkürzt den Bremsweg, indem Bremsdruck bis zur Blockiergrenze aufgebaut wird.
- *Controlled Deceleration for Parking Brake (CDP):*
  CDP ermöglicht auf Anforderung des Fahrers eine Abbremsung bis zum Fahrzeugstillstand.

1 Blockdiagramm

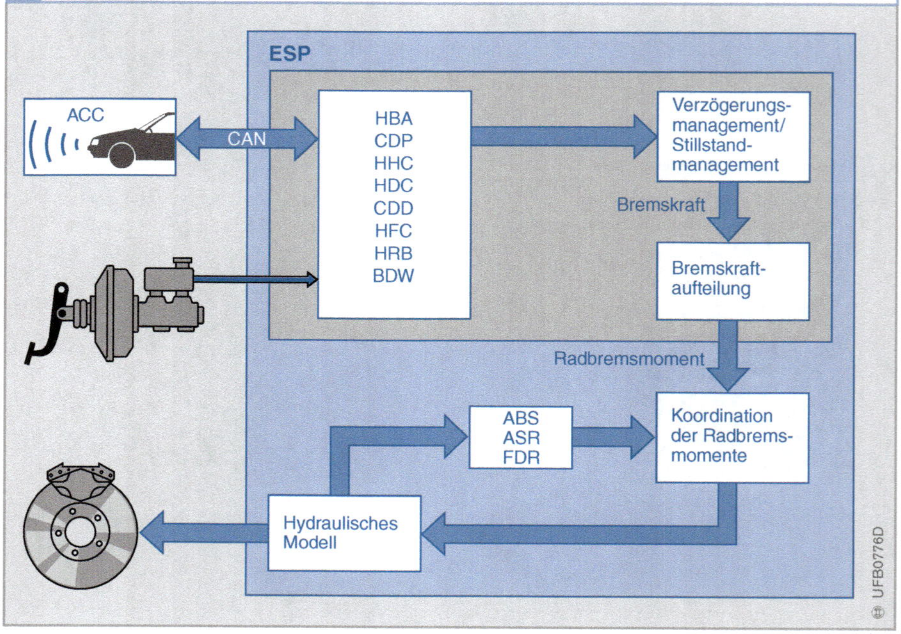

- *Hill Hold Control (HHC):*
  HHC greift beim Anfahren am Berg in die Bremsanlage ein und verhindert ein Rückrollen des Fahrzeugs.
- *Hill Descent Control (HDC):*
  HDC unterstützt den Fahrer beim Bergabfahren im steilen Gelände durch automatischen Bremseingriff.
- *Controlled Deceleration for Driver Assistance Systems (CDD):*
  CDD leitet in Verbindung mit einer automatischen Abstandsregelung im Bedarfsfall eine Abbremsung ein.
- *Hydraulic Fading Compensation (HFC):*
  HFC greift ein, wenn trotz starker Bremspedalbetätigung, z. B. wegen hoher Bremsscheibentemperaturen, die maximal mögliche Fahrzeugverzögerung nicht erreicht wird.
- *Hydraulic Rear Wheel Boost (HRB):*
  HRB erhöht bei einer ABS-Bremsung den Bremsdruck auch in den Hinterrädern bis zum Blockierniveau.
- *Brake Disc Wiping (BDW):*
  BDW entfernt durch kurzzeitiges, für den Fahrer unmerkliches Bremsen Spritzwasser von den Bremsscheiben.

Diese Funktionen arbeiten in Verbindung mit dem Elektronischen Stabilitäts-Programm (ESP). Teilweise ist auch die Funktionsfähigkeit in Verbindung mit dem Antiblockiersystem (ABS) oder der Antriebsschlupfregelung (ASR) gegeben.

Die meisten Zusatzfunktionen arbeiten mit der Sensorik der bestehenden elektronischen Bremssysteme. Einige Funktionen erfordern jedoch zusätzliche Sensoren.

2 Systemlayout der Zusatzfunktionen

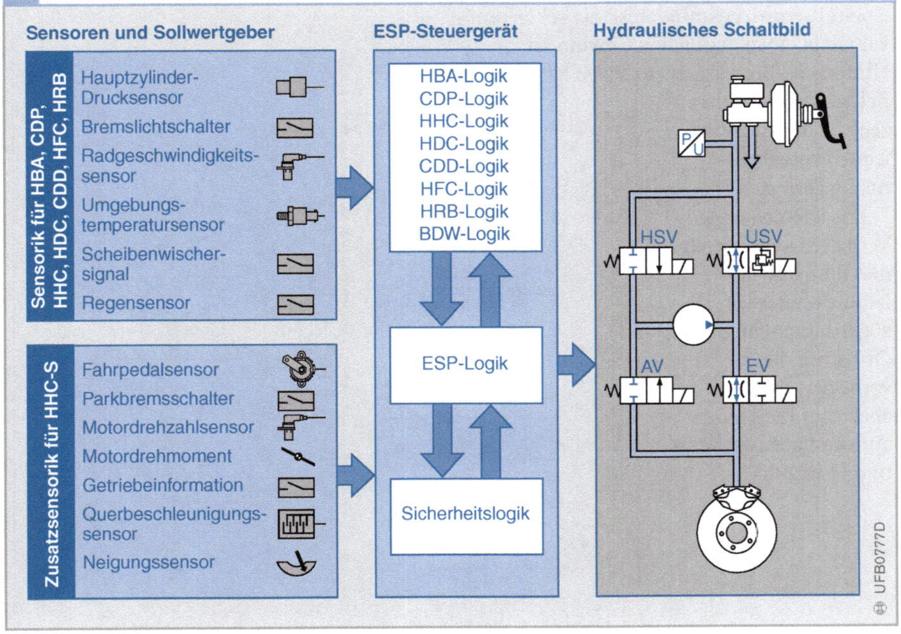

Standardfunktion

Elektronische Bremskraftverteilung EBV

Anforderungen

Die Bremssysteme von Straßenfahrzeugen müssen entsprechend den gültigen Bestimmungen so ausgelegt werden, dass bis zu einer Verzögerung von 0,83 *g*[1] und bei allen Fahrmanövern das Fahrzeug ein stabiles Fahrverhalten, d. h. keine Tendenz zum Schleudern aufweist.

[1] Erdbeschleunigung $g = 9{,}81\ m/s^2$

Konventionelle Bremskraftverteilung

Bei Fahrzeugen ohne ABS erreicht man stabiles Fahrverhalten durch eine Festabstimmung der Vorderachs- und Hinterachsbremsen oder durch den Einsatz von Bremsdruckminderern für die Hinterradbremsen (Bild 1).

Kurve 2 zeigt eine Festabstimmung des Fahrzeugs, die im Bereich 0...0,83 *g* unterhalb der idealen Bremskraftverteilung 1l des leeren Fahrzeugs liegt und eine mögliche größere Hinterachsbremskraft nicht ausnutzt; bei voll beladenem Fahrzeug (Kurve 1b) ist die Bremskraftausnutzung noch geringer. Kurve 3 zeigt das Verhalten mit einem Bremsdruckminderer, was bei leerem Fahrzeug einen deutlichen Gewinn an Hinterachs-Bremskraft zur Folge hat. Bei beladenem Fahrzeug ist der Gewinn jedoch verhältnismäßig gering.

Das letztgenannte Verhalten kann durch den Einbau von beladungs- oder verzögerungsabhängigen Druckminderern verbessert werden, aber zum Preis einer aufwändigen Mechanik und Hydraulik.

Elektronische Verteilung

Die Elektronische Bremskraftverteilung (EBV) ermöglicht eine bedarfsgerechte Bremsenauslegung des Fahrzeugs: Die Hinterachse wird bei überwachtem Stabilitätsverhalten stärker zur Gesamtabbremsung des Fahrzeugs herangezogen, z. B. durch Wegfall des Bremsdruckminderes oder durch verstärkt ausgelegte Hinterradbremsen. Daraus ergibt sich ein Bremskraftpotenzial für die Vorderachse, das gerade bei Fahrzeugen mit hoher Vorderachslast ausgenutzt werden kann.

Aufbau

Das Fahrzeug wird so ausgelegt, dass man ohne Bremsdruckminderer eine Festabstimmung mit einem Durchstoßpunkt P (Bild 2) an der idealen Bremskraftverteilung (Kurve 1) bei kleineren Werten der Gesamtabbremsung erhält, z. B. 0,5 *g*. Der Einsatz eines ABS mit vorhandener Hydraulik, Sensorik und Elektronik, jedoch mit modifizierten Ventilen und Software ermöglicht, bei höheren Werten der Gesamtabbremsung die Bremskraft an der Hinterachse zu reduzieren.

1 Konventionelle Bremskraftverteilung

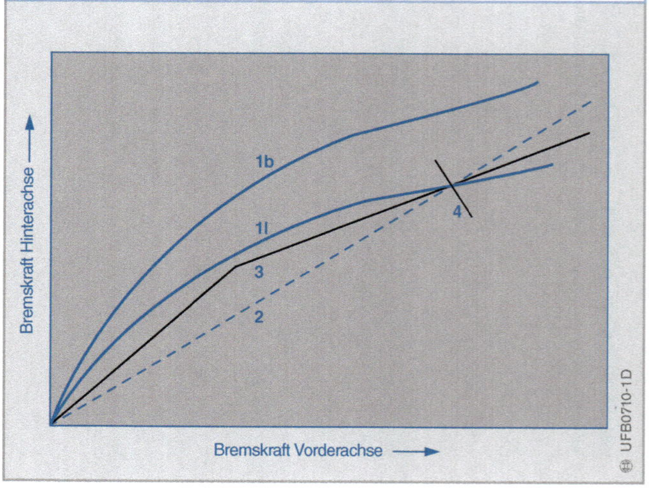

Bild 1
1. Ideale Bremskraftverteilung eines Fahrzeugs:
   1l Fahrzeug leer
   1b Fahrzeug voll beladen
2. feste Bremskraftverteilung (Festabstimmung)
3. Bremskraftverteilung mit Bremsdruckminderer
4. Gerade für Abbremsung 0,83 *g* (*g*: Erdbeschleunigung)

Arbeitweise
Das Steuergerät berechnet ständig die Schlupfunterschiede an den Vorder- und Hinterrädern in allen Fahrzuständen. Überschreitet bei einem Bremsvorgang das Schlupfverhältnis Hinterrad zu Vorderrad einen vorgegebenen Stabilitäts-Grenzwert, dann wird das ABS-Druckeinlassventil des entsprechenden Hinterrades geschlossen. Ein weiterer Druckanstieg im Radzylinder wird verhindert.

Steigert der Fahrer nun weiter die Bremspedalkraft und damit den Bremsdruck, dann nimmt auch der Schlupf an den Vorderrädern zu. Das Verhältnis der Schlupfwerte an Hinter- und Vorderrädern wird wieder kleiner, das Druckeinlassventil wird nun geöffnet und der Druck an Hinterrad steigt wieder an. Das beschriebene Verhalten kann sich abhängig von Bremspedalkraft und vom Fahrmanöver mehrfach wiederholen. Es ergibt sich dann ein treppenförmiger Verlauf für die Elektronische Bremskraftverteilung (Kurve 3), der sich näherungsweise an die ideale Bremskraftverteilung anschmiegt.

Für die Elektronische Bremskraftverteilung (EBV) werden nur die Hinterradventile des ABS angesteuert, der Rückförderpumpenmotor im Hydroaggregat bleibt stromlos.

Vorteile
Aus dem skizzierten Verhalten ergeben sich folgende Vorteile für die EBV:

- Optimierte Fahrzeugstabilität bei allen Beladungszuständen und Seitenführungskräften bei Kurvenfahrten, bei Bergauf- und -abfahrten und Änderungen im Antriebsstrang (ein-, ausgekuppelt, Automatikgetriebe),
- Wegfall von konventionellen Druckminderern oder -begrenzern,
- Verringerung der thermischen Belastung der Vorderradbremsen,
- gleichmäßige Abnutzung der Bremsbeläge vorn und hinten,
- höhere Fahrzeugverzögerung bei gleichen Pedalkräften,
- konstante Bremskraftverteilung während der Fahrzeuglebensdauer,
- nur geringfügige Änderungen an bestehenden ABS-Komponenten erforderlich.

2 Elektronische Bremskraftverteilung (EBV)

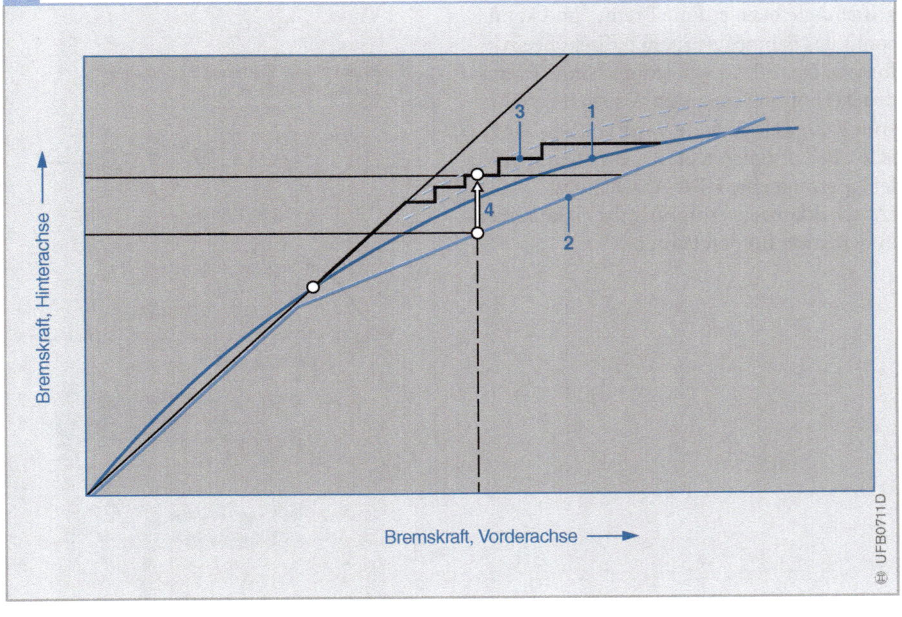

Bild 2
1 Ideale Bremskraftverteilung
2 installierte Bremskraftverteilung
3 Elektronische Bremskraftverteilung
4 Gewinn an Bremskraft an der Hinterachse

Zusatzfunktionen

Hydraulic Brake Assist HBA

Das Hauptmerkmal des hydraulischen Bremsassistenten besteht in der Erkennung einer Notbremssituation und einer daraus abgeleiteten automatischen Erhöhung der Fahrzeugverzögerung. Die Fahrzeugverzögerung wird erst durch das Einsetzen der ABS-Regelung begrenzt und liegt somit an dem physikalisch möglichen Optimum. So ergeben sich für den Normalfahrer genauso kurze Bremswege wie sie bislang nur von trainierten Fahrern erreicht werden konnten. Reduziert der Fahrer seine Bremsanforderung, wird entsprechend der Pedalkraft die Fahrzeugverzögerung reduziert. Der Fahrer kann somit die Verzögerung nach einer eventuellen Klärung der Notsituation genau dosieren.

Das Maß für die Bremsanforderung des Fahrers ist die Pedalkraft bzw. der Pedaldruck. Der Pedaldruck wird von dem gemessenen Hauptzylinderdruck unter Berücksichtigung der momentanen Hydraulikansteuerung abgeleitet.

Der Fahrer hat zu jeder Zeit die volle Eingriffsmöglichkeit auf die Bremse und kann somit das Fahrzeugverhalten direkt beeinflussen. Der HBA kann lediglich eine Bremsdruckerhöhung einstellen. Das heißt, der vom Fahrer eingestellte Vordruck wird auf jeden Fall durchgestellt. Bei einem Systemfehler erfolgt eine HBA-Abschaltung (Abschaltkonzept) mit Ausgabe einer Fehlerinformation für den Fahrer.

Controlled Deceleration for Parking Brake CDP

Die Elektromechanische Parkbremse (EPB) ist ein automatisiertes Feststellbremssystem. Sie ersetzt den konventionellen Handbrems- oder Fußfeststellhebel durch einen Elektromotor. Die Parkbremse hat aber den Nachteil, dass diese nur auf die Hinterachse wirkt und bei einer Notverzögerung in ihrer Bremskraft begrenzt ist. Um auch höhere Verzögerungen komfortabel zu realisieren und gleichzeitig für die Fahrzeugstabilität die überlagerten Regler eines ESP-Systems zu nutzen, bietet sich die CDP-Funktion an.

Die CDP-Funktion ist eine Zusatzfunktion zur aktiven Bremsdruckerhöhung bei einem Fahrzeug mit hydraulischer Bremsanlage und ESP-System. Die CDP-Funktion ermöglicht auf Aufforderung des Fahrers automatisch eine Verzögerung des Fahrzeugs bis zum Stillstand. Nach Erreichen des Fahrzeugstillstands übernimmt die ESP-Hydraulik auch für kurze Zeit alle statischen Feststellbremsvorgänge.

1 Vergleich einer Bremsung mit und ohne Bremsassistenzfunktion

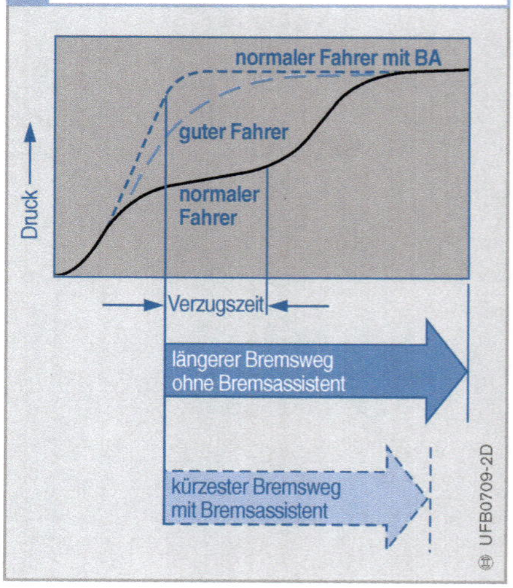

Hill Hold Control HHC

Der Anfahrassistent (Hill Hold Control, HHC) ist eine Komfortfunktion und verhindert beim Anfahren an Steigungen das Rückrollen des Fahrzeugs. Die Steigung wird dabei durch einen Neigungssensor (Längsbeschleunigungssensor) ermittelt. Erforderlich für den Anfahrassistenten ist der bei Fahrzeugstillstand vorhandene Bremsdruck, welcher durch die betätigte Fußbremse aufgebaut wurde.

Der während des Anhaltevorgangs durch den Fahrer vorgegebene Bremsdruck wird bei Erkennen des Fahrzeugstillstands in der Bremsanlage gehalten, auch wenn das Bremspedal nicht mehr betätigt ist. Spätestens nach einer Druckhaltezeit von bis zu maximal zwei Sekunden wird der Bremsdruck abgebaut. Innerhalb dieser Zeit kann der Fahrer das Gaspedal betätigen und den Anfahrvorgang durchführen. Nach Erkennen des Anfahrwunsches wird der Bremsdruck abgebaut.

Ein Anfahrwunsch liegt vor, wenn das Motormoment ausreicht, um das Fahrzeug in die gewünschte Fahrtrichtung zu bewegen. Der Anfahrwunsch kann sowohl vom Fahrer durch Betätigung von Gaspedal und/oder Kupplung als auch vom Getriebe durch Abgabe eines Motormoments (z. B. Automatik/CVT) getriggert werden.

Der Bremsdruck wird nicht in der Bremsanlage gehalten, wenn während des Stillstands bereits genügend Motormoment anliegt (z. B. durch den Vortrieb des Automatikgetriebes).

Wird das Gaspedal innerhalb der fahrzeugspezifischen Haltezeit betätigt, so verlängert sich die Haltezeit, bis ausreichend Motormoment zum Anfahren vorhanden ist.

Ist weder das Gas- noch das Bremspedal betätigt, wird die Funktion spätestens nach zwei Sekunden abgebrochen. Dabei rollt das Fahrzeug an.

Die HHC-Funktion wird als Zusatzfunktion zum ESP ausgelegt und benutzt Teile dieser Systeme. Die Aktivierung erfolgt automatisch.

2 Funktionsbeschreibung HHC

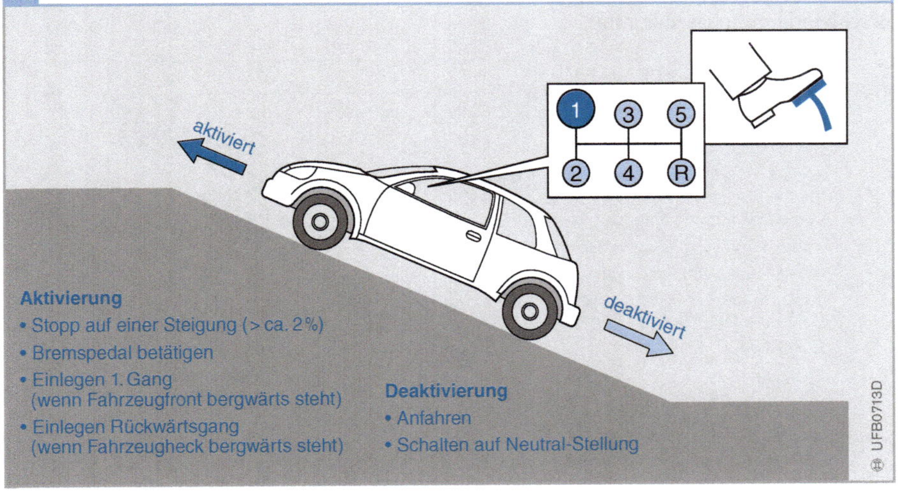

Hill Descent Control HDC

Die Hill Descent Control (HDC) ist eine Komfortfunktion, die den Fahrer beim Bergabfahren im Gelände (bis 50 % Gefälle) durch automatischen Bremseingriff unterstützt. Nach Aktivieren dieser Funktion wird ohne Zutun des Fahrers eine vorgegebene, niedrige Sollgeschwindigkeit eingeregelt.

Aktivierung und Deaktivierung der HDC-Funktion erfolgen grundsätzlich durch Betätigung des HDC-Tasters.

Bei Bedarf kann der Fahrer die voreingestellte Sollgeschwindigkeit durch Brems- und Gaspedalbetätigung oder mithilfe der Bedientasten einer Geschwindigkeitsregelanlage variieren.

Laufen die Räder während einer HDC-Regelung in zu hohen Bremsschlupf, so wird selbsttätig ABS aktiv. Befinden sich die Räder auf unterschiedlichem Untergrund, so wird das Bremsmoment der schlupfenden Räder automatisch auf die Räder mit höherem Reibwert verteilt.

Ein zur Verfügung stehendes Motorbremsmoment wird automatisch ausgenutzt. Gegenüber der ausschließlichen Ausnutzung des Motorschlepps bietet HDC jedoch den zusätzlichen Vorteil, dass bei abhebenden Rädern (Verlust des Motorschlepps) die Fahrzeuggeschwindigkeit gehalten wird, und es nicht zu plötzlichen Beschleunigungsphasen kommt.

Ein weiterer Vorzug der HDC-Funktion ist die variable Verteilung der Bremskraft, die an die automatische Fahrtrichtungserkennung gekoppelt ist. Bei Rückwärtsfahrt wird die Hinterachse entsprechend stärker gebremst, um auch bei entlasteter Vorderachse eine optimale Lenkbarkeit zu ermöglichen.

Innerhalb HDC ist eine Funktion (Level Ground Detection) vorhanden, welche einen Bremseneingriff durch HDC nur bei Bergabfahrt zulässt. Befindet sich das Fahrzeug in der Ebene oder in Bergauffahrt, wechselt HDC in einen Bereitschaftszustand, um automatisch wieder aktiv zu werden, sobald Bergabfahrt erkannt wird.

Um einem Missbrauch durch den Fahrer vorzubeugen, tritt der HDC-Bereitschaftszustand außerdem ein, falls das Fahrpedal über eine Schwelle hinaus betätigt oder eine maximale Regelgeschwindigkeit überschritten wird. Beschleunigt das Fahrzeug weiterhin über eine Abschaltgeschwindigkeit hinaus, wird HDC deaktiviert.

Der Zustand der HDC-Funktion wird durch eine HDC-Kontrollleuchte angezeigt. Bei Bremseingriffen durch HDC wird außerdem das Bremslicht angesteuert.

3 Funktionsbeschreibung HDC

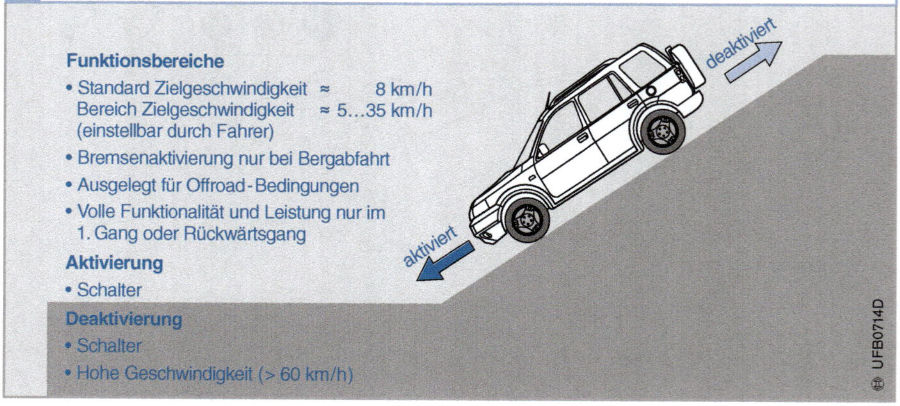

Controlled Deceleration for Driver Assistance Systems CDD

Die CDD-Basis-Funktion ist eine Zusatzfunktion zur Realisierung des aktiven Bremseingriffs bei der adaptiven Fahrgeschwindigkeitsregelung (Adaptive Cruise Control, ACC), d. h. für eine automatische Abstandsregelung. Ziel ist eine automatische Abbremsung ohne Bremsbetätigung des Fahrers, sobald ein vorgegebener Abstand zum vorausfahrenden Fahrzeug unterschritten wird. CDD basiert auf einer hydraulischen Bremsanlage und einem ESP-System.

Der Eingang der CDD-Funktion ist eine Sollverzögerungsanforderung. Ausgang der CDD-Funktion ist eine Istverzögerung des Fahrzeugs, die über eine Druckregelung mittels Hydraulik realisiert wird. Die Verzögerungsvorgabe erfolgt durch das vorgeschaltete Cruise Control System.

4 Funktionsbeschreibung CDD

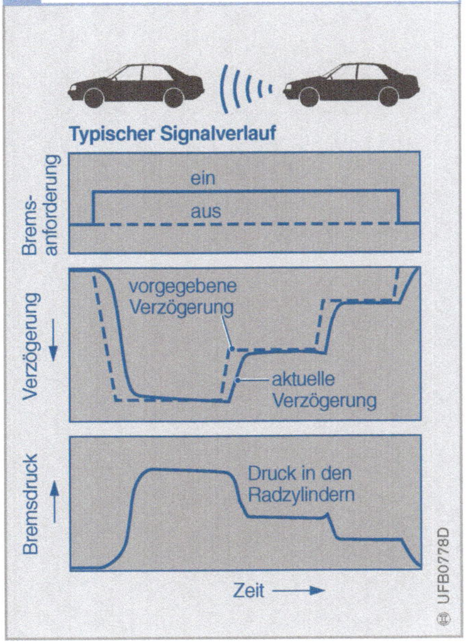

Hydraulic Fading Compensation HFC

Die Funktion Hydraulic Fading Compensation (HFC) bietet dem Fahrer eine zusätzliche Bremskraftunterstützung. Sie erfolgt, wenn selbst bei starker Bremspedalbetätigung, mit der normalerweise das Blockierdruckniveau erreicht wird (Vordruck über ca. 80 bar), nicht die maximal mögliche Fahrzeugverzögerung eintritt. Dies ist z. B. bei hohen Bremsscheibentemperaturen oder bei Bremsbelägen mit deutlich reduziertem Reibwert der Fall.

Bei Aktivierung von HFC werden die Raddrücke so weit erhöht, bis alle Räder das Blockierdruckniveau erreicht haben und die ABS-Regelung einsetzt. Die Bremsung liegt somit an dem physikalischen Optimum. Der Druck in den Radzylindern kann dann auch während der ABS-Regelung größer als der Druck im Hauptzylinder sein.

Reduziert der Fahrer seine Bremsanforderung auf einen Wert unterhalb einer Umschaltschwelle, wird entsprechend seiner Pedalkraft die Fahrzeugverzögerung reduziert. Der Fahrer kann somit die Verzögerung nach einer eventuellen Klärung der Situation genau dosieren. Die HFC-Abschaltbedingung ist erfüllt, wenn der Vordruck oder die Fahrzeuggeschwindigkeit die jeweilige Abschaltschwelle unterschreitet.

5 Funktionsbeschreibung HFC

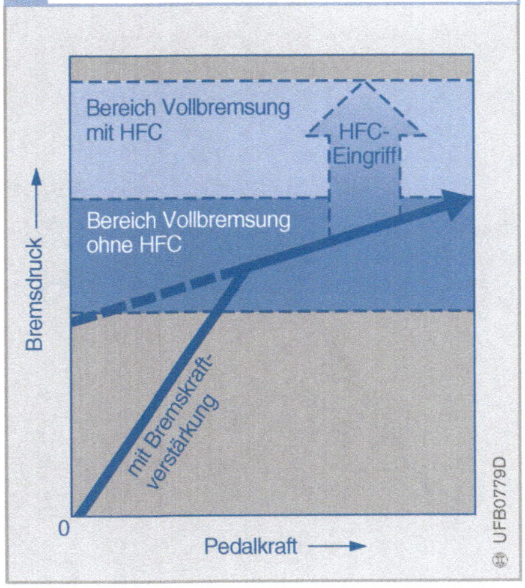

Hydraulic Rear Wheel Boost HRB

Die Hydraulic Rear Wheel Boost (HRB) ist eine Funktion, die dem Fahrer im Falle von ABS-regelnden Vorderrädern eine zusätzliche Bremskraftunterstützung für die Hinterräder bietet. Dies ist durch die Beobachtung motiviert, dass viele Fahrer mit Beginn der ABS-Regelung die Pedalkraft nicht weiter erhöhen, obwohl die Situation es verlangen würde. Nach HRB-Aktivierung werden die Raddrücke an den Rädern der Hinterachse so weit erhöht, bis diese ebenfalls das Blockierdruckniveau erreichen und die ABS-Regelung einsetzt. Der Bremsvorgang liegt somit an dem physikalischen Optimum. Der Druck in den Radzylindern der Hinterräder kann dann auch während der ABS-Regelung größer als der Druck im Hauptzylinder sein.

Die HRB-Abschaltbedingung ist erfüllt, wenn die Räder an der Vorderachse nicht mehr in ABS-Regelung sind oder der Vordruck die Abschaltschwelle unterschreitet.

Brake Disc Wiping BDW

Die Funktion von Brake Disc Wiping (BDW) besteht in der Erkennung von Regen oder Fahrbahnnässe durch Auswertung von Scheibenwischer- oder Regensensorsignalen und dem darauf folgenden aktiven Bremsdruckaufbau in der Betriebsbremse. Der Bremsdruckaufbau dient dem Entfernen von Spritzwasser auf der Bremsscheibe, um minimale Bremsreaktionszeiten bei Nässe zu gewährleisten. Das Druckniveau während des Trockenbremsens wird so eingestellt, dass die Fahrzeugverzögerung an der Wahrnehmungsgrenze liegt.

Das Trockenbremsen geschieht wiederholt in einem definierten Intervall, solange das System Regen oder Fahrbahnnässe erkennt. Optional kann allein an der Vorderachse gewischt werden.

Sobald der Fahrer die Bremse betätigt, beendet BDW den Wischvorgang.

6 Funktionsbeschreibung HRB

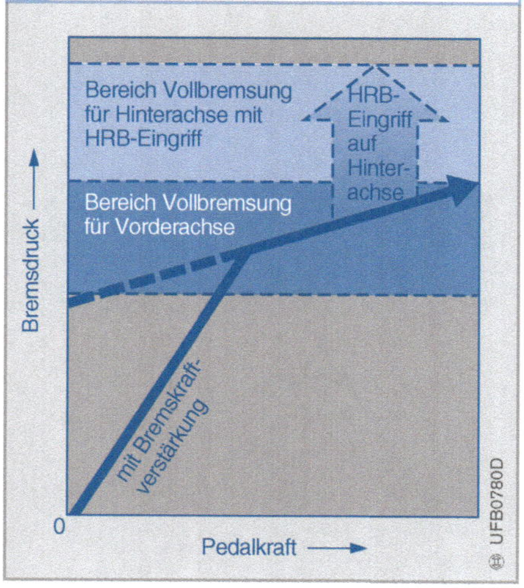

▶ Fahrstabilität

Eine gute Fahrzeugführung hängt davon ab, ob das Fahrzeug einer Fahrspur folgt, die möglichst präzise mit dem Lenkwinkelverlauf übereinstimmt und ob das Fahrzeug stabil bleibt, also bei Lenkbewegungen nicht schiebt.

Die Querdynamik des Fahrzeugs ist dabei besonders von Bedeutung. Sie wird durch die seitliche Bewegung (charakterisiert durch den Schwimmwinkel) und die Drehbewegung des Fahrzeugs um die Hochachse (Giergeschwindigkeit) beschrieben (Bild 1).

Bild 2 veranschaulicht die Querdynamik eines Fahrzeugs bei festem Lenkwinkel (Kreisfahrt). Position 1 zeigt den Moment des Lenkradeinschlags (Lenksprung). In Kurve 2 ist die Fahrspur auf griffiger Fahrbahn dargestellt; sie stimmt mit dem Lenkwinkelverlauf überein. Dies ist gewährleistet, wenn die Haftreibungszahl groß genug ist, um die Querbeschleunigungskräfte auf die Fahrbahn übertragen zu können. Bei kleineren Haftreibungszahlen, z. B. wegen Fahrbahnglätte, wird der Schwimmwinkel übermäßig groß (Kurve 3). Die Regelung der Giergeschwindigkeit führt hier zwar dazu, dass sich das Fahrzeug genauso weit um seine Hochachse dreht wie in Kurve 2, aber wegen des großen Schwimmwinkels droht eine Instabilität. Aus diesem Grund regelt das Elektronische Stabilitäts-Programm die Giergeschwindigkeit und begrenzt den Schwimmwinkel β (Kurve 4).

2 Querdynamik eines Fahrzeugs

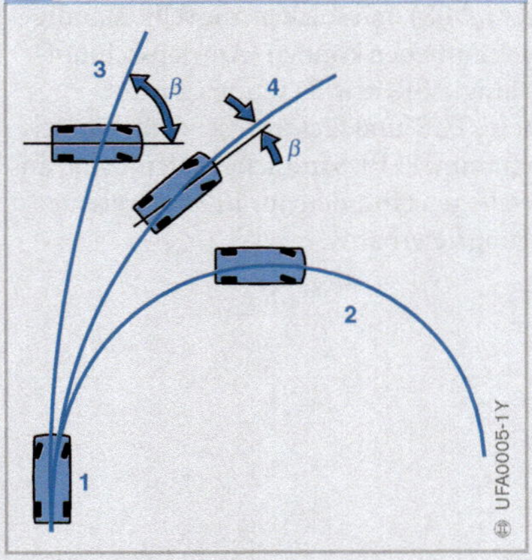

Bild 2
1 Lenksprung, Lenkradwinkel fest
2 Fahrspur auf griffiger Fahrbahn
3 Fahrspur auf glatter Fahrbahn mit Regelung der Giergeschwindigkeit
4 Fahrspur auf glatter Fahrbahn mit zusätzlicher Regelung des Schwimmwinkels β (ESP)

1 Bewegungsrichtungen eines Fahrzeugs

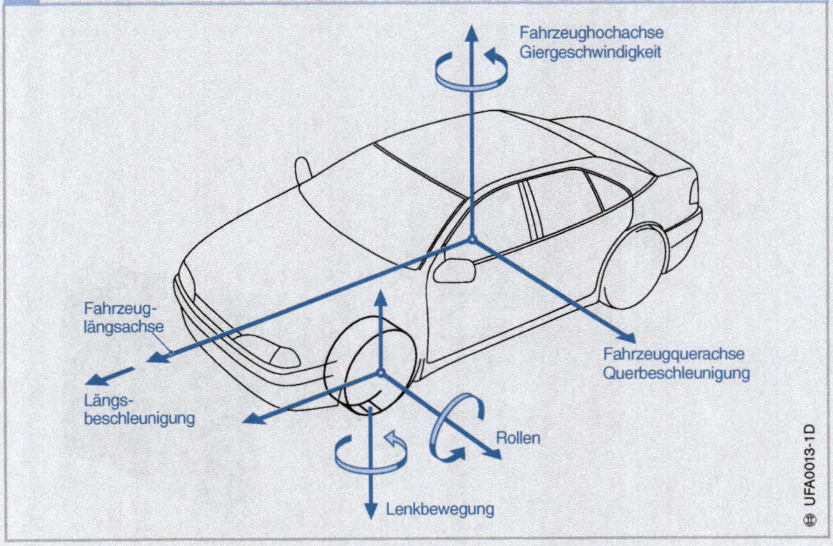

Hydroaggregat

Das Hydroaggregat/Modulator bildet die hydraulische Verbindung zwischen dem Hauptzylinder und den Radzylindern und ist damit zentrales Bauelement elektronischer Bremssysteme. Es setzt die Stellbefehle des Steuergeräts um und regelt mittels Magnetventilen die Drücke in den Radbremsen.

Grundsätzlich unterscheidet man zwischen Systemen, die den vom Fahrer aufgebrachten Bremsdruck modulieren (Antiblockiersystem, ABS) und solchen, die selbstständig Druck aufbauen können (Antriebsschlupfregelung, ASR, bzw. Traction Control System, TCS, und Elektronisches Stabilitäts-Programm, ESP). Sämtliche Systeme sind aus gesetzlichen Gründen nur in Zweikreisausführung lieferbar.

Entwicklungsgeschichte

Ein Meilenstein in der Entwicklung des ABS stellte der Wechsel von 3/3- auf 2/2-Magnetventile dar. Mit 3/3-Ventilen, welche in der Generation 2 zum Einsatz kamen, konnten mit nur einem Ventil die Regelfunktionen Druckaufbau, Druckhalten und Druckabbau realisiert werden. Die Ventile enthielten zu diesem Zweck drei hydraulische Anschlüsse. Nachteilig bei dieser Ventilausführung war eine sehr teure elektrische Ansteuerung sowie ein hoher mechanischer Aufwand. Eine kostengünstigere Ansteuerung ist mit den 2/2-Ventilen der aktuellen Generationen möglich. Deren Funktionsweise soll im weiteren Verlauf dargestellt werden.

Die seit 2001 am Markt eingeführte Generation 8 ist voll modular konstruiert. Hierdurch kann die Hydraulik auf die Anforderungen des jeweiligen Fahrzeugherstellers z. B. hinsichtlich Mehrwertfunktionen (Value Added Functions), Komfort, Fahrzeugsegment (bis leichte Nutzfahrzeuge) usw. zugeschnitten werden. Die Generation 8 ist tauchdicht, d. h., das Hydroaggregat übersteht ein kurzzeitiges Eintauchen in Wasser unbeschadet.

1 ESP 8 Hydroaggregat

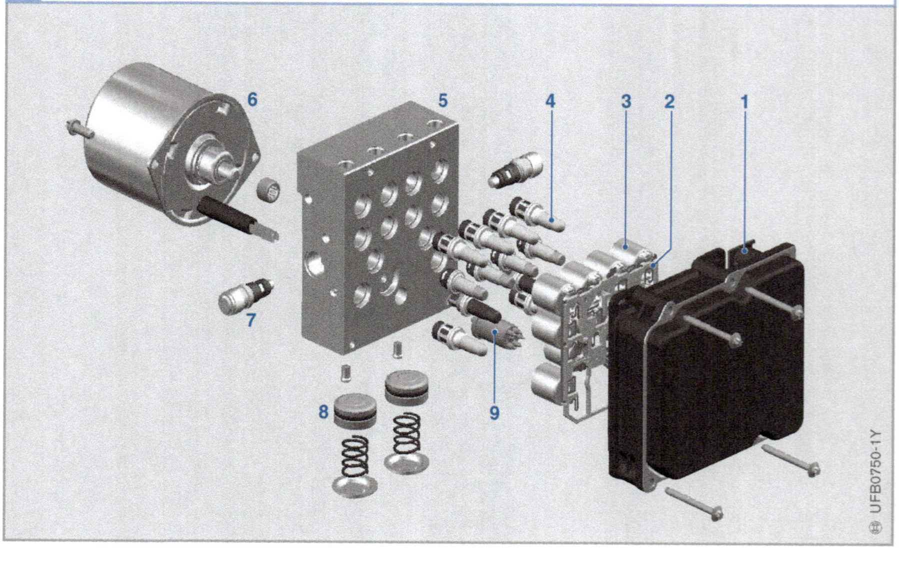

Bild 1
1 Steuergerät
2 Spulenstanzgitter
3 Spulen/Magnetgruppe
4 Magnetventile
5 Hydraulikblock
6 Gleichstrommotor
7 Kolbenpumpen
8 Niederdruckspeicher
9 Drucksensor

Aufbau

Mechanik

Ein Hydroaggregat für ABS/ASR/ESP besteht aus einem Aluminiumblock, in welchem der hydraulische Schaltplan verbohrt ist (Bild 2). Dieser Block dient gleichzeitig zur Aufnahme der notwendigen hydraulischen Funktionselemente (Bild 1), die im Folgenden vorgestellt werden sollen.

ABS-Hydroaggregat

Bei einem 3-Kanal ABS-System befindet sich in diesem Block ein Einlass- und Auslassventil für jedes Vorderrad und ein Einlass- und Auslassventil für die Hinterachse, insgesamt also sechs Ventile. Dieses System kann ausschließlich bei Fahrzeugen mit II-Bremskreisaufteilung Anwendung finden. Hierbei wird an der Hinterachse nicht jedes einzelne Rad geregelt, sondern beide Räder nach dem Select-low-Prinzip. Das heißt, das Rad mit dem höheren Schlupf bestimmt den regelbaren Druck der Achse.

Bei einem 4-Kanal ABS-System (für II- oder X-Bremskraftaufteilung) werden je Rad ein Einlass- und ein Auslassventil, insgesamt also acht Ventile verwendet. Mit solch einem System kann jedes Rad individuell geregelt werden

Weiterhin werden je Bremskreis ein Pumpenelement (Rückförderpumpe) und ein Niederdruckspeicher verbaut. Beide Pumpenelemente werden über einen gemeinsamen Gleichstrommotor betrieben.

2 Hydraulischer Schaltplan eines 4-Kanal ABS-Hydroaggregats (X-Bremskreisaufteilung)

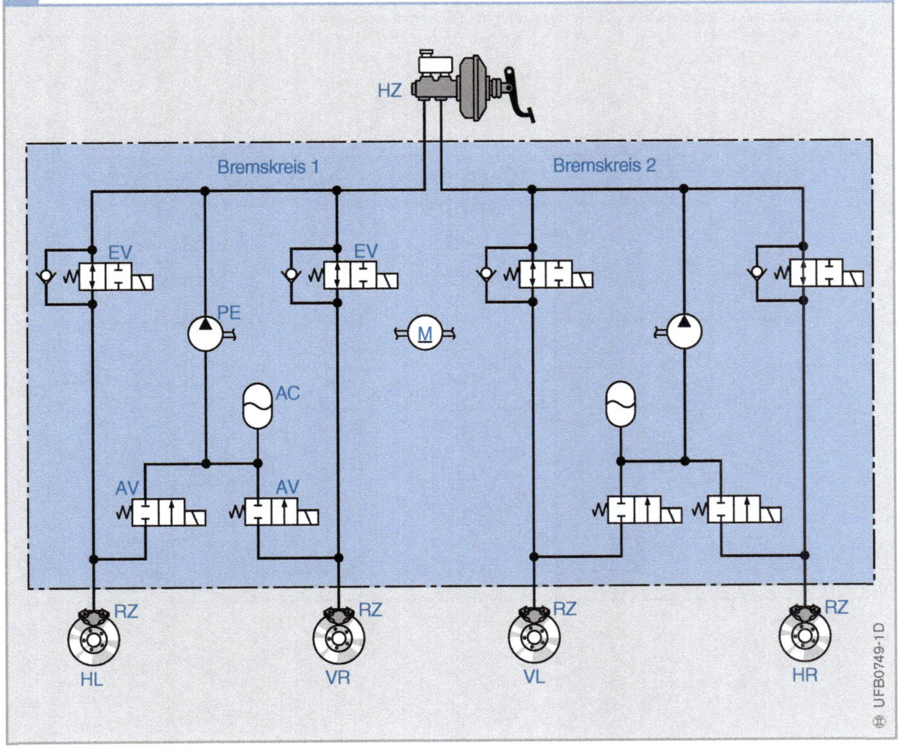

Bild 2
HZ Hauptzylinder
RZ Radzylinder
EV Einlassventil
AV Auslassventil
PE Rückförderpumpe
M Pumpenmotor
AC Niederdruckspeicher
V Vorne
H Hinten
R Rechts
L Links

ASR-Hydroaggregat

Im Vergleich zu einem ABS-Aggregat verfügt ein ASR mit II-Bremskreisaufteilung am Hinterachskreis (Antriebsräder) zusätzlich über ein Umschaltventil und ein Ansaugventil (insgesamt zehn Ventile).

Beim ASR mit X-Bremskreisaufteilung werden je Kreis zusätzlich ein Umschaltventil und ein Ansaugventil (insgesamt 12 Ventile) benötigt.

ESP-Hydroaggregat

ESP-Systeme erfordern unabhängig von der Bremskreisaufteilung 12 Ventile (Bild 3). Bei diesen Systemen werden die beiden Ansaugventile, wie sie im ASR-Hydroaggregat eingesetzt sind, durch zwei Hochdruckschaltventile ersetzt. Der Unterschied der beiden Ventile besteht darin, dass das Hochdruckschaltventil gegen höhere Differenzdrücke (> 0,1MPa) schalten kann. Beim ESP kann es notwendig sein, einen vom Fahrer vorgegebenen Bremsdruck zu erhöhen, um das Fahrzeug zu stabilisieren. Für solch ein Manöver (teilaktives Manöver) ist es notwendig, den Saugpfad der Pumpe trotz hohem Vordruck zu öffnen.

Exklusiv in ESP-Systemen wird ein integrierter Drucksensor eingesetzt, der den Bremsdruck im Hauptzylinder erkennt, also den Fahrerwunsch misst. Dies ist ebenfalls für die teilaktiven ESP-Regelmanöver notwendig, da es dabei wichtig ist zu wissen, mit welchem Vordruck der Fahrer bereits bremst.

Da ASR/ESP-Systeme selbsttätig Druck erzeugen müssen, wird bei diesen beiden Systemen die Rückförderpumpe durch eine selbstsaugende Pumpe ersetzt. Um zu verhindern, dass die Pumpe ungewollt Medium aus den Rädern saugt, ist ein zusätzliches Rückschlagventil mit einem bestimmten Schließdruck erforderlich.

3 Hydraulischer Schaltplan eines ESP-Hydroaggregats (X-Bremskreisaufteilung)

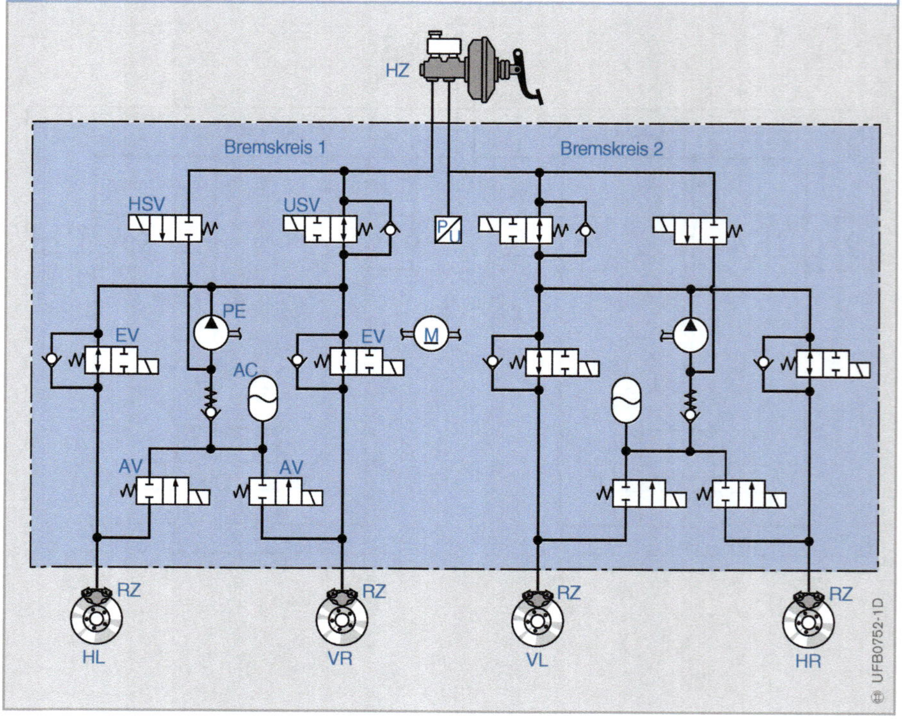

Bild 3
HZ Hauptzylinder
RZ Radzylinder
EV Einlassventil
AV Auslassventil
USV Umschaltventil
HSV Hochdruckschaltventil
PE Rückförderpumpe
M Pumpenmotor
AC Niederdruckspeicher
V Vorne
H Hinten
R Rechts
L Links

▶ ABS-Ausführungen

Evolution der ABS-Ausführungen

Durch technologische Weiterentwicklungen auf dem Gebiet der

- Magnetventile und der Fertigungsprozesse,
- Montagetechnik und Integration der Komponenten,
- Elektronik-Schaltungen (diskrete Schaltungen wurden ersetzt durch Hybrid- und integrierte Schaltungen mit Mikrocontrollern),
- Prüftechnik (separate Prüfmöglichkeit von Elektronik- und Hydraulikteil vor Zusammenbau zum Hydroaggregat),
- Sensor- und Relaistechnik

konnte das Gewicht und die Abmessungen von ABS seit der ersten Generation ABS2 im Jahr 1978 um mehr als die Hälfte reduziert werden. Diese Systeme können damit auch in kleinste zur Verfügung stehende Einbauräume im Fahrzeug untergebracht werden. Die Kosten für die ABS-Systeme konnten durch diese Weiterentwicklungen gesenkt werden, sodass mittlerweile für alle Fahrzeugtypen das ABS zur Standardausrüstung gehört.

1 Evolution der ABS-Konfigurationen

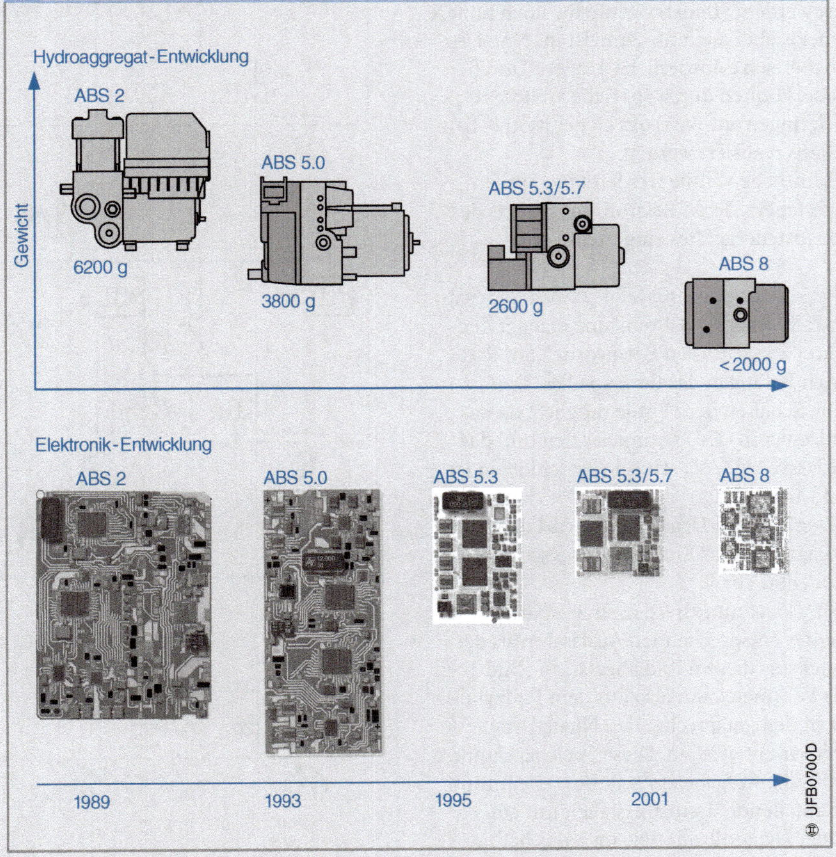

Bild 1
Die Weiterentwicklung des ABS mit Einsatz neuester Technik: Weniger Gewicht bei höherer Rechenleistung

Druckmodulation

Modulation bei ABS-Regelungen

Die Druckmodulation eines ABS/ASR/ESP-Systems wird mittels Magnetventilen ermöglicht. Die Auslassventile sowie – bei ASR und ESP – die Ansaug- und Hochdruckschaltventile sind Schaltventile, die stromlos geschlossen sind und zwei Zustände einnehmen können: geschlossen oder offen.

Im Gegensatz hierzu sind die Einlassventile und Umschaltventile beide stromlos offen und erstmalig in Generation 8 als Regelventile realisiert. Hierdurch können Vorteile bei Bremsleistung und Bremskomfort sowie im Geräuschverhalten erzielt werden. Mittels des Standard-Ventilsatzes können Drücke von bis zu 200 bar moduliert werden. Sondersysteme für noch höhere Drücke, aber auch für zumeist im Nutzfahrzeugbereich erforderliche größere Durchflüsse, können durch spezielle Weiterentwicklungen auf Basis des Generation 8-Baukastens realisiert werden.

Sämtliche Ventile werden über Spulen angesteuert, deren Bestromung mittels des Anbausteuergerätes eingestellt wird.

Druckmodulation mit ABS-Hydroaggregat

Im Falle einer ABS-Bremsung erzeugt der Fahrer zunächst den Bremsdruck am Rad durch Betätigen des Bremspedals. Dies ist ohne Schalten der Ventile möglich, da das Einlassventil (EV) stromlos offen und das Auslassventil (AV) stromlos geschlossen ist (Bild 1a).

Der Zustand *Druck halten* wird dadurch erzeugt, dass das Einlassventil geschlossen wird (Bild 1b).

Blockiert nun ein Rad, so wird durch Öffnen des entsprechenden Auslassventils der Druck aus diesem Rad abgelassen (Bild 1c). Das Volumen kann also aus dem Radzylinder in den entsprechenden Niederdruckspeicher entweichen. Diese Speicherkammer erfüllt die Aufgabe eines Puffers. Sie nimmt die anfallende Bremsflüssigkeit mit einer hohen Dynamik auf. Die im Kreis befindliche Rückförderpumpe, welche durch einen gemeinsamen Motor über einen Exzenter angetrieben wird, baut den vom Fahrer vorgegebenen Druck ab. Die Ansteuerung des Motors geschieht bedarfsgerecht, d. h., der Motor wird drehzahlgeregelt angesteuert. Natürlich können auch mehrere blockierende Räder gleichzeitig ABS-geregelt werden.

1 Druckmodulation im ABS-Hydroaggregat

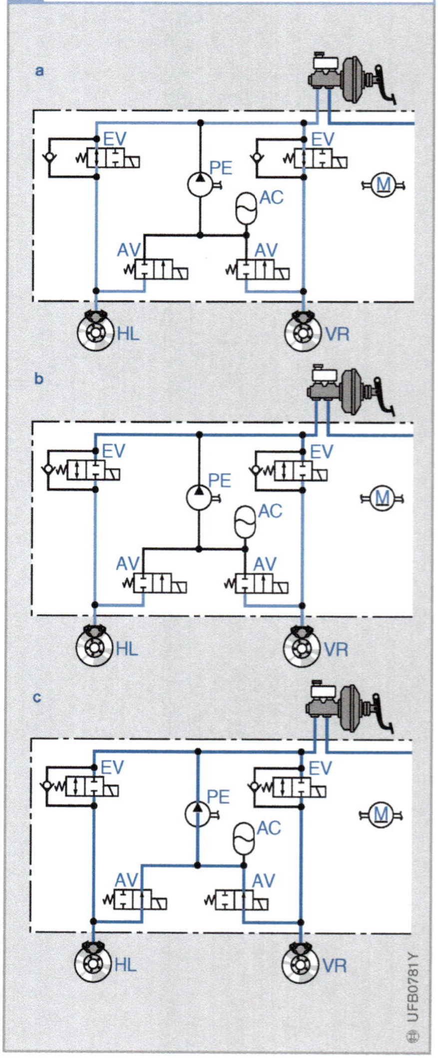

Bild 1
a Druckaufbau
b Druck halten
c Druckabbau

EV Einlassventil
AV Auslassventil
PE Rückförderpumpe
M Pumpenmotor
AC Niederdruckspeicher
V Vorne
H Hinten
R Rechts
L Links

Druckmodulation mit ESP-Hydroaggregaten

Die Druckmodulation bei einer ABS-Regelung erfolgt mittels einer ESP-Hydraulik in gleicher Weise wie zuvor beim ABS beschrieben. In Unterscheidung zum ABS sind bei einem ESP die Radzylinder und der Hauptzylinder zusätzlich über ein stromlos offenes Umschaltventil und ein stromlos geschlossenes Hochdruckschaltventil verbunden, welche notwendig sind, um aktive/teilaktive Bremseingriffe vorzunehmen (Bild 2).

2 Druckmodulation im ESP-Hydroaggregat

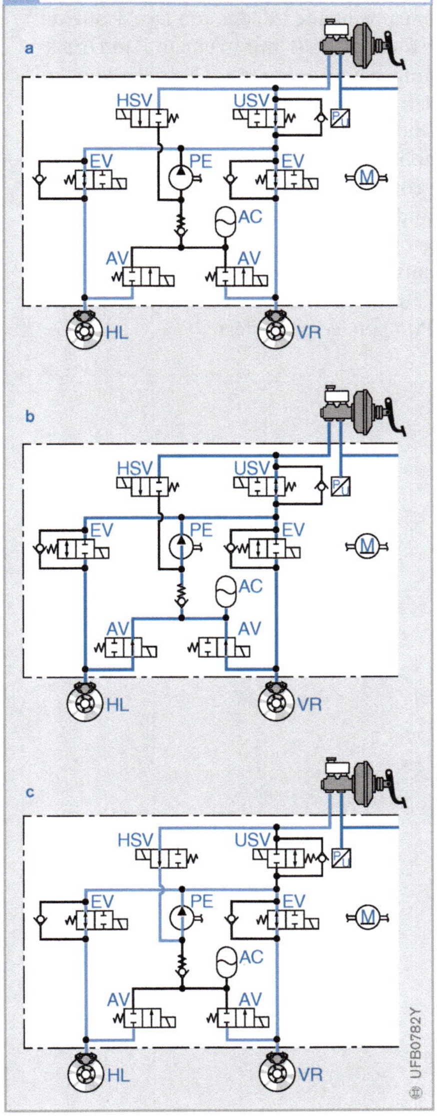

Druckerzeugung bei ESP

Die Druckerzeugungskette setzt sich aus zwei selbstsaugenden Pumpen und einem Motor zusammen. Bei den eingesetzten Pumpen handelt es sich wie schon im ABS um Kolbenpumpen, allerdings können diese ohne Vordruck vom Fahrer Druck erzeugen. Der Antrieb der Pumpen erfolgt bedarfsgesteuert über einen Gleichstrommotor, der ein Exzenterlager antreibt, welches auf der Welle des Motors sitzt.

ASR/ESP-Pumpen können unabhängig vom Fahrer Druck aufbauen bzw. den vom Fahrer bereits aufgebrachten Bremsdruck erhöhen. Dadurch sind diese Systeme befähigt, selbstständig Bremsungen einzuleiten. Hierzu wird das Umschaltventil geschlossen und das Ansaugventil bzw. Hochdruckschaltventil geöffnet. Damit ist es möglich, aus dem Bremsflüssigkeits-Vorratsbehälter über den Hauptzylinder Flüssigkeit zu saugen und in den Radzylindern Druck aufzubauen (Bild 2c). Dies ist nicht nur für ASR/ESP-Funktionen notwendig, sondern auch für viele zusätzliche Komfortfunktionen (Value Added Functions, z. B. Bremsassistent, HBA).

Die bedarfsgerechte Ansteuerung des Pumpenmotors reduziert die Geräuschemission während der Druckerzeugung bzw. Regelung. Bei besonders hohen Anforderungen der Fahrzeughersteller hinsichtlich Geräuschverhalten können die Pumpen mit Dämpfungselementen ausgestattet werden.

Bild 3

- a Druckaufbau bei Bremsung
- b Druckabbau bei ABS-Regelung
- c Druckaufbau über die selbstsaugende Pumpe durch ASR- oder ESP-Eingriff

- EV Einlassventil
- AV Auslassventil
- USV Umschaltventil
- HSV Hochdruckschaltventil
- PE Rückförderpumpe
- M Pumpenmotor
- AC Niederdruckspeicher
- V Vorne
- H Hinten
- R Rechts
- L Links

Bei einem ESP gibt es prinzipiell drei unterschiedliche Einsatzfälle:

- Passiver Fall, wie zuvor bei der ABS-Regelung beschrieben.
- Teilaktiver Fall, bei dem ein vom Fahrer vorgegebener Druck nicht ausreicht, um das Fahrzeug zu stabilisieren.
- Vollaktiver Fall, bei dem zur Stabilisierung des Fahrzeugs ein Druck erzeugt wird, ohne dass der Fahrer das Bremspedal betätigt.

Beide Druckerzeugungsfälle werden außer bei einer ESP-Regelung auch noch bei einer Vielzahl von Zusatzfunktionen genutzt, z. B. Adaptive Cruise Control, Bremsassistent.

Teilaktive Regelung

Für die teilaktive Regelung ist es notwendig, dass das Hochdruckschaltventil gegen hohe Differenzdrücke den Saugpfad der Pumpe öffnen kann. Die ist deshalb notwendig, da der Fahrer bereits einen hohen Druck erzeugt hat und dies zur Stabilisierung des Fahrzeugs aber nicht ausreicht.

Damit das Hochdruckschaltventil gegen hohen Differenzdruck öffnen kann, ist es zweistufig konstruiert. Die erste Stufe des Ventils wird über die Magnetkraft der bestromten Spule, die zweite Stufe über die hydraulische Flächendifferenz geöffnet.

Wenn der ESP-Regler einen instabilen Zustand des Fahrzeugs erkennt, werden die stromlos offenen Umschaltventile geschlossen und die stromlos geschlossenen Hochdruckschaltventil geöffnet. Anschließend erzeugen die beiden Pumpen zusätzlichen Druck, um das Fahrzeug zu stabilisieren.

Nach dem das Fahrzeug stabilisiert ist, wird das Auslassventil geöffnet und der zu hohe Druck im geregelten Rad in den Speicher abgelassen. Sobald der Fahrer das Bremspedal löst wird die Flüssigkeit aus dem Speicher in den Bremsflüssigkeitsbehälter zurückgefördert

Vollaktive Regelung

Erkennt der ESP-Regler einen instabilen Zustand des Fahrzeugs, werden die Umschaltventile geschlossen. Das verhindert, dass die Förderleistungen der Pumpen über das USV/HSV hydraulisch kurzgeschlossen ist und keine Druckerzeugung ermöglicht wird. Gleichzeitig werden die Hochdruckschaltventile geöffnet. Die selbstsaugende Pumpe fördert nun Bremsflüssigkeit in das oder die entsprechenden Räder, um Druck aufzubauen. Soll z. B. nur in einem Rad Druck aufgebaut werden (zur Gierratenkompensation), so werden die Einlassventile der übrigen Räder geschlossen. Zum Druckabbau werden schließlich die Auslassventile geöffnet und die Hochdruckschaltventile und Umschaltventile kehren in ihre Ausgangsstellung zurück. Die Bremsflüssigkeit entweicht aus den Rädern in die Speicherkammern. Diese werden nun durch die Pumpen leer gefördert.

Entwicklung der Hydroaggregate

Ansteuerung der Hydroaggregate
Ein Steuergerät verarbeitet die Informationen der Sensoren und bildet die Ansteuersignale für das Hydroaggregat. Die im Hydroaggregat integrierten Magnetventile können die hydraulischen Leitungen zwischen dem Hauptzylinder und den Radzylindern durchschalten oder unterbrechen.

Hydroaggregate mit 3/3-Magnetventilen
Die Ausführung ABS2S ging als erstes Antiblockiersystem 1978 in Serie. Bei diesem ABS-System schaltet das Steuergerät die 3/3-Magnetventile des Hydroaggregats in drei verschiedene Ventilstellungen. Für jeden Radzylinder ist solch ein Magnetventil vorhanden (Bild 1a).

- Die erste (stromlose) Stellung verbindet Hauptzylinder und Radzylinder miteinander; der Radbremsdruck kann ansteigen.
- Die zweite Stellung (Erregung mit der Hälfte des Maximalstroms) trennt die Radbremse vom Hauptzylinder und vom Rücklauf ab, sodass der Radbremsdruck konstant bleibt.
- Die dritte Stellung (Erregung mit Maximalstrom) trennt den Hauptzylinder ab und verbindet gleichzeitig Radbremse und Rücklauf miteinander, sodass der Radbremsdruck sinkt.

Damit kann der Bremsdruck nicht nur kontinuierlich, sondern durch ein getaktetes Ansteuern auch stufenförmig (und damit gemäßigt) auf- und abgebaut werden.

Hydroaggregate mit 2/2-Magnetventilen
Während ABS2S mit 3/3-Magnetventilen arbeitet, verfügen die Nachfolgesysteme ABS5 und ABS8 über 2/2-Magnetventile mit zwei hydraulischen Anschlüssen und zwei Ventilstellungen. Das Einlassventil zwischen dem Haupt- und dem Radzylinder sorgt für den Druckaufbau, das Auslassventil zwischen Radzylinder und der Rückförderpumpe für den Druckabbau. Für jeden Radzylinder ist ein Magnetventilpaar vorhanden (Bild 1b).

- In Stellung „Druck aufbauen" verbindet das Einlassventil den Hauptzylinder mit dem Radzylinder, sodass der im Hauptzylinder aufgebaute Bremsdruck beim Bremsvorgang auf den Radzylinder wirken kann.
- In Stellung „Druck halten" sperrt das Einlassventil bei starker Radverzögerung (Blockiergefahr) die Verbindung zwischen Haupt- und Radzylinder und verhindert damit eine weitere Erhöhung des Bremsdrucks. Auch das Auslassventil ist dabei geschlossen.
- Bei weiter ansteigender Radverzögerung sperrt das Einlassventil in Stellung „Druck abbauen" weiterhin. Außerdem pumpt die Rückförderpumpe über das geöffnete Auslassventil Bremsflüssigkeit ab, sodass der Bremsdruck im Radzylinder sinkt.

1 ABS-Systeme im Vergleich

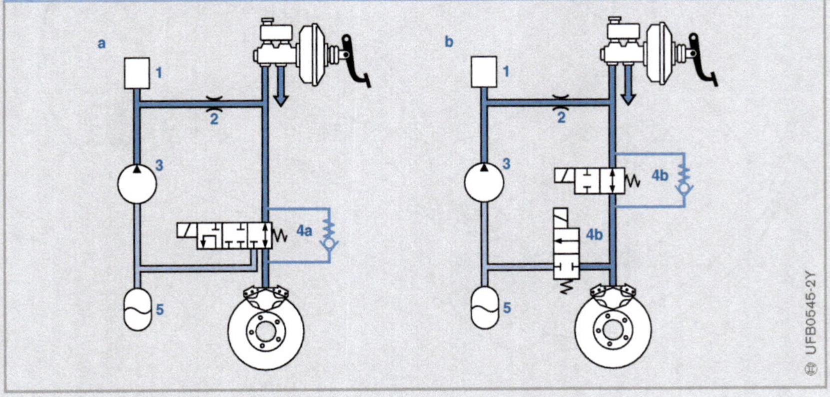

Bild 1
a ABS2
b ABS5

1 Dämpferkammer
2 Drossel
3 Rückförderpumpe
4a 3/3-Magnetventil
4b 2/2-Magnetventile
5 Speicherkammer

Elektrohydraulische Bremse SBC

Die Elektrohydraulische Bremse SBC (Sensotronic Brake Control) vereint die Funktionen des Bremskraftverstärkers und der ABS-Aggregate (Antiblockiersystem) einschließlich der ESP-Funktionalität (Elektronisches Stabilitäts-Programm). Die mechanische Betätigung des Bremspedals wird von der Betätigungseinheit über elektronische Sensoren redundant erfasst und an das Steuergerät gesendet. Hier werden nach bestimmten Algorithmen Steuerbefehle errechnet, die in der Hydraulikeinheit zu Druckmodulationen für die Radbremsen umgewandelt werden. Bei Ausfall der Elektronik steht eine hydraulische Rückfallebene automatisch zur Verfügung.

Aufgabe und Funktion

Unter Nutzung seiner „Brake by Wire“-Eigenschaft kann SBC die Bremsdrücke in den Radzylindern unabhängig vom Fahrereinfluss regeln. Hierdurch können Funktionen, die noch über das ABS (Antiblockiersystem), ASR (Antriebsschlupfregelung) und ESP (Elektronisches Stabilitäts-Programm) hinausgehen, realisiert werden. Ein Beispiel ist der komfortable Bremseneingriff für ACC (Adaptive Cruise Control).

Grundfunktionen

Die Elektrohydraulische Bremse hat (wie die konventionelle Bremse) die Aufgabe,
- die Geschwindigkeit des Fahrzeugs zu verringern,
- das Fahrzeug zum Stillstand zu bringen oder
- das Fahrzeug im Stillstand zu halten.

Sie übernimmt als aktives Bremssystem die
- Bremsbetätigung,
- Bremskraftverstärkung und
- Bremskraftregelung.

SBC ist ein elektronisches Regelsystem mit hydraulischer Aktorik. Die Bremskraftverteilung geschieht elektronisch radindividuell in Abhängigkeit von der Fahrsituation. Unterdruck für die Bremskraftverstärkung ist nicht mehr notwendig. Die Eigendiagnose ermöglicht eine Frühwarnfunktion zur Erkennung möglicher Fehler der Anlage.

SBC nutzt hydraulische Standard-Radbremsen. Aufgrund der vollständig elektronischen Druckregelung lässt sich SBC problemlos mit Fahrzeugführungssystemen vernetzen. Damit erfüllt SBC alle Anforderungen an zukünftige Bremssysteme.

1 SBC-Komponenten im Kfz

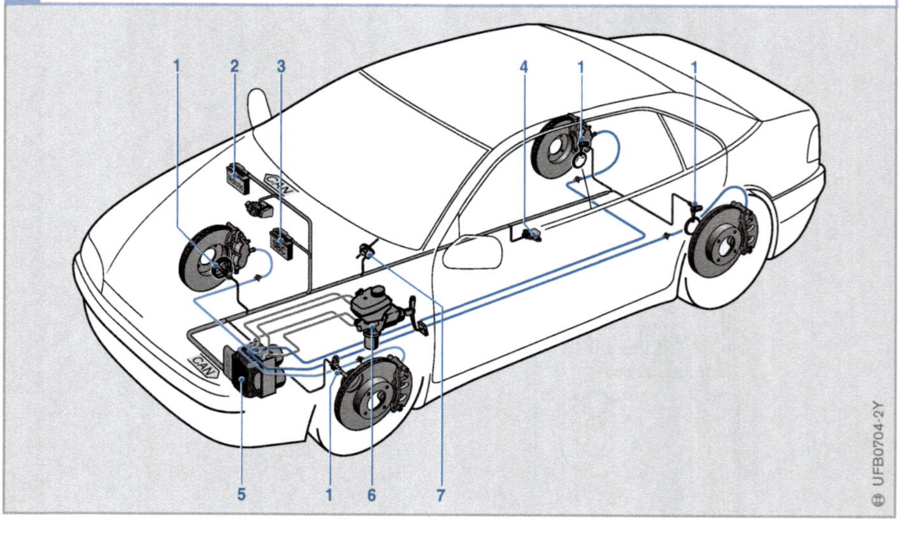

Bild 1
1 Aktiver Raddrehzahlsensor mit Drehrichtungssensierung
2 Steuergerät der Motorelektronik
3 SBC-Steuergerät
4 Drehrate- und Querbeschleunigungssensor
5 Hydroaggregat (für SBC, ABS, ASR, ESP)
6 Betätigungseinheit mit Pedalwegsensor
7 Lenkwinkelsensor

SBC ermöglicht aufgrund seines Hochdruckspeichers eine sehr hohe Druckaufbaudynamik und bietet somit das Potenzial für kurze Bremswege bei hoher Fahrzeugstabilität. Druckmodulation und aktive Bremsung sind geräuschlos und ohne Rückwirkung auf das Bremspedal. SBC erfüllt damit auch gehobene Komfortwünsche.

Die Bremscharakteristik kann an die Fahrsituation adaptiert werden, z. B. durch „giftigeres" Ansprechen bei sportlicher Fahrweise oder hoher Geschwindigkeit. Durch eine „stumpfere" Pedalcharakteristik kann dem Fahrer das physikalisch bedingte Nachlassen der Bremswirkung signalisiert werden, bevor ein durch Überhitzung hervorgerufenes Bremsenfading eintritt.

SBC-Zusatzfunktionen

Mit zusätzlichen Funktionen ergibt sich beim Bremsen mit SBC ein deutliches Plus an Sicherheit und Komfort.

Anfahrassistent

Nach Aktivieren des Anfahrassistenten durch deutliche Bremskrafterhöhung im Stillstand bleibt das Fahrzeug auch ohne weitere Pedalbetätigung gebremst. Der Anfahrassistent wird automatisch gelöst, sobald der Fahrer durch Fahrpedalbetätigung hinreichend Motormoment aufgebaut hat. Hierdurch kann z. B. am Berg ohne Betätigung der Feststellbremse angefahren werden. Auch in anderen Situationen, in denen das Fahrzeug ungebremst aus dem Stand rollen würde, braucht der Fahrer nach Aktivierung des Anfahrassistenten nicht permanent zu bremsen.

Erweiterte Bremsassistenzfunktion

Bei abrupter Gaswegnahme werden durch automatischen dosierten Bremsdruckaufbau die Bremsbeläge leicht angelegt. Diese Maßnahme ermöglicht bei einer ggf. folgenden Panikbremsung ein schnelleres „Zupacken" der Bremse und dadurch einen kürzeren Anhalteweg.

Erkennt das System eine Panikbremsung, wird der Bremsdruck bis zur Ausnutzung des Reibwertoptimums kurzzeitig gesteigert. Hierdurch ergibt sich eine deutliche Verkürzung des Anhaltewegs bei zögerlichen Fahrern. Die hohe Druckaufbaudynamik von SBC übertrifft hierbei konventionelle Systeme.

Chauffeursbremse (Soft Stop)

SBC ermöglicht bei einer Komfortbremsung ein Anhalten ohne Ruck durch eine automatisierte Druckverringerung kurz vor dem Stillstand. Bei höheren Verzögerungswünschen ist diese Funktion nicht aktiviert und SBC minimiert den Bremsweg.

Stauassistent

Bei aktiviertem Stauassistent wird durch SBC ein erhöhtes Schleppmoment bei Gaswegnahme aufgebaut, wodurch der Fahrer im Stau nicht ständig zwischen Fahrpedal und Bremse wechseln muss. Das Fahrzeug wird ggf. bis zum Stillstand automatisiert gebremst und auch im Stillstand gehalten. Diese Funktion ist nur bei Geschwindigkeiten unter 50 ... 60 km/h aktivierbar.

Trockenbremsen

Durch „Trockenbremsen" werden bei Nässe die Bremsscheiben regelmäßig vom Wasserfilm befreit. Diese Maßnahme führt zu einer Verkürzung des Anhaltewegs bei Nässe. Die Information zum Aktivieren dieser Funktion kann z. B. aus dem Scheibenwischersignal abgeleitet werden.

2 Evolution der Bremsanlagen

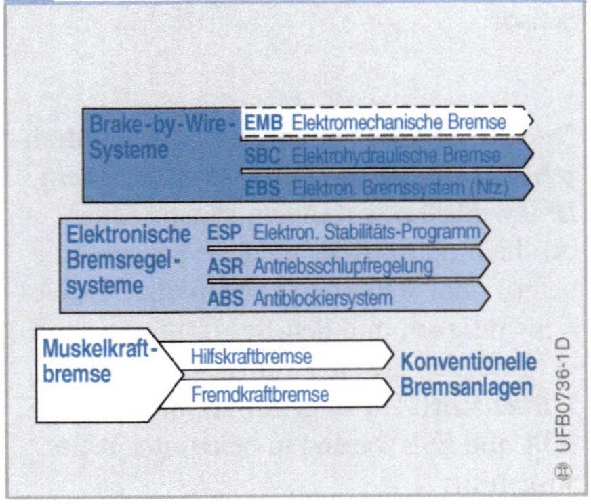

Aufbau

Die Elektrohydraulische Bremse SBC besteht aus folgenden Komponenten:
- Betätigungseinheit (Bild 1, Pos. 6),
- Fahrdynamiksensoren (1, 4 und 7),
- Wegbausteuergerät (d. h. separates Steuergerät) (3) und
- Hydroaggregat mit Anbausteuergerät (5).

Diese Komponenten sind durch elektrische Steuer- und hydraulische Druckleitungen miteinander verbunden. Bild 1 zeigt, wo diese Komponenten im Kraftfahrzeug eingebaut sind.

Betätigungseinheit

Die Betätigungseinheit besteht aus:
- Hauptzylinder mit Ausgleichsbehälter,
- Pedalwegsimulator und
- Pedalwegsensor.

Pedalwegsimulation

Der Pedalwegsimulator ermöglicht es, einen geeigneten Kraft-Weg-Verlauf und eine angemessene Dämpfung des Bremspedals zu realisieren. Somit erhält der Fahrer beim Bremsen mit der Elektrohydraulischen Bremse das gleiche „Bremsgefühl" wie bei einem sehr gut ausgelegten konventionellen Bremssystem.

Sensorik des SBC-Systems

Die SBC-Sensorik besteht aus der Fahrdynamiksensorik, wie sie bereits von ESP bekannt ist, und der eigentlichen SBC-Sensorik.

Fahrdynamik-Sensoren

Die ESP-Sensorik besteht aus vier Raddrehzahlsensoren, dem Drehratesensor, einem Lenkwinkelsensor und ggf. einem Querbeschleunigungssensor. Diese Sensoren liefern dem Steuergerät Daten über die Geschwindigkeit und den Bewegungszustand der Räder sowie über Fahrzustände wie Kurvenfahrt. Die Regelfunktionen wie ABS, ASR und ESP werden in bekannter Weise ausgeführt.

Falls das Fahrzeug mit einer adaptiven Geschwindigkeitsregelung ACC (Adaptive Cruise Control) ausgerüstet ist, erfasst ein Radarsystem den Abstand zum vorausfahrenden Fahrzeug. Aus diesen Daten ermittelt das SBC-Steuergerät den ggf. einzusteuernden Bremsdruck, der ohne Pedalrückwirkung aufgebaut wird.

SBC-Sensoren

Vier Drucksensoren messen den Druck für jeden Radkreis individuell (Bild 3). Ein Drucksensor misst den Speicherdruck des Hochdruckspeichers. Der Fahrerbremswunsch wird durch den an der Betätigungseinheit angebrachten Pedalwegsensor und einen Drucksensor, der den vom Fahrer aufgebrachten Bremsdruck erfasst, berechnet.

Der Pedalwegsensor ist redundant aus zwei unabhängigen Winkelsensoren aufgebaut. Zusammen mit dem Drucksensor für den Fahrerbremsdruck ergibt sich somit eine dreifache Erfassung des Fahrerwunschs und das System kann auch bei Ausfall eines dieser Sensoren noch fehlerfrei weiterarbeiten.

Arbeitsweise

Normalbetrieb

Bild 3 stellt die Komponenten des SBC als Blockbild dar. Ein Elektromotor treibt eine Hydraulikpumpe an. Hierdurch wird ein Hochdruckspeicher auf einen Druck zwischen ca. 90 und 130 bar aufgeladen, was durch den Speicherdrucksensor überwacht wird. Die vier unabhängigen Raddruckmodulatoren werden von diesem Speicher versorgt und stellen radindividuell den erforderlichen Druck ein. Die Druckmodulatoren selbst bestehen jeweils aus zwei Ventilen mit proportionalisierter Regelcharakteristik und einem Drucksensor.

Im Normalbetrieb unterbrechen die Trennventile die Verbindung zur Betätigung. Das System befindet sich im „Brake by Wire"-Betrieb. Es erfasst den Fahrerbremswunsch elektronisch und überträgt ihn „by Wire" an die Raddruckmodulatoren. Das Zusammenspiel von Motor, Ventilen und Drucksensoren regelt die im Anbausteuergerät in Hybridtechnik aufgebaute Elektronik. Diese verfügt über zwei Mikrocontroller, die sich gegenseitig überwachen. Wesentlich ist, dass diese Elektronik eine umfangreiche Eigendiagnose hat und alle Systemzustände auf Plausibilität permanent überwacht. Hierdurch können eventuelle Ausfälle dem Fahrer bereits angezeigt werden, bevor es zu kritischen Zuständen kommt. Bei einem Ausfall von Komponenten stellt das System dem Fahrer automatisch die jeweils optimale noch vorhandene Teilfunktion zur Verfügung. Ein umfangreicher Fehlerspeicher ermöglicht eine zügige Diagnose und Reparatur im Fehlerfall.

Ein intelligentes Interface mit CAN-Bus stellt die Verbindung zum Wegbausteuergerät her. Dort sind folgende Funktionen integriert:

- ESP (Elektronisches Stabilitäts-Programm),
- ASR (Antriebsschlupfregelung),
- ABS (Antiblockiersystem),
- Fahrerbremswunschberechnung und
- SBC-Zusatzfunktionen (Assistenzfunktionen).

Bremsen bei Systemausfall

Aus Sicherheitsgründen ist das SBC-System so ausgelegt, dass bei eventuellen gravierenden Fehlern (z. B. Ausfall der Stromversorgung) in einen Zustand geschaltet wird, bei dem das Fahrzeug auch ohne aktive Bremskraftunterstützung abgebremst werden kann. Die Trennventile stellen im stromlosen Zustand eine direkte Verbindung zur Betätigung her (Bild 3) und ermöglichen somit einen direkten hydraulischen Durchgriff von der Betätigungseinheit zu den Radzylindern.

Um auch bei Systemausfall optimale Funktionalität zu haben, sind die dargestellten Plungerkolben als Medientrenner zwischen dem aktiven Kreis des SBC und dem konventionellen Vorderachsbremskreis eingesetzt. Diese verhindern, dass möglicherweise aus dem Hochdruckspeicher austretendes Gas in den Bremskreis der Vorderräder gelangen kann, was die Bremsleistung bei Systemausfall mindern würde.

3 Zusammenwirken der SBC-Funktionsblöcke

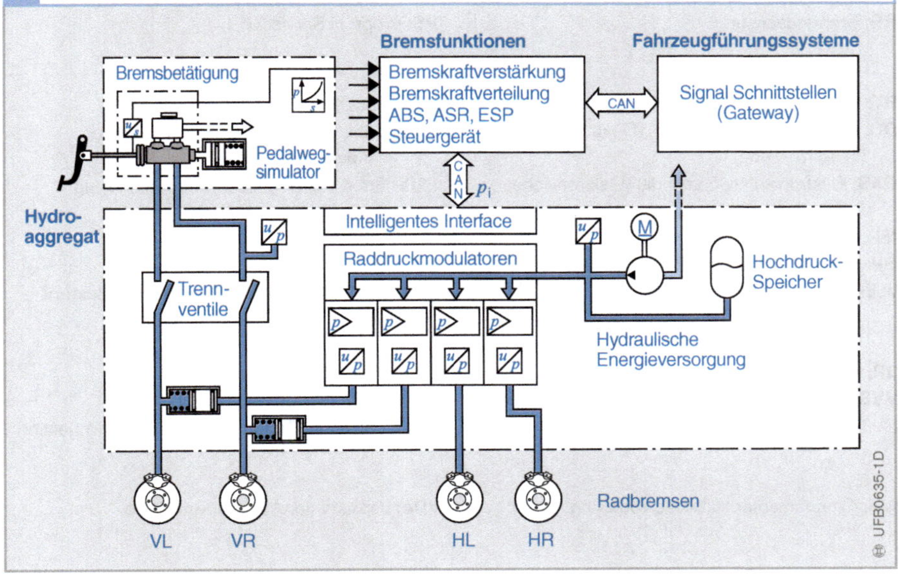

Abkürzungen

A

ABS: Antiblockiersystem
AC: Alternating Current (Wechselstrom)
ACC: Adaptive Cruise Control (adaptive Fahrgeschwindigkeitsregelung)
AMR: Anisotrop Magneto Resistive (anisotrop magnetoresistiv)
ASR: Antriebsschlupfregelung
AV: Auslassventil

B

BA: Bremsassistent
BDW: Brake Disc Wiping
BIR: Ball In Ramp

C

CAN: Controller Area Network (Steuergeräte Datennetzwerk)
CDD: Controlled Deceleration for Driver Assistance Systems
CDP: Controlled Deceleration for Parking Brake
CVT: Continuous Variable Transmission (stufenloses Getriebe)

D

DAC: Digital-Analog Converter
DIN: Deutsches Institut für Normung
DOT: Department Of Transportation (Transportbehörde)
DR-S: Druckregler Schieber
DRS: Drehratesensor

E

EBV: Elektronische Bremskraftverteilung
EDC: Electronic Diesel Control (Elektronische Dieselregelung)
EGAS: Elektronisches Gaspedal (Elektronische Drosselklappenansteuerung)
EMB: Elektromechanische Bremse
ESP: Elektronisches Stabilitäts-Programm
EV: Einlassventil

F

FDR: Fahrdynamikregler
FMVSS: Federal Motor Vehicle Safety Standard (amerikanischer Sicherheitsstandard für Kfz)

G

GMA: Giermomentenaufbauverzögerung

H

HBA: Hydraulic Brake Assistant (Hydraulischer Bremsassistent)
HDC: Hill Descent Control
HF: Hochfrequenz
HFC: Hydraulic Fading Compensation
HHC: Hill Hold Control
HRB: Hydraulic Rear Wheel Boost

I

IC: Integrated Circuit (integrierte Schaltung)
ISO: International Organization for Standardization (Organisation für internationale Normung)

K

KBA: Kraftfahrt-Bundesamt
KI: Kombiinstrument

L

LRH: Lenkrollhalbmesser

M

MSR: Motorschleppmomentregelung

O

OMM: Oberflächenmikromechanik
On/Off: Ein-/Aus-Schaltventil

P

PI: Program Identifying
PS: Program Service

S

SAE: Society of Automotive Engineers
SBC: Sensotronic Brake Control (Elektrohydraulische Bremse)
SUV: Sport Utility Vehicle (Straßenfahrzeug mit Geländeeigenschaften)

T

TCS: Traction Control System (Traktionskontrollsystem)

U

USV: Umschaltventil
UTM: Universale Transversale Mercator-Projektion

V

VDA: Verband der Automobilindustrie

Sachwortverzeichnis

GPSR Compliance

The European Union's (EU) General Product Safety Regulation (GPSR) is a set of rules that requires consumer products to be safe and our obligations to ensure this.

If you have any concerns about our products, you can contact us on ProductSafety@springernature.com

In case Publisher is established outside the EU, the EU authorized representative is:

Springer Nature Customer Service Center GmbH
Europaplatz 3
69115 Heidelberg, Germany

Batch number: 10577946

Printed by Printforce, the Netherlands